Karl Taube

Statistik in der Qualitätssicherung

Lehr- und Übungsbuch

Aus dem Programm Qualitätsmanagement

Qualitätslehre
von W. Geiger

Qualitätsmanagement
Eine praxisorientierte Einführung
von G. Schmidt und F. Tautenhahn

Statistik in der Qualitätssicherung
Lehr- und Übungsbuch
von K. Taube

CIM
Grundlagen der rechnerintegrierten Produktion
von U. Schüler (Hrsg.)

Wirtschaftlichkeit industrieller Zuverlässigkeitssicherung
von F. J. Brunner

Prozeßsicherung in der mechanischen Fertigung
von G. Kranich

Versuchsmethoden im Qualitätsengineering
von H. Quentin

CAQ – Rechnergestützte Qualitätssicherung
von E. Hering und J. Triemel

Zuverlässigkeitsbewertung zukunftsorientierter Technologien
von A. Meyna

Karl Taube

Statistik in der Qualitätssicherung

Lehr- und Übungsbuch

Mit 77 Bildern und 111 Tabellen

Autor des Buches:
Karl Taube, Betriebsleiter Technische Aus- und Weiterbildung, Thyssen Stahl AG, Duisburg

Der Verlag Vieweg ist ein Unternehmen der Bertelsmann Fachinformation GmbH.

Umschlaggestaltung: Klaus Birk, Wiesbaden

Gedruckt auf säurefreiem Papier

ISBN 978-3-528-03838-0 ISBN 978-3-322-91576-4 (eBook)
DOI 10.1007/978-3-322-91576-4

Vorwort

Dieses Buch *Statistik in der Qualitätssicherung* wendet sich an Leser, die sich mit statistischen Methoden der Qualitätssicherung zur Auswertung und Dokumentation von Qualitätsdaten auseinandersetzen.

Aufgrund seines Aufbaus wird der Einblick in die Zusammenhänge und Methoden, Qualitätsdaten auszuwerten und zu dokumentieren vermittelt.

Es wendet sich daher an:

- Auszubildende und Facharbeiter mit qualitätssicherndem Aufgabengebiet
- Vorarbeiter- und Meisterausbildung
- Studierende an Fachschulen
- Studierende an Fachhochschulen
- Teilnehmer an beruflichen Weiterbildungsmaßnahmen
- Teilnehmer an Qualitätsmanagementlehrgängen

Zur Darstellung des Stoffes

Durch den Aufbau des Buches ist eine selbständige Erarbeitung möglich. Es ist eine leicht verständliche Darstellungsform des mathematischen Stoffes gewählt. Begriffe, Zusammenhänge, Sätze und Formeln werden durch zahlreiche Beispiele und anhand vieler Abbildungen näher erläutert.

Einen wesentlichen Bestandteil dieses Buches bilden die Übungsaufgaben am Ende eines jeden Kapitels. Sie dienen zum Einüben und Vertiefen des Stoffes. Die im Anhang dargestellten und ausführlich kommentierten Lösungen ermöglichen dem Leser eine Selbstkontrolle.

Zur äußeren Form

Zentrale Inhalte wie Definitionen, Sätze, Formeln, Tabellen, Zusammenfassungen und Beispiele sind besonders hervorgehoben.

Eine Bitte des Autors

Für Hinweise und Anregungen bin ich stets sehr dankbar. Sie sind Hilfe und eine unersetzliche Voraussetzung für eine stetige Verbesserung des Lehrwerkes.

Ein Wort des Dankes ...

... an Herrn Prof. Dipl.-Ing. Josef Elfert und Oberstudiendirektor Kurt Weber, die mich während der Entstehung des Werkes begleitet haben, und

... an meine Freunde Christel und Horst Horz, die mit großer Sorgfalt die Texte gelesen haben.

Voerde, Dezember 1995 *Karl Taube*

Inhaltsverzeichnis

10 Qualitätssicherung

Anhang

Mathematische Zeichen

1.	erstens
%	von Hundert, Prozent
( )	runde Klammer
[ ]	eckige Klammer
+	plus, und
-	minus, weniger
• x	mal, multiplizieren mit
: /	geteilt durch
=	gleich
≡	identisch gleich
≠	nicht gleich
≈	nahezu gleich, rund
∧	entspricht
<	kleiner als
>	größer als
≤	kleiner oder gleich
≥	gößer oder gleich
∞	unendlich
√	Wurzelzeichen
∥	parallel
◺	Dreieck
∡	Winkel
$\overline{AB}$	Strecke AB
......	bis
Σ	Summe
n	(n = 1, 2,..n)
log	allgemeiner Logorithmus
sin	Sinus
cos	Cosinus
tan	Tangens
cot	Cotanges
x; y	Wert
$\bar{x}$	z.B. Mittelwert einer Stichprobe
x_{max}	größter Wert
x_{min}	kleinster Wert
μ	mü, z.B. Mittelwert einer Grundgesamtheit
σ	sigma, z.B. Standardabweichung einer Grundgesamtheit
s	Wert, z.B. Standardabweichung einer Stichprobe
X_i	Istwert
∅	Durchschnitt
h_i	Werthäufigkeit, z.B. in %
H_i	Häufigkeitssumme z.B in %
$(\ )^2$	quadrieren
$\bar{s}$	mittlere Standardabweichung
$\bar{\bar{X}}$	Mittelwert der Mittelwerte
±	plus/minus

Grundrechenarten

Addieren

4 + 19 = 23

Summand plus Summand — Summenwert

Subtrahieren

39 - 14 = 25

Minuend minus Subtrahend — Differenzwert

Multiplizieren

7 . 3 = 21

Multplikator mal Multiplikand — Produktwert

Dividieren

15 : 3 = 5

Dividend durch Divisor
(Zähler) (Nenner)
gleich Quotientwert
(Bruch)

Bruchrechnen

Echter Bruch

$\frac{3}{7}$ Zähler kleiner als Nenner

Unechter Bruch

$\frac{8}{7}$ Zähler größer als Nenner

Gemischte Zahl

$2\frac{3}{5}$ Ganze Zahl und Bruch

Gleichnamige Brüche

$\frac{1}{7}\ \frac{3}{7}\ \frac{6}{7}$ Nenner alle gleich

Ungleichnamige Brüche

$\frac{2}{5}\ \frac{3}{7}\ \frac{7}{9}$ Nenner alle ungleich

Umwandlung einer gemischten Zahl in einen unechten Bruch

$$2\frac{3}{7} = \frac{2 \cdot 7}{7} + \frac{3}{7} =$$

$$\frac{14}{7} + \frac{3}{7} = \frac{17}{7}$$

Umwandlung eines echten Bruchs in einen Dezimalbruch

$$\frac{3}{7} = 3 : 7 = 0{,}4285714$$

Ungleichnamige Brüche müssen gleichnamig gemacht werden.

$$\frac{2}{5} + \frac{3}{4} + \frac{1}{2} =$$

$$\frac{8}{20} + \frac{15}{20} + = \frac{10}{20} = \frac{1}{2}$$

$$\frac{4}{6} - \frac{1}{3} + \frac{3}{4} =$$

$$\frac{8}{12} - \frac{4}{12} + \frac{9}{12} = \frac{13}{12}$$

Gleichnamige Brüche

$$\frac{2}{6} + \frac{3}{6} + \frac{8}{6} = \frac{13}{6}$$

Bruch durch ganze Zahl dividieren

$$\frac{8}{9} : 4 = \frac{8}{9 \cdot 4} = \frac{8}{36}$$

Nenner und ganze Zahl

Bruch durch Bruch dividieren

$$\frac{3}{8} : \frac{4}{9} = \frac{3 \cdot 9}{8 \cdot 4} = \frac{27}{32} =$$

Zähler mal Kehrwert des Nennerbruchs

Ganze Zahl mit Bruch multiplizieren

Zähler und ganze Zahl

$$\frac{5}{7} \cdot 3 = \frac{5 \cdot 3}{7} = \frac{15}{7}$$

Bruch mit Bruch multiplizieren

Zähler mal Zähler

$$\frac{2}{5} \cdot \frac{4}{7} = \frac{2 \cdot 4}{5 \cdot 7} = \frac{8}{35}$$

Prozentrechnen

Prozent „ (%) heißt: von Hundert.

Das Prozentrechnen gibt an, wieviel eine Teilmenge im Verhältnis zur Gesamtmenge ausmacht.

Die Gesamtmenge wird dabei immer 100 gesetzt, so daß die Teilmenge (x) als „ ***Teile von Hundert*** „ (Prozentsatz) erscheint.

$\frac{1}{100}$ des Grundwertes

= 1 Prozent = 1 %

5 sind 2,5 % von 200

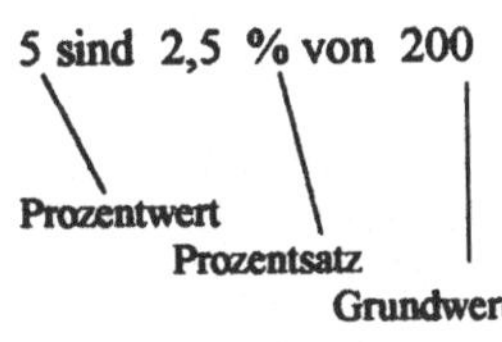

Prozentwert

$$\frac{5x \cdot 100\ \%}{200x} = 2{,}5\ \%$$

Grundwert

Prozentsatz

Prozentsatz

Grundwert

$$\frac{2{,}5\ \% \cdot 200\ x}{100\ \%} = 5\ x$$

Prozentwert

Algebra

Anstatt mit Zahlengrößen wird mit Buchstaben gerechnet. In einer Rechnung hat jeder Buchstabe immer den gleichen Wert.

positive Werte:

$+a$; $+3c$; $+3 \cdot (a+c)$

Werte ohne Vorzeichen sind positiv

3; 5a; 3,5cd

negative Werte

-2; $-4{,}6a$; $-9c$

Addition:

$a + a + d + d = a + a + d + d$

oder $2a + 2d$

$2x + 3y + 1x + 8y = 3x + 11y$

Subtraktion:

$8a - 2a - 3a = 3a$

$10b - 3b - 5a - 2a = 7b - 3a$

Klammern

Wird mit einer algebraischen Summe eine Rechnung ausgeführt, so wird sie in eine runde ( ) Klammer eingeschlossen.
Wird die Summe in der runden Klammer mit anderen Summen oder Größen zu einem Ganzen verbunden, so setzt man eine eckige [ ] Klammer.

$3 \cdot [\, 2 \cdot (a+b) + 4 \cdot (a-b)\,]$

Eine Klammer. vor der das Zeichen + steht, kann man fortlassen.

$+ (a+b)$

Steht vor der Klammer das Zeichen - , so löst man so, indem das Vorzeichen aller Werte in der Klammer umgekehrt wird.

$b - (a + c)$

$6 - (3+2)$

wird jetzt

$b - a - c$
$6 - 3 - 2$

$b - (a - c)$

$6 - (3 - 2)$

wird jetz

$b - a + c$

$6 - 3 + 2$

Quadratzahl

$n^2 = n \cdot n$

Quadratzahl von einer Zahl

$n^2 = 5^2 = 25$

$n^2 = 15^2 = 225$

Quadratwurzel

$\sqrt{n} =$

Quadratwurzel aus einer Zahl

$\sqrt{36} = 6$ $\sqrt{144} = 12$

Multiplikation

$a \cdot b = c$
$17 \cdot 13 = 221$

Multiplikator, Multiplikant, Produkt

Multiplikator und Multiplikand darf man vertauschen.

$(+a)\cdot(+b)$

$= +(a\cdot b)$
$= (+3)\cdot(+5)$

$(-a)\cdot(-b)$

$= +(a\cdot b)$
$= (-3)\cdot(-5)$

$(+a)\cdot(-b)$

$= -(a\cdot b)$
$= (+3)\cdot(-5)$

$(a+b)\cdot c$

$= a\,c + b\,c$
$(3\cdot 4) + (2\cdot 4)$

$(a+b)\cdot(-c)$

$= -ac - bc$
$= -(3\cdot 4) - (2\cdot 4)$

$(a+b)\cdot(c+d) =$

$ac + ad + bc + bd =$

$3\cdot 4 + 3\cdot 6 + 2\cdot 4 + 2\cdot 6 =$

$4a\cdot(5b - 3c) + 2a(3b + 8c)$

$= 20ab - 12ac + 6ab + 16ac = 26a$

Gleichung mit einer Unbekannten

Die Verbindung von zwei gleichen Größen durch ein Gleichheitszeichen nennt man Gleichung.

Bei der Bestimmungsgleichung muß die unbekannte Größe bestimmt werden.

Die Unbekannte muß auf einer Seite allein stehen.

(+) oder (·) kann auf der anderen Seite mit (-) oder (:) stehen und umgekehrt.

$X + 5 = 10 \quad | -5$

$X = 10 - 5$

$X = 5$

$X - 5 = 10 \quad | +5$

$X = 10 + 5$

$X = 5$

$X \cdot 9 = 54 \quad | :9$

$X = \frac{54}{9}$

$X = 6$

1 Grundbegriffe der Statistik

1.1 Statistische Einheiten und statistische Massen

Der Untersuchungsgegenstand der Statistik ist nicht die Einzelerscheinung, sondern sind die sogenannten *Massenerscheinungen*.

> *Der Statistik wird die Aufgabe zugewiesen, Massenerscheinungen zu quantifizieren und zu analysieren.*

Massenerscheinungen sind relativ unbestimmte, nicht exakt abgegrenzte gesellschaftliche Phänomene. *Statistische Massen*, auch als *statistische Gesamtheiten* bezeichnet, müssen dagegen präzise abgegrenzt werden.
Die Abgrenzung muß in zeitlicher, räumlicher und sachlicher Hinsicht geschehen. Damit sind auch die *statistischen Einheiten*, die die *statistische Gesamtheit* bilden, eindeutig abgegrenzt.

> *In der schließenden Statistik wird zwischen Grundgesamtheit und Stichprobe, als Teil der Grundgesamtheit, unterschieden.*

Statistische Einheiten sind die Objekte, deren Eigenschaften festgestellt werden sollen. Statistische Einheit kann eine Person, ein Ereignis oder eine Sache sein.

> *Die statistische Einheit ist Träger von Merkmalen und wird deshalb auch als Merkmalsträger bezeichnet.*

Die Abgrenzung statistischer Massen in zeitlicher Hinsicht führt zu der Unterscheidung in Bestandsmassen und Bewegungsmassen.
Bewegungsmassen sind Zugänge (Z) und Abgänge (A) einer Bestandsmasse.

Bevölkerungsfortschreibung

Zugänge sind die Geburten und Zuzüge, Abgänge die Sterbefälle und Fortzüge. Ausgangsbasis sind die Ergebnisse von Volkszählungen.

Beispiel für statistische Massen und ihre Abgrenzung:

Die Arbeitslosen in NRW im Monat April 1994

sachlich:	*Arbeitslose*
räumlich:	*NRW*
zeitlich:	*Zugänge / Abgänge im Monat....April*

Statistische Einheiten sind Personen, es handelt sich um eine Bewegungsmasse.

1.2 Statistische Merkmale

Statistische Merkmale sind *Eigenschaften der statistischen Einheiten*, die bei einer Untersuchung von Interesse sind, wie z.B. Familienstand, Kinderzahl oder monatliches Einkommen.

Die verschiedenen Ergebnisse, die bei der Beobachtung und Messung auftreten können, werden als *Merkmalsausprägungen* bezeichnet.

Jedes Merkmal besitzt in der Regel mehrere Merkmalsausprägungen. Bei den Merkmalsausprägungen werden *qualitative und quantitative Merkmale* unterschieden.

Quantitative Merkmale sind charakterisiert in der *Ausprägung* Gleichheit oder Ungleichheit. Beispiele: Beruf, Religionszugehörigkeit oder Familienstand.

1.3 Quantitative Merkmale

Quantitative Merkmale zeichnen sich dadurch aus, daß nicht nur Gleichheit oder Ungleichheit und eine Ordnungsrelation definiert sind, sondern auch die *Rangabstufung* der *Merkmalsausprägungen* meßbar ist.
Hierfür findet der Begriff „ Metrische Merkmale „ Anwendung.

Quantitative Merkmale werden unterteilt in:

- *quantitativ-diskrete Merkmale*

Die Merkmalsausprägungen können hier nur bestimmte Zahlenwerte annehmen.

Beispiel: Anzahl der Kinder in einer Familie,
Zylinderzahl in einem Verbrennungsmotor.

- *quantitativ-stetige Merkmale*

Die Merkmalsausprägungen können jeden beliebigen reellen Zahlenwert annehmen oder anders ausgedrückt:
Zwischen zwei Merkmalsausprägungen sind beliebig viele Zwischenstufen denkbar.
Beispiel: Entfernungen,
Gewichte,
Zeitdauer

1.4 Skalentypen und Meßniveau

Das Messen der Untersuchungsmerkmale in statistischen Erhebungen setzt eine Maßskala voraus.

Skalen sind Zahlenfolgen (1...., n), denen jeweils eine Merkmalsausprägung zugeordnet wird.

Je nach *Merkmalsart*, qualitatives oder quantitatives Merkmal, gibt es unterschiedliche Skalentypen, deren *Meßniveau* sich unterscheiden.
Die richtige Zuordnung ist von Bedeutung.

Das Meßniveau entscheidet darüber, welche statistische Methoden angewendet werden dürfen und welche nicht.

Man unterscheidet:

Nominalskala
Lediglich zur Benennung der *Merkmalsausprägungen*. Es gilt für die Merkmalsausprägungen nur Gleichheit oder Ungleichheit.
Beispiel: Religionszugehörigkeit, Familienstand, Geschlecht, Nationalität.

Ordinalskala
Hier sind die Ausprägungen in einer sachlich begründeten Rangfolge angeordnet, Rangskalierung.
Beispiel: Betriebsklima, Schichtzugehörigkeit, Geschmacksqualitäten.

Intervallskala
Hier sind die Abstände zwischen den benachbarten oder aufeinanderfolgenden Skalenwerten konstant. Die Größe der Differenz zwischen den Merkmalsausprägungen ist meßbar.
Beispiel: Temperaturskala

1.5 Erhebung von Daten

Bei der *statistischen Erhebung* gilt bei der *Gewinnung von Datenmaterial* die Unterscheidung zwischen *primärstatistischen* und *sekundärstatistischen* Erhebungen.

Primärstatistische Erhebungen erfolgen unmittelbar und ausschließlich zu statistischen Zwekken.

Bei *sekundärstatistischen Erhebungen* werden dagegen bereits erhobene Daten nachträglich für statistische Zwecke ausgewertet.

Die *Erhebungstechniken* sind die *mündliche* und *schriftliche Befragung* und die *Beobachtung*.
Es gibt *experimentelle Produkttests*, mit denen die Wirkung eines Produkts auf bestimmte Testpersonen untersucht werden.

Mit zunehmender Verbreitung der neuen Informations-und Kommunikationstechniken gewinnt auch die automatische Datenerfassung an Bedeutung.

Die Daten werden im Augenblick ihrer Entstehung erfaßt.

Ein Anwendungsgebiet sind die Scanner-Kassen in Supermärkten, die durch das Einlesen eines Codes Preis und verkaufte Menge jedes einzelnen Artikels erfassen.

Das *Ergebnis der statistischen Erhebung* ist das sogenannte *Urmaterial*. Dieses wird in einem nächsten Schritt für statistische Zwecke aufbereitet.

1.6 Aufbereitung von Daten

1.6.1 Statistische Aufbereitung

Die *statistische Aufbereitung* umfaßt neben der Prüfung des Urmaterials auf Vollständigkeit und Glaubwürdigkeit, dem Verschlüsseln von qualitativen Merkmalsausprägungen auch das Übertragen von Informationen auf Datenträger.
Vor allem das *Sortieren des Urmaterials* nach Maßgabe der *Merkmalsausprägungen*, der *Gruppenbildung*, das *Ermitteln von Besetzungszahlen* und *Häufigkeiten*, für die jeweiligen Merkmalsausprägungen, steht im Vordergrund.
Für die Bildung von Gruppen gilt allgemein, daß gleichwertige Einheiten in einer Gruppe zusammengefaßt werden sollen.
Der Nachteil bei zusammengefaßten Einheiten ist: sie können innerhalb der Gruppe nicht mehr unterschieden werden.
Der Vorteil ist der *Informationsgewinn* in Form größerer Übersicht gegenüber dem gruppierten Datematerial.

1.6.2 Die Gruppenbildung

Die Gruppenbildung bei qualitativen Merkmalen ist relativ unkompliziert. Sie ist durch die erhobenen Merkmalsausprägungen vorgegeben.
Beispiel: Klassifikation von Berufen

Bei der Gruppenbildung *quantitativ-diskreter Merkmale* werden die *Merkmalsausprägungen* auch als *Merkmalswerte* bezeichnet.
Das Problem der Gruppenbildung besteht vorrangig darin, die Grenzen der Merkmalswerte zu bestimmen, die zu einer Gruppe zusammengefaßt werden sollen.

Die *Gruppenbildung bei quantitativ-stetigen Merkmalen* hat zu beachten, daß die für nicht stetige Merkmale typische Abstufung der Merkmalsausprägungen fehlt.

1.6.3 Unter-und Obergrenze

Die Bestimmung der *Unter-und Obergrenze der Merkmalswerte*, die zu einer Klasse zusammengefaßt werden, muß sich deshalb an sachlichen oder formalen Kriterien orientieren.

Die *Klasseneinteilung* wird durch das *Untersuchungsziel* bestimmt.

Beispiel: Bildung von Unternehmensgrößenklassen nach Umsatz oder Beschäftigten, um bestimmte Unternehmenstypen zu kennzeichnen, wie z.B. Klein-und Großbetriebe.

Man kann auch die gleiche Klassenbreite wählen, wenn die Grenzen der Klassen eindeutig definiert werden und sich nicht überschneiden.

Die wichtigste Darstellungsmöglichkeit aufbereiteter Daten sind Tabellen. Diese sollten so gestaltet sein, daß die für die Feststellung relevanten Informationen übersichtlich wiedergegeben werden.

Allgemeine Hinweise zur Tabelle:

- Die Tabelle sollte eine ausreichend informierende Überschrift haben.
- Die Maßeinheiten der Daten müssen in der Tabelle unbedingt angegeben werden.
- Die Quellen, aus denen das statistische Datenmaterial stammt, sind unterhalb der Tabelle anzuführen.
- Die Kopfzeile sollte die zur Gruppenbildung verwendeten Merkmalsausprägungen enthalten.

Tabelle 1.1 Häufigkeiten für die Bruttolöhne der Angestellten

Bruttomonatslöhne in DM	*Zahl der Angestellten*
0 bis unter 1800	400
1800 bis unter 2400	850
2400 bis unter 2800	1400
2800 bis unter 3200	1850
3200 bis unter 3600	1400
3600 bis unter 4000	1200
Summe Angestellte	7100

1.7 Merkmalsausprägungen

Tabelle 1.2 Merkmalsausprägungen

Merkmals-träger	**Merkmal**	**Merkmalsausprägungen**	**Merkmals-skala**
Vater	Familienstand	ledig, verheiratet	nominal
Sohn	Note	sehr gut, gut ..	ordinal
Tochter	Geschwisterzahl	0, 1, 3, ...	metrisch
Personen	Größe	176 cm	metrisch
Lastautos	Gewicht	3875 kg	metrisch
Flugzeug	0-100 in ...	1,4 sec.	ordinal
Autos	Farbe	beige	ordinal

nominal - zum Namen gehörig, namentlich
ordinal - eine Ordnung anzeigend
metrisch - das Maß betreffend (Meter als Maßeinheit)

Nominale und ordinale Merkmale bezeichnet man oft als qualitativ, während metrische Merkmale quantitativ heißen.
Bei der Darstellung der Häufigkeitsverteilung eines stetigen Merkmals muß man eine Klassierung *Klasseneinteilung* der Ausprägungen vornehmen.

Die Häufigkeitsverteilung eines qualitativen Merkmals beschreibt man durch statistische Lagemaße *Mittelwert* und *statistische Streuungsmaße*.

Tabelle 1.3 Land-und Forstwirtschaft NRW
Anbau und Ernte von landwirtschaftlichen Feldfrüchten

Fruchtart Anbaufläche		Hektarertrag					Gesamtertrag
	1993	1971	1979	1991	1993	1994	1993
ha	dt	t					
Winterweizen	227620	48,9	53,0	80,7	78,8		1 793 873
Sommerweizen	4 448	43,2	45,2	62,8	60,2		26 759
Hartweizen	1 227	-	-	69,6	67,0		8 233
Weizen zusammen	**233 295**	**48,4**	**52,6**	**80,4**	**78,4**		**1 828 856**
Roggen	40411	35,7	44,1	51,2	62,7		253 296
Wintermengen-getreide	1 461	38,9	43,5	54,8	54,2		7 925
Brotgetreidearten	275 167	41,8	50,0	75,7	76,0		2 090 076
Wintergerste	189 958	40,5	45,3	64,7	53,3		1 013 236
Sommergerste	20 247	35,6	38,6	50,0	47,1		95 282
Gerste zusammen	**210 204**	**39,1**	**44,2**	**63,3**	**52,7**		**1 108 518**

Tabelle 1.4 Einkommensverteilung

Monatseinkommen in DM		1	2	3	Summe
		20-25	25-30	30-35	Klasse
1	1200- 1600	12	4	0	16
2	1600- 2000	16	8	4	28
3	2400- 2800	4	12	8	24
4	3200- 3600	4	4	4	12
		36	28	16	80

Vergleichen Sie das Monatseinkommen in den Altersklassen.

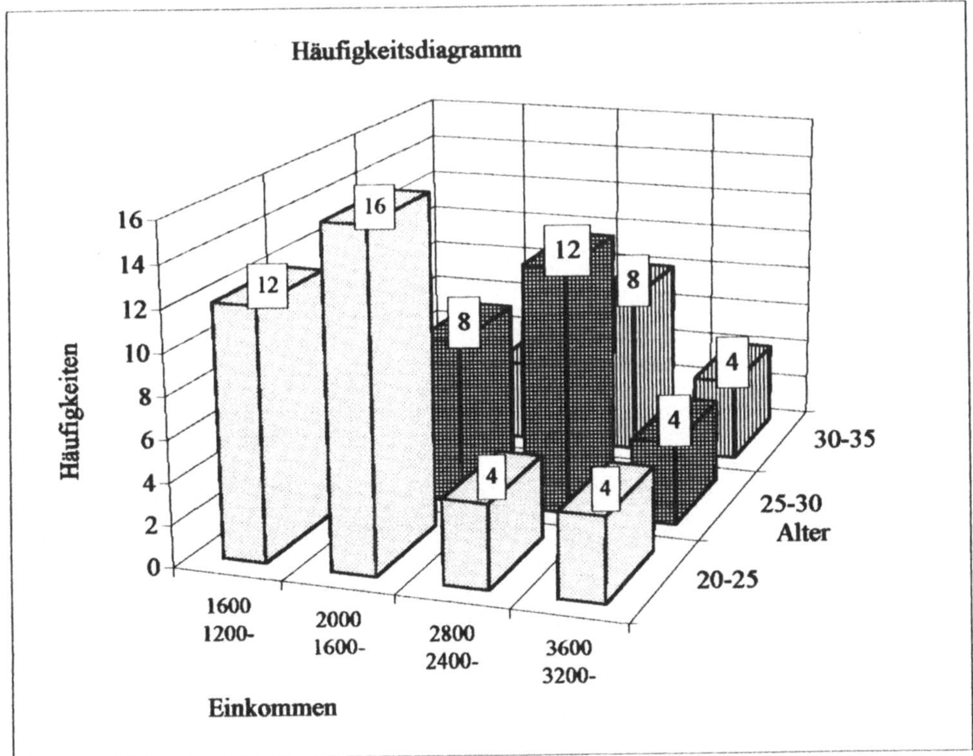

Bild 1-1 Monatseinkommen in den Altersklassen

2 Der Mittelwert

2.1 Der Mittelwert als Orientierungspunkt

2.1.1 Soll-und Istwert in der Stichprobe

Bei der Herstellung eines Massenartikels liefert die Qualitätskontrolle an einem Vollautomaten Zufallswerte. Der Betrieb produziert für einen Maschinenkonzern Stahl-Bolzen mit einem Durchmesser von $x_o = 50$ mm (Bild 2-1) in hoher Stückzahl.

Da die herzustellenden Bolzen nicht alle den gleichen Durchmesser haben können, der Grund sind z.B. Verschleiß-und Abnutzungserscheinungen an den produzierenden Maschinen, akzeptiert der Kunde neben dem Sollwert von 50 mm eine Abweichung.

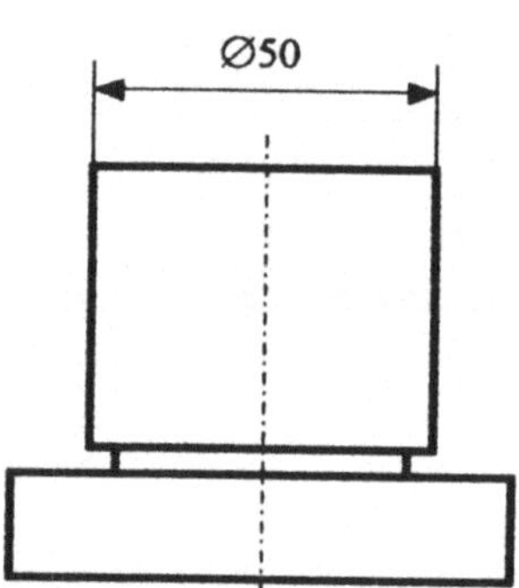

Bild 2-1

Zwischen dem Hersteller und dem Kunden wird vereinbart, daß auch solche Bolzen akzeptiert werden, deren Istwert um maximal 0,1 mm (1/10 mm) vom Sollwert abweichen.

Der Istwert im Toleranzfeld

Vom Kunden werden alle Stahlbolzen akzeptiert, deren Durchmesser zwischen 49,9 mm und 50,1 mm liegt.

Toleranzbereich:

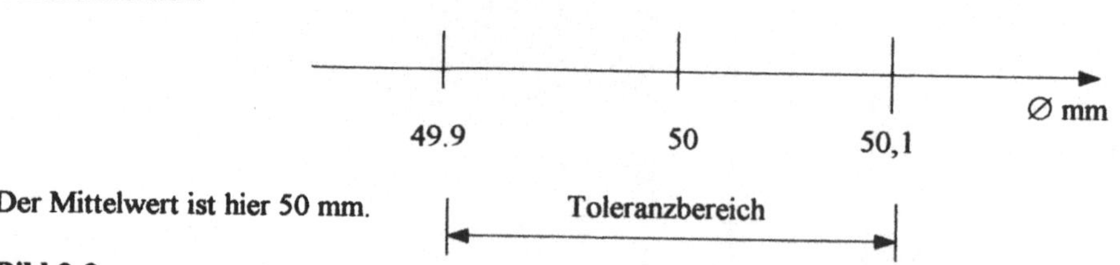

Der Mittelwert ist hier 50 mm.

Bild 2-2

Der Hersteller wird jetzt das Produkt stärker überwachen. Er muß sichergehen, daß seine Stahlbolzen auch den Anforderungen des Kunden entsprechen.
Liegen die Werte des Produks nicht innerhalb der Toleranz, so geht der Hersteller das Risiko ein, daß das an den Kunden gelieferte Produkt als fehlerhaft zurückgewiesen wird.

Der Hersteller muß jetzt in regelmäßigen und zeitlichen Abständen Qualitätskontrollen durchführen.

Nach jeder Stunde werden wahllos 20 Stahlbolzen aus der laufenden Produktion herausgenommen.
Es handelt sich um eine Zufallsstichprobe vom Umfang n = 20, die einer Grundgesamtheit von 500 Stück entnommen wird.
Aus dieser Stichprobe erwartet man, daß sie die Grundgesamtheit repräsentiert. Die Stichprobe muß nun untersucht werden. Das Merkmal für die Untersuchung ist der Durchmesser des Stahlbolzens, den wir mit der Zufallsvariablen „ X „ bezeichnen. Es folgt die Feststellung des Durchmessers für jeden auf n bezogenen Bolzen.
Das Ergebnis läßt sich, in der Reihenfolge der Ziehung, durch n Stichprobenwerte umschreiben.

Merkmalswerte:

$$\text{Zufallsvariablen} \quad X_1 ; \quad X_2 ; \quad X_3 ; \quad \ldots\ldots\ldots\ldots X_n \tag{2.1}$$

50 mm Durchmesser waren in unserem aufgeführten Beispiel vorgesehen. Dieser Meßwert ist hier das quantitative Merkmal. Aus der Gesamtheit wurde eine Menge mit n = 20 Bolzen entnommen (Tabelle 2.19).

Die angegebenen Werte sind 1/100 - Meßwerte vom Sollwert 50 ± 0,10 mm.

Tabelle 2.1 20 Stichproben (n = 20)

Stichprobe Nr.	1	2	3	4	5	6	7	8	9	10	11	12	13	14	15	16	17	18	19	20
Meßwerte 1/100 mm	3	3	7	5	6	4	4	6	7	6	5	9	4	2	7	5	5	8	9	6

Beispiel: 3 / 100 = 0,03; max. Sollwert-Toleranz + 0,10 mm = 10 / 100 mm

Jetzt wird das quantitative Merkmal „Funktionsfähigkeit„ geprüft. Die einfachste Art ist es, die Meßwerte in Augenschein nehmen, mit der Toleranz vergleichen und dies mit „ja„ oder „nein„ bzw. mit 0 oder 1 zu beantworten.

Der Stahlbolzen hat Funktionsfähigkeit: ja ⟶ 0

nein ⟶ 1

2.1.2 Struktur der Meßwerte

Die Berechnung der *Mittelwerte* erweist sich als *Orientierungspunkt* nützlich, da es im Anfangsstadium der Analyse von Meßwerten leichter zu erkennen ist, ob die Verteilung symmetrisch oder schief ist.

Zur Veranschaulichung - hier noch nicht der Größe nach geordnet - Meßwerte in der nachfolgenden Tabelle.

Tabelle 2.2 Vier Stichproben mit 20 Meßwerten (Werte in 1/100 mm)

Stichproben (Sollwert = 50 mm)	Merkmalswerte: Istwerte in 1/100 mm
1.Stichprobe	**3, 3, 5, 5, 6, 4, 4, 6, 7, 6, 5, 6, 6, 4, 2, 4, 5, 5, 8, 6**
2.Stichprobe	**4, 6, 5, 4, 5, 5, 5, 5, 5, 2, 8, 5, 6, 5, 5, 6, 6, 6, 3, 4**
3.Stichprobe	**0, 0, 1, 0, 22, 3, 1, 23, 6, 2, 0, 2, 27, 1, 1, 3, 1, 2, 0, 5**
4.Stichprobe	**10, 0, 10, 1, 0, 10, 1, 0, 10, 1, 10, 2, 12, 10, 0, 10, 1, 0, 0, 12**

Es ist nicht leicht, eine bestimmte Struktur in den *Meßwerten* zu erkennen. Wenn wir aber wissen, wie groß der Mittelwert in jeder Stichprobe ist, so können wir jede Zeile durchsehen.

Erste Stichprobe: *Mittelwert 5*
In der *ersten Zeile* sind die meisten Meßwerte 1 oder 2 Einheiten von 5 entfernt. Jeweils die Hälfte der Meßwerte liegt unter oder über dem Mittelwert.

Zweite Stichprobe: *Mittelwert 5*
In der *zweiten Zeile* liegen die meisten Meßwerte bei 5.

Dritte Stichprobe: *Mittelwert 5*
In der *dritten Zeile* liegen die Meßwerte deutlich unter 5 und drei Werte 22; 23 und 27 liegen sehr weit draußen.

Vierte Stichprobe: *Mittelwert 5*
In der *vierten Zeile* liegt fast die Hälfte der Meßwerte über 5, bei 10 und 12 und die andere Hälfte deutlich darunter, bei 0 und 1.

2.1.3 Geordnete Meßwerte

Der Mittelwert ist ein noch nützlicherer Orientierungswert, wenn die Meßwerte schon der Größe nach geordnet sind.

Tabelle 2.3 Die Meßwerte der Größe nach geordnet

2, 3, 3, 4, 4, 4, 4, 5, 5, 5, 5, 5, 6, 6, 6, 6, 6, 6, 7, 8	**Mittelwert: *5***
2, 3, 4, 4, 4, 5, 5, 5, 5, 5, 5, 5, 5, 5, 6, 6, 6, 6, 6, 8	**Mittelwert: *5***
0, 0, 0, 0, 0, 1, 1, 1, 1, 1, 2, 2, 2, 3, 3, 5, 6, 22, 23, 27	**Mittelwert: *5***
0, 0, 0, 0, 0, 0, 1, 1, 1, 1,2, 10, 10, 10, 10, 10, 10, 10, 12, 12	**Mittelwert: *5***

2.2 Die algebraische Schreibweise des Mittelwertes

Der wichtigste Kennwert in der Qualitätssicherung ist der Mittelwert $\overline{X}$ einer Stichprobe. Neben dem Umfang *n* mit den ihrer Größe nach geordneten Stichprobenwerten X_1, X_2, X_3, X_4.....X_n kennzeichnet er die Mitte der Stichprobe.

2.2.1 Der durchschnittliche Wert aller n Stichprobenwerte

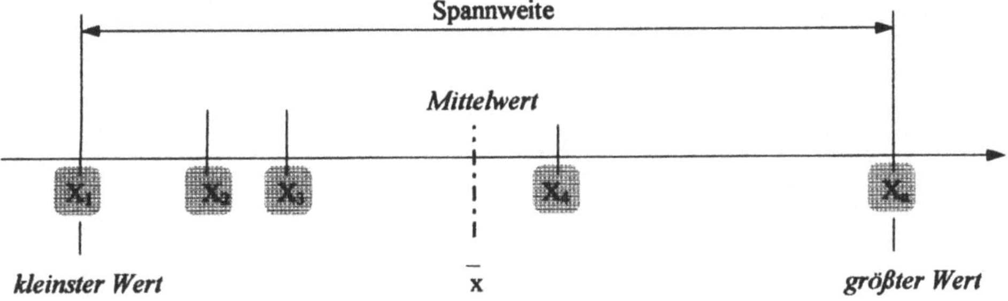

Bild 2-3

Der Mittelwert einer Stichprobe $X_1, X_2, X_3 \ldots\ldots\ldots\ldots X_n$ vom Umfang *n*, (2.2)

$$\overline{x} = \frac{1}{n} \cdot \sum_{i=1}^{n} x_i = \qquad (2.3)$$

$$\overline{X} = \frac{X_1 + X_2 + X_3 + \ldots\ldots\ldots\ldots X_n}{n} \qquad (2.4)$$

Für die Anzahl der Meßwerte wird das Symbol *n* verwendet.

Das Symbol für den arithmetischen Mittelwert ist „ *m* „ . Ein anderes Symbol für den Mittelwert ist „ $\overline{x}$ „ („x quer“ ausgesprochen), wenn die Einzelwerte durch die Variable x bezeichnet werden.
Für die Variable x wird x_i verwendet. Hierbei kann „ *i* „ alle Werte von *1 bis n* annehmen.
Das Aufsummieren der Meßwerte in einer Masse wird durch das Symbol „ $\sum$ „ gekennzeichet.

$\sum x$ bedeutet: Summe der Meßwerte x.

Wir schreiben den arithmetischen Mittelwert von *n* Meßwerten der Variablen *x* als Mittelwert = $(\sum x)/n$.

Die nachfolgenden Ausdrücke bedeuten alle das Aufsummieren von n Werten der Variablen x.

$$\sum_{i=1}^{n} x_i \qquad \sum x_i \qquad \sum^{n} x \qquad \sum x \tag{2.5}$$

Der erste Ausdruck bedeutet die Summe über alle x_i von x_1, für i = 1 bis x_n, für i = n.

Arithmetisches Mittel der Meßwerte

Eine große Anzahl von Bolzen mit dem Durchmesser 50 ± 0,1 werden mit drei Automaten hergestellt. Der Meßwert ist hier das quantitative Merkmal. Aus der Gesamtheit des 1. Automaten wurde um 14.00 Uhr die Stichprobe mit der Menge n = 20 Bolzen entnommen

Das arithmetische Mittel der Meßwerte ist zu bestimmen.

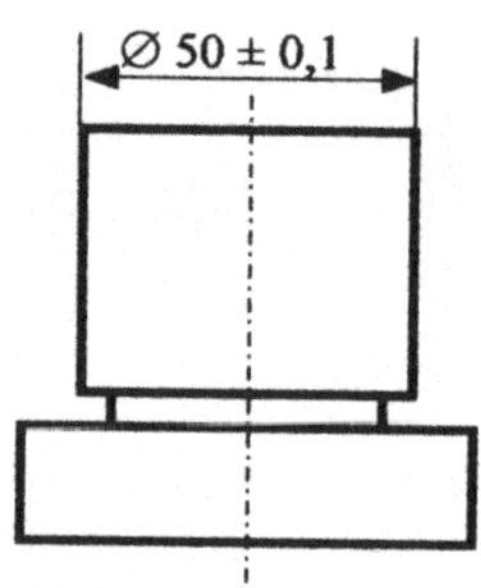

Bild 2-4

Die angegebenen Meß-Werte sind 1/100 - Meßwerte vom Sollwert ∅ 50 ± 0,10 mm.

Tabelle 2.4 X_i - Werte aus dem Meßprotokoll

i	1	2	3	4	5	6	7	8	9	10	11	12	13	14	15	16	17	18	19	20
Xi (1/100 mm)	3	3	7	5	6	4	4	6	6	6	5	9	4	2	7	5	5	8	9	6

Beispiel: 3 / 100 = 0,03; max. Sollwert-Toleranz + 0,10 mm = 10 / 100 mm

Geordnete Werte: n = 20

2	3	3	4	4	4	5	5	5	5	6	6	6	6	6	7	7	8	9	9

$$\bar{X} = \frac{1}{n} \cdot \sum (X_1 + X_2 + \ldots\ldots\ldots X_{20}) \tag{2.6}$$

$$\bar{X} = \frac{1}{20} \cdot (2+3+3+4+4+4+5+5+5+5+6+6+6+6+7+7+7+8+9+9)$$

$$\bar{X} = \frac{100}{20} \qquad \boxed{\bar{X} = 5}$$

2.2.2 Werte um den Mittelwert $\bar{x}$ „5 „

Tabelle 2.5 Meßwerte

3	3	7	5	6	4	4	6	6	6	5	9	4	2	7	5	5	8	9	6

Die *Meßwerte der gezogenen Stichprobe* werden auf eine *$\bar{X}$-Karte* übertragen.

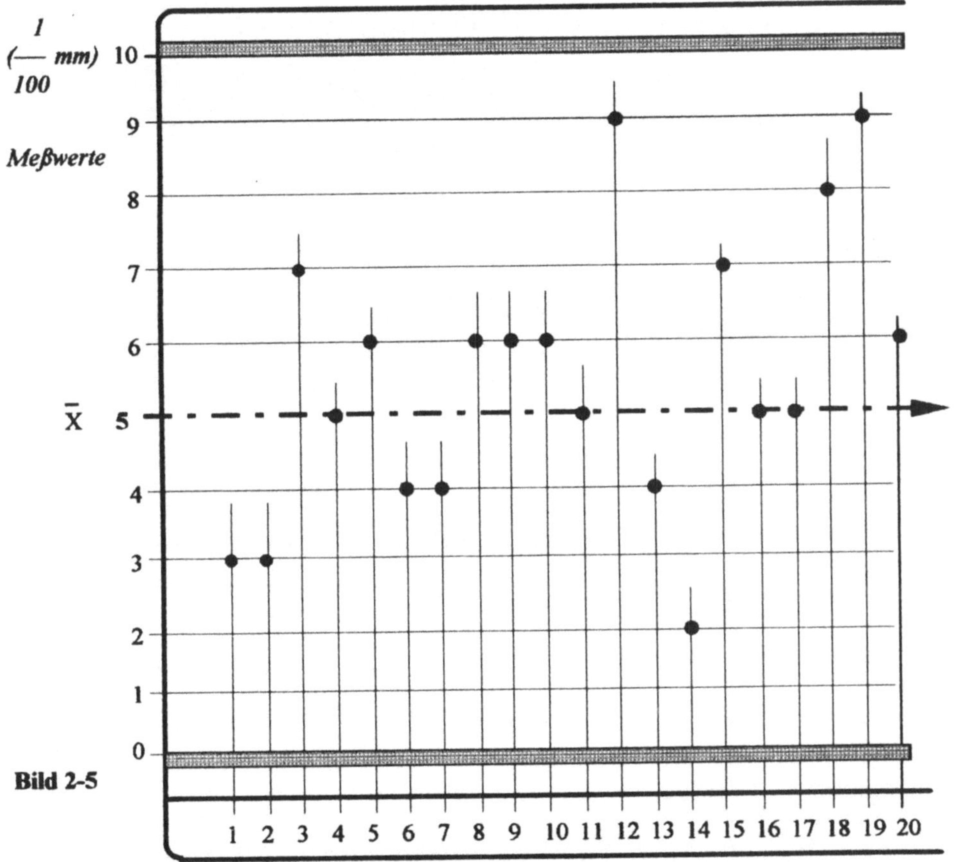

Bild 2-5

Alle Meßwerte befinden sich innerhalb der *Toleranz* *50 ± 0,1 mm*

10 Meßwerte liegen oberhalb des arithmetischen Mittels und 6 Meßwerte unterhalb. 4 Meßwerte liegen auf dem Mittelwert $\bar{x}$.

Weitere Betrachtungsweise um das arithmetische Mittel:

$\bar{x} \pm 0{,}01$, d.h. innerhalb der Weite 4/100 und 6/100 mm liegen 12 Meßwerte.

$$\text{12 gute Meßwerte bedeuten: } 60\,\% = \frac{\text{12 gute Meßwerte}}{\text{20 mögliche gute Meßwerte}} \cdot 100\,\% \qquad (2.7)$$

$\bar{x}$ **± 0,02** , d. h. innerhalb der Weite 3/100 und 7/100 mm liegen 16 Meßwerte.

$$\text{16 gute Meßwerte bedeuten } 80\,\% = \frac{\text{16 gute Meßwerte}}{\text{20 mögliche gute Meßwerte}} \cdot 100\,\%$$

$\bar{x}$ **± 0,03** , d. h. innerhalb der Weite 2/100 und 8/100 mm liegen 18 Meßwerte.

$$\text{18 gute Meßwerte bedeuten } 90\,\% = \frac{\text{18 gute Meßwerte}}{\text{20 mögliche gute Meßwerte}} \cdot 100\,\%$$

$\bar{x}$ **± 0,04** , d. h. innerhalb der Weite 1/100 und 9/100 mm liegen 20 Meßwerte.

$$\text{20 gute Meßwerte bedeuten } 100\,\% = \frac{\text{20 gute Meßwerte}}{\text{20 mögliche gute Meßwerte}} \cdot 100\,\%$$

Betrachtet man sich die Meßwerte um das arithmetische Mittel $\bar{x}$, so ergibt sich eine Häufung von gleichen Meßwerten.

So ergibt sich in der *1. Stichprobe* eine klare Übersicht von *Häufigkeiten* einzelner Meßwerte.

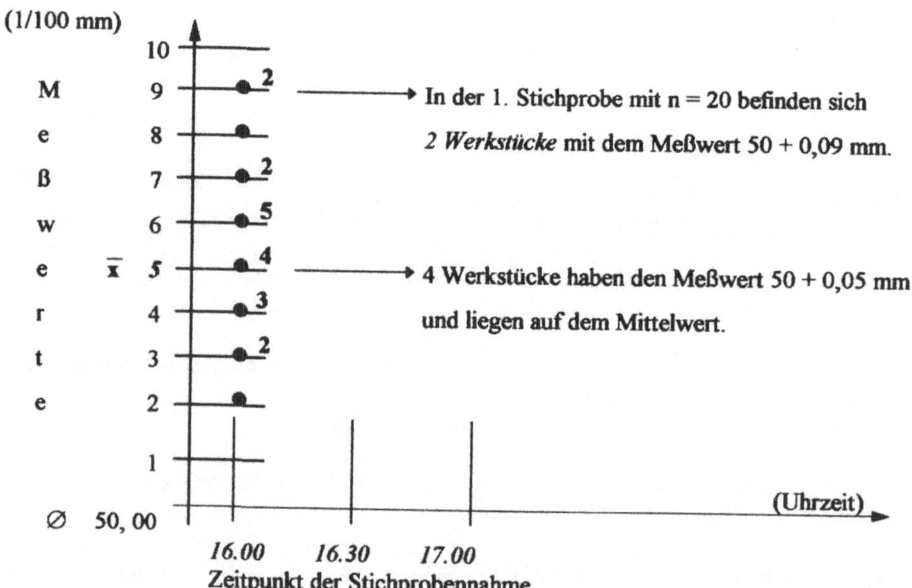

Bild 2-6

2.2.3 Mittelwert $\bar{x}$ mit Häufigkeitswerten

Es ergibt sich eine weitere Schreibweise für die Errechnung des arithmetischen Mittels.

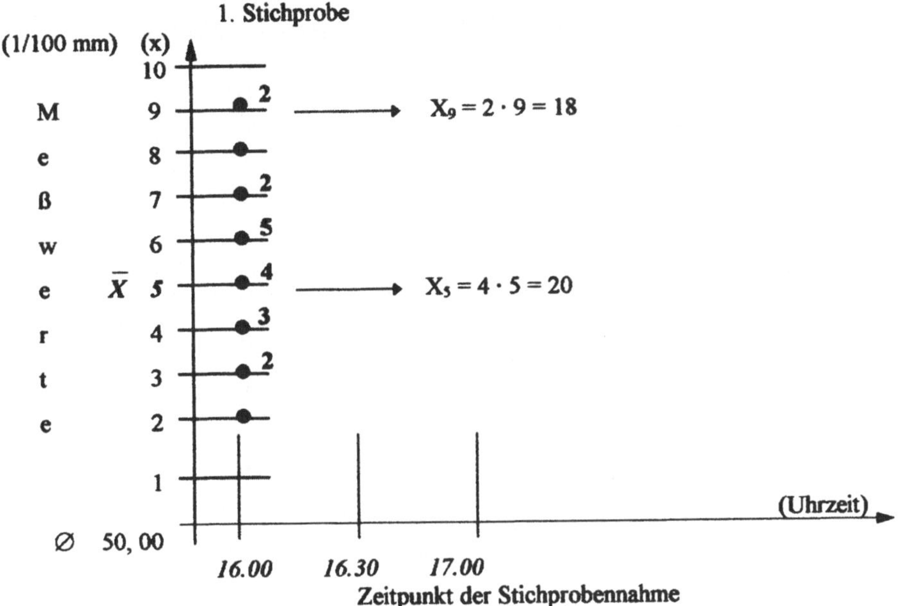

Bild 2-7

$$\boxed{\bar{X} = \frac{1}{n} \cdot \Sigma (x_n)} = \frac{\text{Wertsumme}}{\text{Anzahl der Meßwerte}} \qquad (2.8)$$

$$\bar{X} = \frac{1}{n} \Sigma (0 \cdot X_1 + 1 \cdot X_2 + 2 \cdot X_3 + 3 \cdot X_4 + 4 \cdot X_5 + 5 \cdot X_6 + 2 \cdot X_7 + 1 \cdot X_8 + 2 \cdot X_9 + 0 \cdot X_{10})$$

$$\bar{X} = \frac{1}{20} \cdot \Sigma (0 \cdot 1 + 1 \cdot 2 + 2 \cdot 3 + 3 \cdot 4 + 4 \cdot 5 + 5 \cdot 6 + 2 \cdot 7 + 1 \cdot 8 + 2 \cdot 9 + 0 \cdot 10)$$

$$\bar{X} = \frac{1}{20} \cdot \Sigma (0 + 2 + 6 + 12 + 20 + 30 + 14 + 8 + 18 + 0)$$

$$\bar{X} = \frac{1}{20} \cdot \Sigma (110) = \frac{110}{20} = \boxed{5{,}5}$$

Die Meßwerte aus der **Tabelle 2.3** ergeben in der *Urkarte* für die vier *Stichproben* nachfolgendes Bild. Es ist das arithmetische Mittel $\overline{x}$ für die Stichproben 2-4 zu bestimmen.

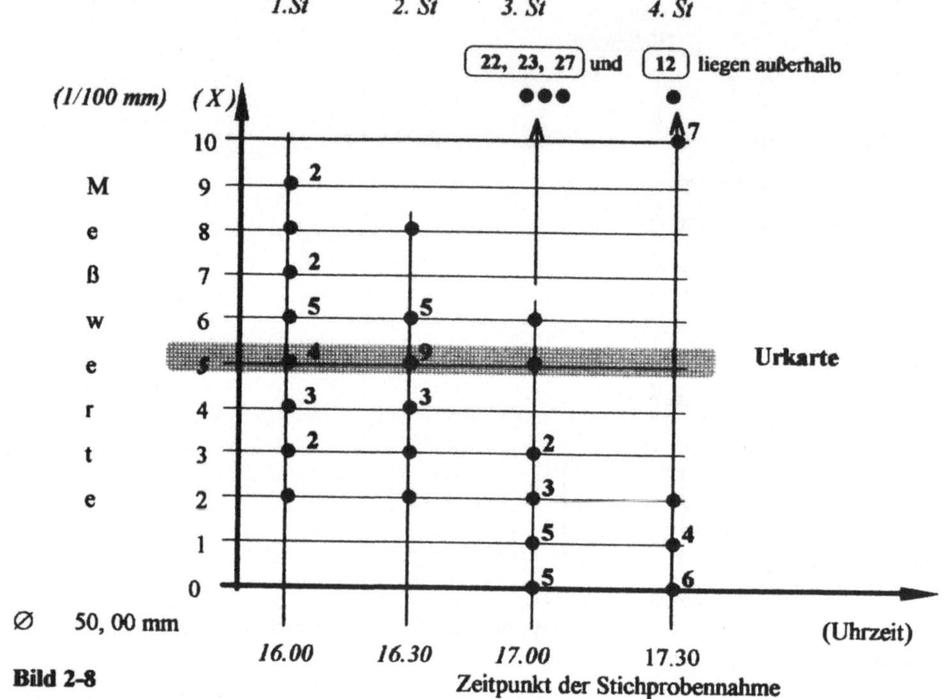

Bild 2-8

2. Stichprobe

$$\overline{X} = \frac{1}{n} \cdot \Sigma \, (x_n) \qquad (2.8)$$

$$\overline{X} = \frac{1}{n} \cdot \Sigma \, (0 \cdot x_1 + 0 \cdot x_2 + 1 \cdot x_2 + 1 \cdot x_3 + 3 \cdot x_4 + 9 \cdot x_5 + 5 \cdot x_6 + 1 \cdot x_8 + 0 \cdot x_7 + 0 \cdot x_8 + 0 \cdot x_9 + 0 \cdot x_{10})$$

$$\overline{X} = \frac{1}{20} \cdot \Sigma \, (0 \cdot 0 + 0 \cdot 1 + 1 \cdot 2 + 1 \cdot 3 + 3 \cdot 4 + 9 \cdot 5 + 5 \cdot 6 + 0 \cdot 7 + 1 \cdot 8 + 0 \cdot 9 + 0 \cdot 10)$$

$$\overline{X} = \frac{1}{20} \cdot \Sigma \, (2 + 3 + 12 + 45 + 30 + 8)$$

$$\overline{X} = \frac{1}{20} \cdot \Sigma \, (100) = \frac{100}{20} = \boxed{5}$$

3. Stichprobe

$$\bar{X} = \frac{1}{n} \cdot \sum (x_n) \qquad (2.8)$$

$$\bar{X} = \frac{1}{n} \cdot \sum (5 \cdot X_0 + 5 \cdot X_1 + 3 \cdot X_2 + 2 \cdot X_3 + 1 \cdot X_5 + 1 \cdot X_6 \; 1 \cdot X_{22} + 1 \cdot X_{23} + 1 \cdot X_{27})$$

$$\bar{X} = \frac{1}{20} \cdot \sum (5 \cdot 0 + 5 \cdot 1 + 3 \cdot 2 + 2 \cdot 3 + 1 \cdot 5 + 1 \cdot 6 + 1 \cdot 22 + 1 \cdot 23 + 1 \cdot 27)$$

$$\bar{X} = \frac{1}{20} \cdot \sum (0 + 5 + 6 + 6 + 5 + 6 + 22 + 23 + 27)$$

$$\bar{X} = \frac{1}{20} \cdot \sum (100) = \frac{100}{20} = \boxed{5}$$

4. Stichprobe

$$\bar{X} = \frac{1}{n} \sum (x_n) \qquad (2.8)$$

$$\bar{X} = \frac{1}{n} \cdot \sum (6 \cdot X_0 + 4 \cdot X_1 + 1 \cdot X_2 + 7 \cdot X_{10} + 2 \cdot X_{12})$$

$$\bar{X} = \frac{1}{20} \cdot \sum (6 \cdot 0 + 4 \cdot 1 + 1 \cdot 2 + 7 \cdot 10 + 2 \cdot 12)$$

$$\bar{X} = \frac{1}{20} \cdot \sum (0 + 4 + 2 + 70 + 24)$$

$$\bar{X} = \frac{1}{20} \cdot \sum (100) = \frac{100}{20} = \boxed{5}$$

2.3 Gewichteter Mittelwert

Sollen zwei oder mehrere *Mengen von Meßwerten* zusammengefügt werden, so gibt es zwei Möglichkeiten, den Mittelwert für die *vergrößerte Menge* zu berechnen:

1. *den arithmetischen Mittelwert der einzelnen Mittelwerte bilden*

2. *den arithmetischen Mittelwert aller Einzelwerte bilden*

Tabelle 2.6 Mittelwerte zweier Mengen von Meßwerten

	n	Summe	Mittelwert
1. *Menge* 0 1 1 2 2 3 3 4	8	16	*2*
2. *Menge* 3 4 5	3	12	*4*
Beide Mengen 0 1 1 2 2 3 3 3 4 4 5	11	28	*2,55*

Der Unterschied der beiden Ergebnisse ist nicht besonders groß.
Hier ergeben die kleinen Mengen mit $n = 8$ und $n = 3$ Meßwerten die Summe *16 und 12* mit ihren *Mittelwerten 2 und 4.*
Der Durchschnitt beider Mittelwerte 2 + 3 ist gleich 3. Aber der Durchschnitt aller 11 Einzelwerte ist *28/11 = 2,55.*
Der Mittelwert aller Einzelwerte heißt *gewichteter Mittelwert* oder *gewichteter Durchschnitt*.

Bei der abgekürzten Rechnung wird zuerst jeweils durch Multiplikation des Mittelwertes mit n die Summe über die Meßwerte jeder einzelnen Menge zurückberechnet.

Aus dem Beispiel:

Summe der ersten Menge	$8 \cdot 2 = 16$
Summe der zweiten Menge	$3 \cdot 4 = 12$

Die beiden Summen werden addiert, und diese Summe wird durch die gesamte Anzahl der Meßwerte, hier 11, dividiert.

Arithmetisches Mittel:

$$\bar{X} = \frac{\sum M_1 + \sum M_2}{(n_1 + n_2)} \qquad \bar{X} = \frac{(16 + 12)}{(8 + 3)} = \frac{28}{11} = 2{,}55 \tag{2.9}$$

2.4 Beispiele

Beispiel 2.1

Drei Automaten stanzen das gleiche Formblech aus Aluminium. Aus Funktions- und Qualitätsgründen müssen die Meßwerte innerhalb 100 ± 0,2 mm liegen.

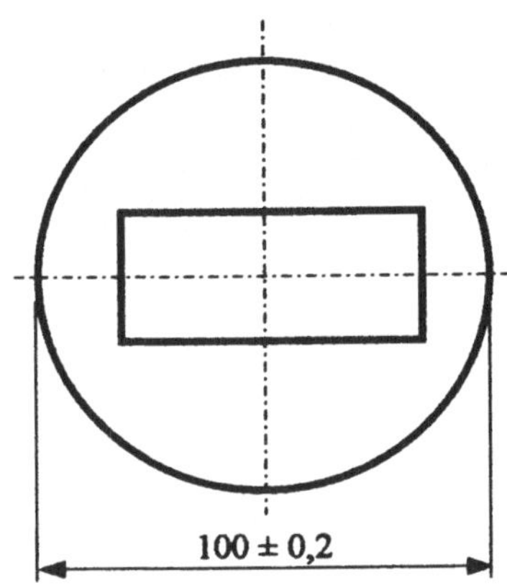

Bild 2-9

Jeder Stanzautomat wird über die Lage des Mittelwertes „ $\bar{x}$ „ beurteilt und gesteuert.

Es ergaben sich folgende Meßwerte:

1. Stanzautomat n = 7 Meßwerte
2. Stanzautomat n = 5 Meßwerte
3. Stanzautomat n = 7 Meßwerte

Tabelle 2.7 Drei Stichproben

		Meßwerte (in mm)						
	n	X_1	X_2	X_3	X_4	X_5	X_6	X_7
A1	7	100,16	100,02	99,97	100,08	100,14	100,04	100,18
A2	5	99,98	99,86	99,95	99,97	100,00		
A3	7	99,98	100,03	100,18	100,20	100,19	100,20	100,18

Arithmetisches Mittel für alle Meßwerte des Stanzautomaten 1

$$\bar{X}_{A1} = \frac{1}{n} \cdot \sum (x_1 + x_2 + x_3 + x_4 + x_5 + x_6 + x_7) \qquad (2.10)$$

$$\bar{X}_{A1} = \frac{1}{7} \cdot \sum (100,16 + 100,02 + 99,97 + 100,08 + 100,14 + 100,04 + 100,18)$$

$$\bar{X}_{A1} = \frac{1}{7} \cdot \sum (700,59) = \boxed{100,08}$$

Tabelle 2.8 Meßwerte in mm

		Meßwerte						
	n	X_1	X_2	X_3	X_4	X_5	X_6	X_7
A1	7	100,16	100,02	99,97	100,08	100,14	100,04	100,18
A2	5	99,98	99,86	99,95	99,97	100,00		
A3	7	99,98	100,03	100,18	100,20	100,19	100,20	100,18

Arithmetisches Mittel für alle Meßwerte des Stanzautomaten A2

$$\bar{X}_{A2} = \frac{1}{n} \cdot \sum (x_1 + x_2 + x_3 + x_4 + x_5) \quad (2.11)$$

$$\bar{X}_{A2} = \frac{1}{5} \cdot \sum (99{,}98 + 99{,}86 + 99{,}95 + 99{,}97 + 100{,}00)$$

$$\bar{X}_{A2} = \frac{1}{5} \cdot \sum (499{,}76) = \boxed{99{,}952}$$

Arithmetisches Mittel für alle Meßwerte des Stanzautomaten A3

$$\bar{X}_{A3} = \frac{1}{n} \sum (x_1 + x_2 + x_3 + x_4 + x_5 + x_6 + x_7) \quad (2.12)$$

$$\bar{X}_{A3} = \frac{1}{7} \cdot \sum (99{,}98 + 100{,}03 + 100{,}18 + 100{,}20 + 100{,}19 + 100{,}20 + 100{,}18)$$

$$\bar{X}_{A3} = \frac{1}{7} \cdot \sum (700{,}96) = \boxed{100{,}14}$$

Arithmetisches Mittel aus den Mittelwerten der Stanzmaschinen A1, A2 und A3

Tabelle 2.9

	Mittelwerte $\bar{x}$
Stanzmaschine A1	100.08
Stanzmaschine A2	99,98
Stanzmaschine A3	100,14

$$\bar{\bar{X}}_{A1\text{-}3} = \frac{1}{n} \cdot \sum (\bar{X}_{A1} + \bar{X}_{A2} + \bar{X}_{A3}) \qquad (2.13)$$

$$\bar{\bar{X}}_{A1\text{-}3} = \frac{1}{3} \cdot \sum (100{,}08 + 99{,}95 + 100{,}14)$$

$$\bar{\bar{X}}_{A1\text{-}3} = \frac{1}{3} \cdot \sum (300{,}17) = \boxed{100{,}6}$$

Arithmetisches Mittel aus allen Meßwerten der Stanzmaschinen A1- A3

$$\bar{X}_{A1\text{-}3} = \frac{1}{n_1 + n_2 + n_3} \cdot \sum (Xn_{A1} + Xn_{A2} + Xn_{A3}) \qquad (2.14)$$

$$\bar{X}_{A1\text{-}3} = \frac{1}{7+5+7} \cdot \sum (100{,}16 + 100{,}02 + 99{,}97 + 100{,}08 + 100{,}14 + 100{,}04 + 100{,}18 + 99{,}98 \; 99{,}98 + 99{,}86 + 99{,}95 + 99{,}97 + 100 + 99{,}98 + 100{,}03 + 100{,}18 + 100{,}20 + 100{,}19 + 100{,}20 + 100{,}18)$$

$$\bar{X}_{A1\text{-}3} = \frac{1}{19} \cdot \sum (1901{,}43) = \boxed{100{,}07}$$

2.5 Übung

2.1 Aus einer laufenden Produktion von Ohmschen Widerständen mit einem *Sollwert* von 220 Ω wurden *zwei Stichproben* vom Umfang je n = 60 entnommen.

Berechnen Sie das arithmetische Mittel $\bar{x}$ für die Stichprobe 1 und 2. Wie groß ist das Mittel $\bar{\bar{x}}$ für beide Stichprobenmittelwerte?

Die *Urkarte* zeigt Meßwerte und Häufigkeiten für beide Stichproben.

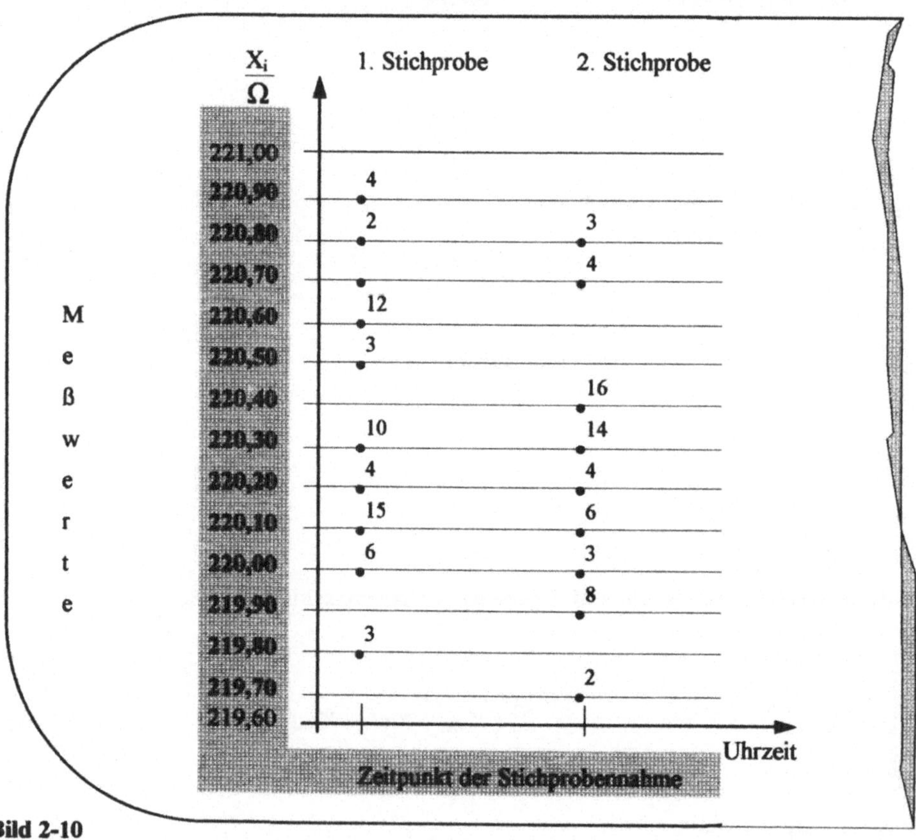

Bild 2-10

Benutzen Sie die Formel für das arithmetische Mittel der Stichprobenwerte.

$$\bar{x} = \frac{1}{n} \cdot \sum_{i=1}^{k} (x_i \cdot n_i) \qquad (2.15)$$

3 Die Streuung

3.1 Abweichung der Meßwerte

Die Streuung ist ein statistischer Ausdruck, der sich auf die Abweichung der Meßwerte in einer Datenmenge voneinander bezieht.
Die Streuung kann mit Hilfe der *Abweichung vom Mittelwert* beschrieben werden.

Das führt zu einer Zusammenfassung durch Maßzahlen wie den mittleren Abweichungsbetrag, die Standardabweichung und die Varianz.

3.2 Abweichung vom Mittelwert

Die Streuung einer Menge von Mittelwerten wird beschrieben, wenn wir ihre *Abweichungen vom Mittelwert* zusammenfassen. Die *Abweichungen sind die Differenz* zwischen jedem *Einzelwert in einer Menge* und dem *Mittelwert der Menge.*

Es hat sich eine Anzahl n = 5 Meßwerte ergeben:

Tabelle 3.1

X_i	X_1	X_2	X_3	X_4	X_5
1/100 mm	11	2	5	1	6

Die Abweichung vom Mittelwert können wir erst feststellen, wenn das arithmetische Mittel der Meßwerte x_1 - x_5 berechnet ist.

Das arithmetische Mittel der Meßwerte:

$$\bar{X} = \frac{1}{n} \cdot \sum_{i=1}^{n} (X_i) \quad (3.1)$$

$$\bar{X} = \frac{1}{n} \cdot \sum (X_1 + X_2 + X_3 + X_4 + X_5) \quad (3.2)$$

$$\bar{X} = \frac{1}{5} \cdot \sum (11 + 2 + 5 + 1 + 6) = \frac{1}{5} (25) = \boxed{5}$$

Das arithmetische Mittel der Meßwerte $x_1....x_5$ ist 5.
Um den Mittelwert zu finden, subtrahiert man von jedem Meßwert den Mittelwert.

Die fünf Abweichungen vom Mittelwert 5 sind in einer Urtabelle zusammengefaßt:

Tabelle 3.2 Abweichungen vom Mittelwert

i	x_i	$x_i - \bar{x}$	Abweichungen	absolute Werte
1	11	11 - 5	+ 6	6
2	2	2 - 5	- 3	3
3	5	5 - 5	± 0	0
4	1	1 - 5	- 4	4
5	6	6 - 5	+ 1	1
Σ	25		0	14

Die *negativen* Werte zeigen an, wo die ursprünglichen Werte kleiner sind als der Mittelwert. *Die Addition der Meßwerte ergibt die Summe Null. Die Meßwerte oberhalb und unterhalb des Mittelwertes sind im Gleichgewicht.*
Diese Überprüfung hat aber mit der Größe der Abweichung nichts zu tun.

3.2.1 Die Abweichung des Betrages

Bei der Messung ihrer Größen geht es nur um die Abweichung des Betrages, nicht darum, ob sie positiv oder negativ sind.

Wir betrachten z.B. die Abweichung -3 als gleich groß wie +3 als absoluten Wert.

Absolute Werte werden durch senkrechte Striche symbolisiert,

wie $|X|$ oder $|X - \bar{X}|$.

Die Abweichungen sind:

6	3	0	4	1

3.3 Der mittlere Abweichungsbetrag

Der mittlere Abweichungsbetrag ist der Durchschnitt der Beträge der Abweichung vom Mittelwert.

Bei n Meßwerten ist:

$$\text{Mittlerer Abweichungsbetrag} = \frac{\text{Summe der Beträge der Abweichungen vom Mittelwert}}{n}$$

$$md = \frac{1}{n} \cdot \sum_{i=1}^{n} | X - \overline{X} | \qquad (3.3)$$

Aus unserem Beispiel ist der mittlere Abweichungsbetrag:

$$md = \frac{1}{n} \cdot \sum | X_1 - \overline{X} | + | X_2 - \overline{X} | + | X_3 - \overline{X} | + | X_4 - \overline{X} | + | X_5 - \overline{X} | \qquad (3.4)$$

$$md = \frac{1}{5} \cdot \sum | 6 + 3 + 0 + 4 + 1 | = \frac{14}{5} = \boxed{2{,}8}$$

Mittlerer Abweichungsbetrag: $5 \pm 2{,}8$ $5 + 2{,}8 = 7{,}8$ $5 - 2{,}8 = 2{,}2$

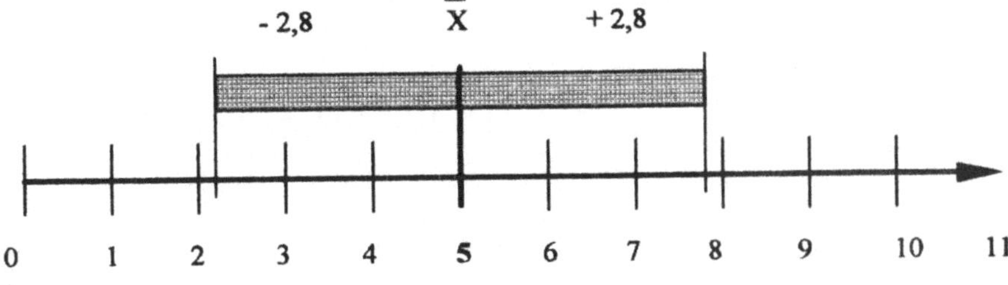

Bild 3-1

Von den Ausgangsmeßwerten 11, 2, 5, 1, 6, liegen die Werte 11, 2 und 1 außerhalb der Grenzen

Der mittlere Abweichungsbetrag ist ein übliches Maß für die Streuung und ist bei kleineren Datenmengen einfach anzuwenden.

3.4 Beispiel

Beispiel 3.1

Tabelle 3.3 Merkmalswerte x_i , n = 7

i	1	2	3	4	5	6	7	Σ
X_i	3	5	7	5	4	3	1	28

Arithmetisches Mittel:

$$\bar{X} = \frac{1}{n} \cdot \sum_{i=1}^{n} (X_1 + X_2 + \dots\dots\dots + X_n) \qquad (3.5)$$

$$\bar{X} = \frac{1}{7} \cdot \sum (3 + 5 + 7 + 5 + 4 + 3 + 1)$$

$$\bar{X} = \frac{1}{7} \cdot \sum (28) = \frac{28}{7} = \boxed{4}$$

Mittlerer Abweichungsbetrag:

$$\bar{X} = \frac{1}{7} \cdot \sum_{i=1}^{n} |X_i - \bar{X}| \qquad (3.6)$$

$$\bar{X} = \frac{1}{7} \cdot \sum |X_1 - \bar{X}| + |X_2 - \bar{X}| + |X_3 - \bar{X}| + |X_4 - \bar{X}| + |X_5 - \bar{X}| + |X_6 - \bar{X}| + |X_7 - \bar{X}|$$

$$\bar{X} = \frac{1}{7} \cdot \sum |3 - 4| + |5 - 4| + |7 - 4| + |5 - 4| + |4 - 4| + |3 - 4| + |1 - 4| = \frac{10}{7} = \boxed{1{,}43}$$

Die mittlere Abweichung: $\boxed{\bar{X} \pm md = 4 \pm 1{,}43}$ $\boxed{4 + 1{,}43 = 5{,}43}$ $\boxed{4 - 1{,}43 = 2{,}57}$

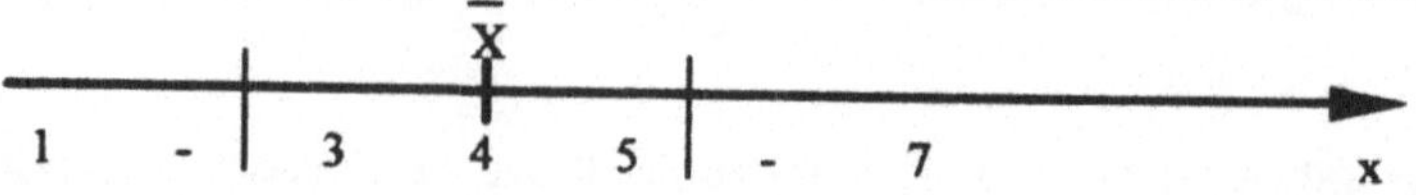

Bild 3-2

Die Meßwerte 1 und 7 liegen außerhalb der mittleren Abweichung.

4 Häufigkeiten

4.1 Zählung der Häufigkeiten

4.1.1 Meßwerte erhalten eine Ordnung

In einer Stichprobe sind die Meßwerte vom Umfang *n* aus *endlichen* und *unendlichen Grundgesamtheiten* gegeben.

$$X_1 ; X_2 ; X_3 \ldots\ldots\ldots\ldots X_n \qquad (4.1)$$

Die Stichprobenwerte Xi werden zuerst in der Reihenfolge ihres Auftretens in einer Urkarte oder Urliste vermerkt.
Anschließend werden die Stichprobenwerte ihrer Größe nach geordnet. Die Werte befinden sich jetzt zwischen dem kleinsten und größten Wert der Stichprobe, der Spannweite.

Geordnete Stichprobe

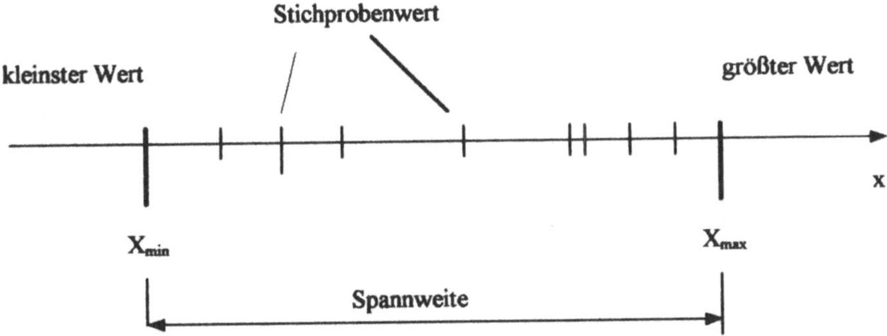

Bild 4-1

Bei der Beobachtung der *Stichprobenwerte* ist festzustellen, daß im allgemeinen *mehrere Werte mehrmals* auftreten. Dies ist besonders dann der Fall, wenn der Stichprobenumfang *n* wächst.

In einer Stichprobe „ *n* „ befinden sich „ *k* „ verschiedene Werte:

$$X_1 , X_2 \ldots\ldots , X_k \qquad (4.2)$$

Wir stellen fest, wie oft ein Stichprobenwert „ X_i „ in der Stichprobe enthalten ist.

$$i = 1, 2, \ldots\ldots, k \qquad (4.3)$$

Dies bedeutet absolute Häufigkeiten „ n_i „ des Stichprobenwertes „ x_i „.

Die Schreibweise:

$$\sum_{i=1}^{k} n_i = n_1 + n_2 + n_3 + \dots\dots\dots + n_k = n \qquad (4.4)$$

4.2 Die relative Häufigkeit

Die relative Häufigkeit „ h_i „ errechnet man, in dem die absolute Häufigkeit dividiert wird durch die Anzahl „ n „ der Stichprobenwerte.

$$h_i = \frac{n_i}{n} \qquad (i = 1, 2, 3 \dots\dots, k) \qquad (4.5)$$

Hier gilt die Beziehung:

$$0 \leq h_i \leq 1 \quad \text{und} \quad \sum_{i=1}^{k} h_i = h_1 + h_2 + h_3 + \dots + h_n = 1 \qquad (4.6)$$

Zu jedem Stichprobenwert x_i gehört ein n_i und ein h_i. In einer Verteilertabelle wird die Stichprobe vollständig beschrieben.

Tabelle 4.1 Verteilung von Häufigkeiten in der Stichprobe

Stichprobenwerte x_i	x_1	x_2	x_3	x_4	x_5	...	x_n
absolute Häufigkeit n_i	n_1	n_2	n_3	n_4	n_5	...	n_k
relative Häufigkeit h_i	h_1	h_2	h_3	h_4	h_5	...	h_k

Die Verteilung der einzelnen Stichprobenwerte in der Stichprobe läßt sich durch die Häufigkeitsfunktion $f(x)$ beschreiben:

$$f(x) = \begin{cases} h_i & \text{für} \quad x = x_i \qquad (i = 1, 2, 3, \dots, k) \\ 0 & \end{cases} \qquad (4.7)$$

Dem Stichprobenwert x_i ordnet man die relative Häufigkeit h_i zu. Werte, die nicht in der Stichprobe auftreten, erhalten den Wert Null. Die Häufigkeitsfunktion $f(x)$ kann graphisch dargestellt werden. Die Stablänge entspricht der relativen Häufigkeit h_i.

4.2.1 Häufigkeitsfunktion $f(x)$

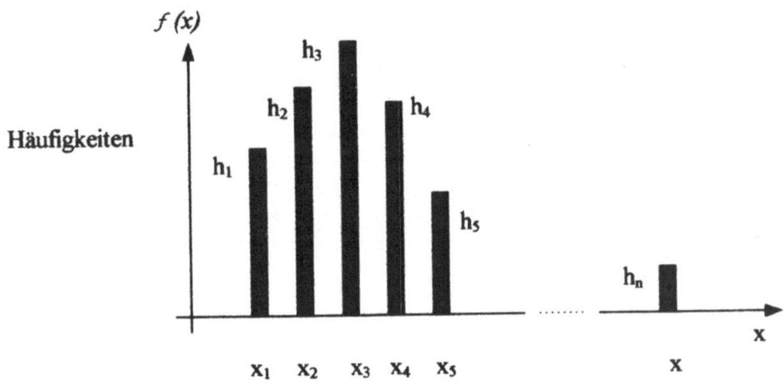

Bild 4-2

Beispiel
Es wird aus der laufenden Produktion von Bolzen mit Nut, um 14.00 Uhr, eine Stichprobe vom Umfang n = 25 entnommen. Die Nut hat einen Solldurchmesser von $x_o = 6{,}0$ mm.

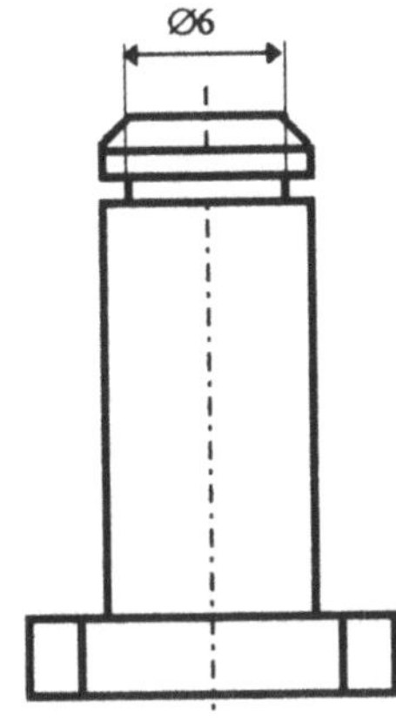

Bild 4-3

Es ergaben sich Stichprobenwerte für die Urliste (alle Werte in mm):

$n = 25$
5,9; 5,8; 6,0; 6,2; 6,2; 6,1; 5,7; 6,0; 6,0; 5,9;
5,8; 5,9; 6,1; 6,0; 6,0; 6,1; 6,0; 5,9; 5,8; 5,9;
5,9; 6,0; 6,0; 6,1; 6,0

Es treten in der Stichprobe 6 verschiedene Werte auf. Die Werte der Reihe nach geordnet lauten:

5,7; 5,8; 5,9; 6,0; 6,1; 6,2 (in mm)

Zunächst bestimmen wir die *Häufigkeiten* n_i dieser Werte in einer *Strichliste.*

Tabelle 4.2

Stichprobenwerte x_i (in mm)	5,7	5,8	5,9	6,0	6,1	6,2
Häufigkeiten n_i	/	///	~~////~~ /	~~////~~ ////	////	//

Aus der Stichprobenwerttabelle ergibt sich eine Zuordnung von h_i für jedes n_i.

Tabelle 4.3 Stichprobenwerte mit n = 25

$\frac{x_i}{mm}$	*5,7*	*5,8*	*5,9*	*6,0*	*6,1*	*6,2*
n_i	1	3	6	9	4	2
h_i	0,04	0,12	0,24	0,36	0,16	0,08

$$h_i = \frac{n_i}{n} \qquad (4.4)$$

$$h_1 = \frac{1}{25} = \boxed{0{,}04}\ ; \quad h_2 = \frac{3}{25} = \boxed{0{,}12}\ ; \quad h_3 = \frac{6}{25} = \boxed{0{,}24}$$

$$h_4 = \frac{9}{25} = \boxed{0{,}36}\ ; \quad h_5 = \frac{4}{25} = \boxed{0{,}16}\ ; \quad h_6 = \frac{2}{25} = \boxed{0{,}08}$$

4.2.2 Graphische Darstellung der Häufigkeitsfunktion $f(x)$

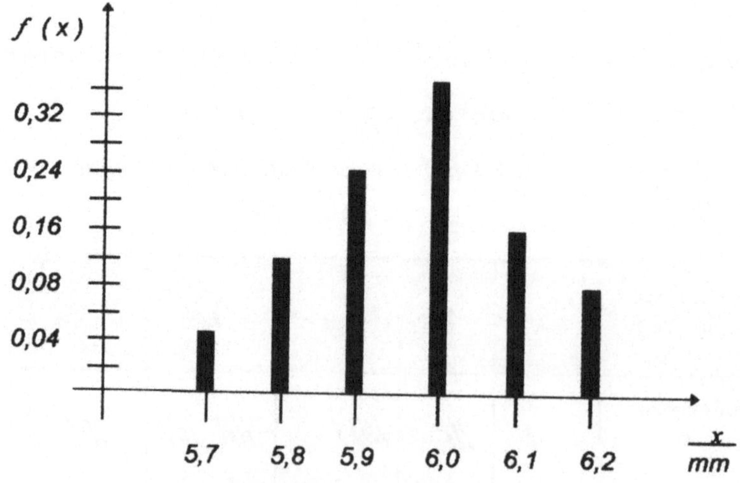

Bild 4-4

4.2.3 Berechnung des Mittelwertes $\overline{x}$ mit Häufigkeiten

Die Berechnung des Mittelwertes $\overline{x}$ einer Stichprobe unter Verwendung der Häufigkeiten läßt sich wie folgt berechnen:

$$\overline{x} = \frac{1}{n} \cdot \sum_{i=1}^{k} (x_1 \cdot n_1) + (x_2 \cdot n_2) + \ldots\ldots\ldots (x_n \cdot n_k) \qquad (4.8)$$

Ein Formstück aus Kunststoff soll für die Elektroindustrie hergestellt werden. Für die spätere Serien-Montage und Funktion ist das Längenmaß 84 mm des Stanzteiles von Bedeutung.

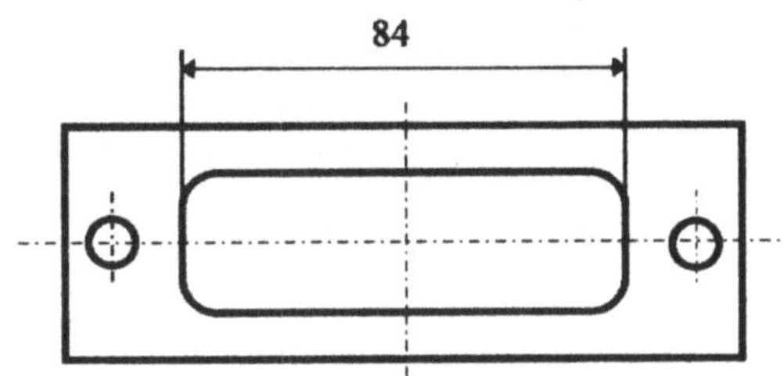

Die Stichprobe n = 20 aus der laufenden Produktion ergab folgende Meßwerte:

Bild 4-5

1/100 mm vom Sollwert 84,0 mm

Tabelle 4.4 Ist-Werte n = 20

6, 3, 7, 5, 6, 4, 4, 6, 7, 3, 5, 9, 6, 4, 2, 7, 5, 5, 8, 6.

Der Mittelwert von 5,4 kann leicht berechnet werden durch Addition der Meßwerte (108) und Division durch n = 20.

$$\overline{x} = \frac{1}{n} \cdot \sum_{i=1}^{n} x_i = (x_1 + x_2 + \ldots\ldots\ldots x_n) \qquad (4.9)$$

$$X = \frac{1}{20} \cdot (6+3+7+5+6+4+4+6+7+3+5+9+6+4+2+7+5+5+8+6) = \frac{108}{20} = \boxed{5{,}4}$$

Damit wir die Form der Verteilung erkennen können, müssen wir die Meßwerte der Größe nach ordnen.

Tabelle 4.5 Meßwerte n = 20 geordnet

2, 3, 3, 4, 4, 4, 5, 5, 5, 5, 6, 6, 6, 6, 6, 7, 7, 7, 8, 9.

Erkennbar ist, daß die Verteilung ein *Maximum* oder einen *Gipfel* hat und näherungsweise symmetrisch ist.

Wir stellen fest: Wie oft kommt ein Meßwert in unserer Stichprobe vor?

Tabelle 4.6 Beobachtete Meßwerte x_i

x_i (1/100 mm)	0	1	2	3	4	5	6	7	8	9	10
Häufigkeit			I	II	III	IIII	~~IIII~~	III	I	I	
n_i	0	0	1	2	3	4	5	3	1	1	0

4.2.4 Darstellung in der Urkarte:

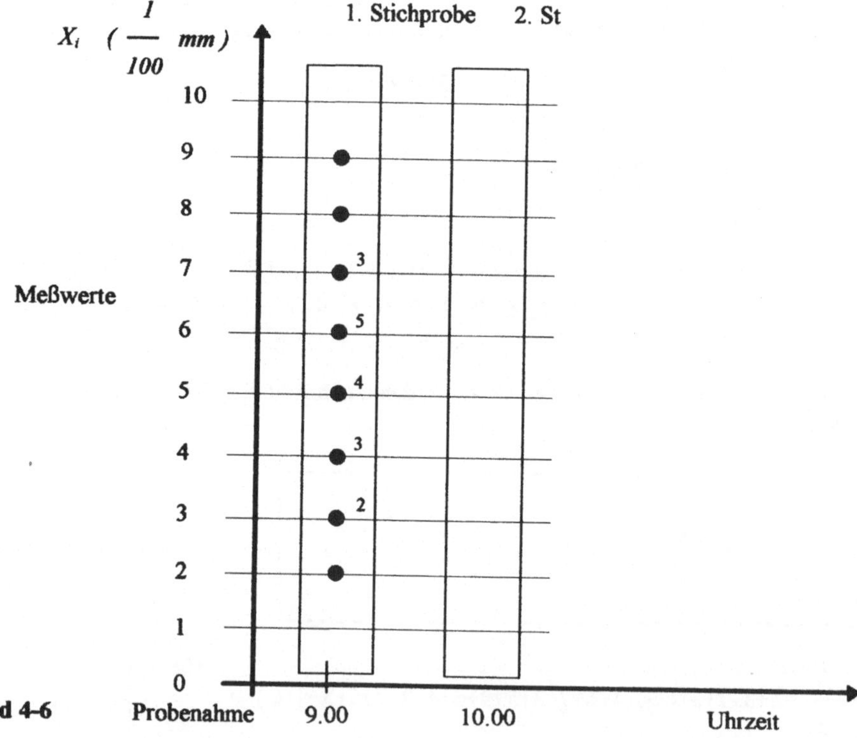

Bild 4-6

Um den Mittelwert einer Häufigkeitsverteilung in dieser Form zu berechnen, multiplizieren wir jeden gemessenen Wert x_i mit der Häufigkeit n_i seines Auftretens, addieren diese Produkte und dividieren die Summe durch n.

$$\bar{x} = \frac{1}{n} \cdot \sum_{i=1}^{k} (x_1 \cdot n_1) + (x_2 \cdot n_2) + \ldots\ldots (x_n \cdot n_k) \qquad (4.10)$$

$$\bar{x} = \frac{1}{20} \cdot (0{\cdot}0 + 1{\cdot}0 + 3{\cdot}2 + 4{\cdot}3 + 5{\cdot}4 + 6{\cdot}5 + 7{\cdot}3 + 8{\cdot}1 + 9{\cdot}1 + 10{\cdot}0)$$

$\bar{x} = \frac{1}{20} \cdot (108)$, was nach Division durch $n = 20$ den Wert $\bar{x} =$ **5,4** ergibt.

4.2.5 Häufigkeitsverteilungen im Vergleich

Eine Häufigkeitsverteilung ist leichter zu vergleichen, wenn die Anzahl als relative Häufigkeit dargestellt wird.
Die relative Häufigkeit drückt die beobachtete Häufigkeit als Anteil an der Gesamtheit der Meßwerte in der entsprechenden Menge aus.

Zwei Mengen von Meßwerten

Die Form der zwei Verteilungen ist offensichtlich ähnlich, aber ein detaillierter Vergleich ist nicht leicht, da die Gesamtanzahl der Meßwerte verschieden ist.

Tabelle 4.7 Zwei Mengen von Meßwerten im Vergleich

	Beobachteter Wert											Gesamtanzahl der Meßwerte
	0	1	2	3	4	5	6	7	8	9	10	
1. Menge	-	-	1	2	3	4	5	3	1	1	-	20
2. Menge	-	-	3	6	7	13	10	7	3	1	-	50

Als *relative Häufigkeit* ausgedrückt: Man dividiert durch n = 20 bzw. n = 50 und multipliziert mit 100, man erhält *Prozentsätze*.
Es ist leichter mit Prozentsätzen umzugehen, da die Ähnlichkeiten und Unterschiede zwischen zwei Datenmengen deutlicher zu sehen sind.

Tabelle 4.8 Prozentuale Häufigkeitsverteilung

		Beobachtete Werte x_i											
	n_i	h_i	0	1	2	3	4	5	6	7	8	9	10
1. Menge	20	h_i (%)	-	-	5	10	15	20	25	15	5	5	-
2. Menge	50	h_i (%)	-	-	6	12	14	26	20	14	6	2	-

Zur Berechnung des Mittelwertes dieser Verteilung multiplizieren wir jeden Wert x_i mit einer relativen Häufigkeit h_i, addieren diese Produkte und dividieren dann durch 100.

Mittelwert der 1. Menge

$$\overline{x} = \frac{1}{100\,\%} \sum (0 \cdot 0 + 1 \cdot 0 + 2 \cdot 5 + 3 \cdot 10 + 4 \cdot 15 + 5 \cdot 20 + 6 \cdot 25 + 7 \cdot 15 + 8 \cdot 5 + 9 \cdot 5 + 10 \cdot 0)\,\%$$

$$\overline{x} = \frac{540\,\%}{100\,\%} = \boxed{5{,}4}$$

Mittelwert der 2. Menge

$$\overline{x} = \frac{1}{100\,\%} \sum (0 \cdot 0 + 1 \cdot 0 + 2 \cdot 6 + 3 \cdot 12 + 4 \cdot 14 + 5 \cdot 26 + 6 \cdot 20 + 7 \cdot 14 + 8 \cdot 6 + 9 \cdot 2 + 10 \cdot 0)\,\%$$

$$\overline{x} = \frac{518\,\%}{100\,\%} = \boxed{5{,}18}$$

4.3 Häufigkeitssummen

Wenn wir die Häufigkeiten der Meßwerte vom kleinsten Wert am linken Ende der Verteilung aussummieren, erhalten wir Häufigkeitssummen.

Eine Aussage, welcher Prozentsatz der Meßwerte kleiner oder gleich einem bestimmten Wert ist, errechnet sich aus:

Relativer Häufigkeit · Testergebnis / Punkte

Tabelle 4.9 Relative Häufigkeiten und Häufigkeitssummen bei den n = 20 Meßwerten

		Testergebnisse / Punkte											Insgesamt
		0	1	2	3	4	5	6	7	8	9	10	
Relative Häufigkeit	%	0	0	5	10	15	20	25	15	5	5	0	100
Häufigkeitssummen	%	0	0	5	15	30	50	75	90	95	100	100	100

$$F(x) = \sum_{x_i \leq x} f(x_i) \qquad (4.11)$$

Die Summenhäufigkeiten haben eine Verteilung wie Häufigkeiten. Diese relative Häufigkeitssummenverteilung kann graphisch dargestellt werden.

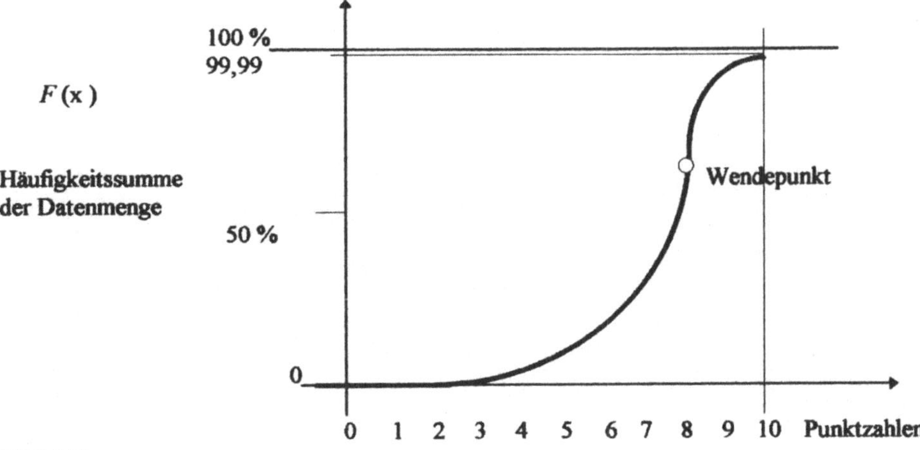

Bild 4-7

4.4 Häufigkeitsverteilung und Verteilungsformen

Eine Häufigkeitsverteilung gibt an, wievielmal die verschiedenen Werte in einer Menge von Meßwerten vorkommen.
Sie zeigen, wie oft bei einer Größe die 0, 1, 2, usw. vorkommt. Die Werte werden dabei entlang der waagerechten Achse aufgetragen, und ihre Häufigkeiten sind nach oben aufgetragen.

Nachfolgend werden fünf am häufigsten vorkommende Verteilungsformen gezeigt:

Häufigkeitsverteilung fast symmetrisch mit einem Gipfel in der Mitte.

Eingipflig, aber etwas schief, d.h. weit nach großen oder kleinen Werten hin auslaufend

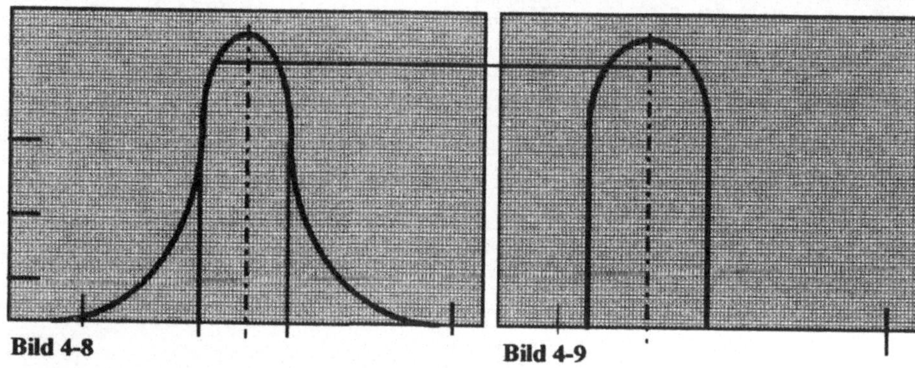

Bild 4-8

Bild 4-9

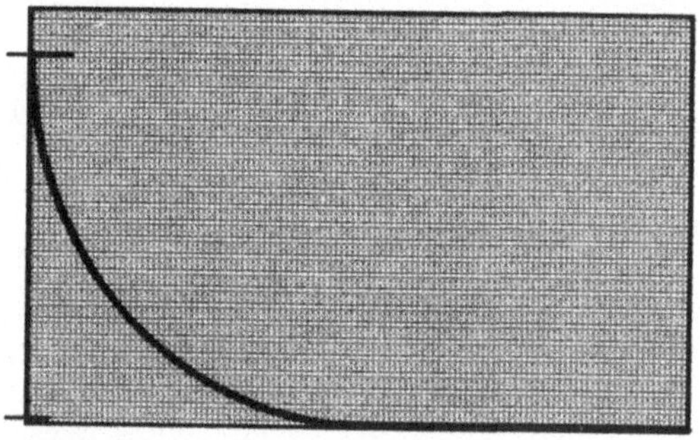

Häufigkeitsverteilung

J-förmig und hochgradig schief

Bild 4-10

U-förmig, mit einem Maximum an jedem Ende Ein Ende ist höher als das andere

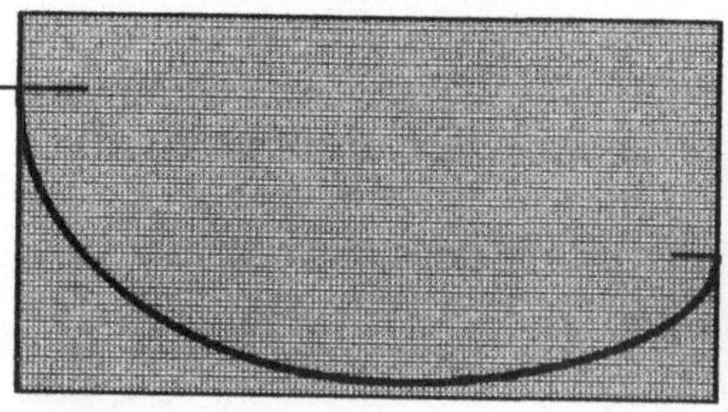

Bild 4-11

Gleichverteilt mit ungefähr gleich häufig auftretenden Werten

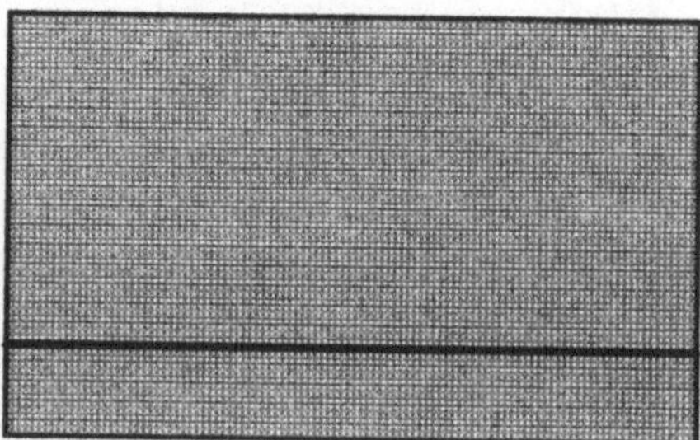

Bild 4-12

4.4.1 Graphische Darstellung einer Häufigkeitsverteilung

Die graphische Darstellung einer Häufigkeitsverteilung hilft die Form zu finden.

Tabelle 4.10 Gegeben ist die Stichprobe mit relativen Häufigkeiten in %.

Wert Xi	1	2	3	4	5	6
Relative Häufigkeit %	5	15	30	38	10	2
Häufigkeitssumme in %	5	20	50	88	98	100

Aufgetragen werden: Die Werte werden nach rechts aufgetragen, die relativen Häufigkeiten oder Häufigkeitssummen nach oben

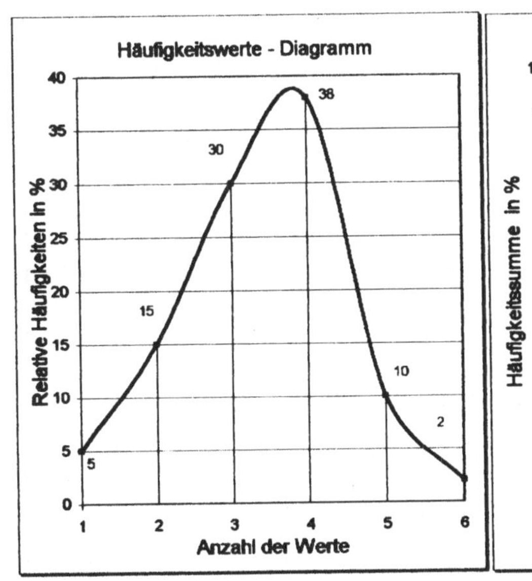

Bild 4-13

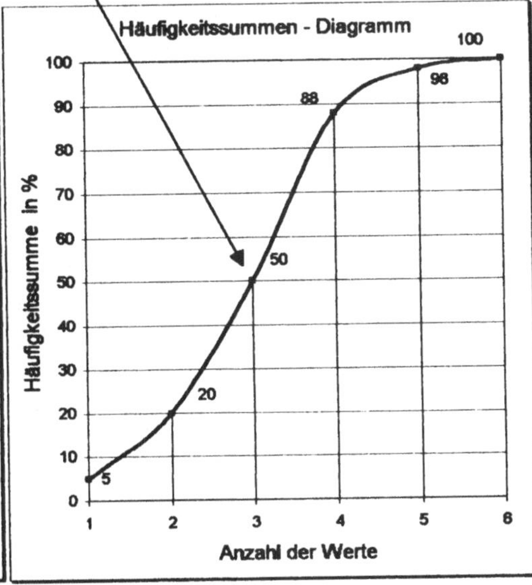

Bild 4-14

Gegeben sind die relativen Häufigkeiten einer Stichprobe.
Sollwert $x_o = 50{,}00$ mm
Wie groß ist der Meßwert x_i bei 50 % Summenhäufigkeit ?

Tabelle 4.11

Werte x_i	50,01	50,02	50,03	50,04	50,05	50,06	50,07	50,08	50,09	50,10
Relative Häufigkeiten %	0	5	5	5	20	30	20	5	5	5

Wertetabelle einer Stichprobe: Sollwert Xo = 50,00 mm

Tabelle 4.12 **Häufigkeitswerte in %**

Xi	1	2	3	4	5	6	7	8	9	10
Meßwert (in mm)	50,01	50,02	50,03	50,04	50,05	50,06	50,07	50,08	50,09	50,10
Relative Häufigkeit %	0	5	5	5	20	30	20	10	5	0
Summenhäufigkeit %	0	5	10	15	35	65	85	95	100	100

Bei 50 % der Häufigkeitssumme ist der Wert 5,5 (50,055 mm) erreicht.

Die Summenhäufigkeit (in %) ergibt sich in der Aufsummierung der relativen Häufigkeit (%). Die Summenhäufigkeit erreicht immer 100 %.

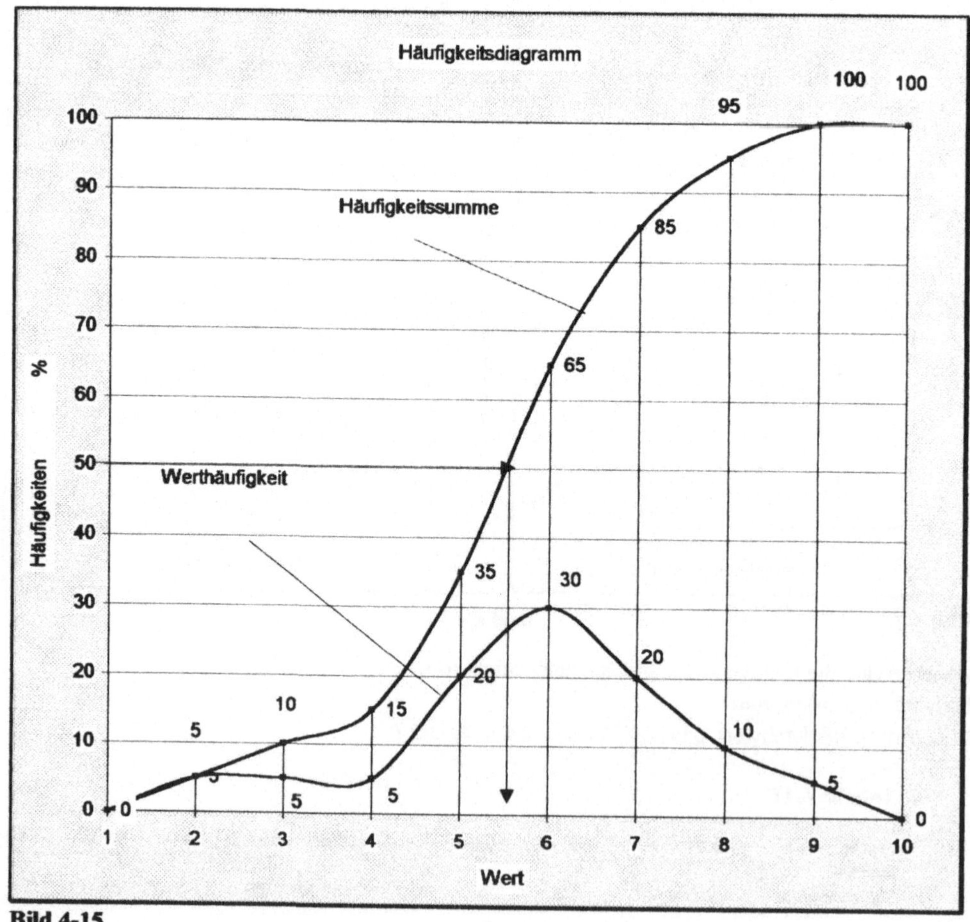

Bild 4-15

4.5 Gruppierung der Stichprobenwerte und Häufigkeiten

4.5.1 Stichproben in Klassen

Stichprobenwerte werden gruppiert, wenn umfangreiche Stichproben vorliegen.

1. Schritt: Ordnen der Stichprobenwerte
2. Schritt: Der kleinste und größte Wert werden bestimmt.

$$X_{min} \text{ bzw. } X_{max}$$

3. Schritt: Ein Intervall festlegen, in dem alle Stichprobenwerte liegen

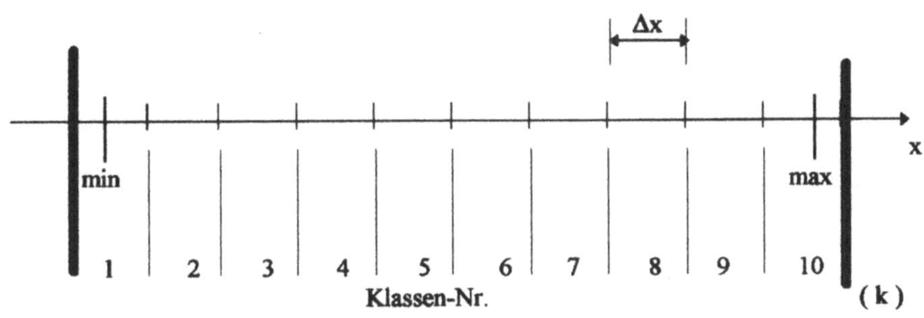

Bild 4-16

4. Schritt: Die Klassenmitte $\tilde{X}_i$ festlegen

5. Schritt: Beobachtete Werte der Klasssenbreite (Klasse 1 - k) zuordnen

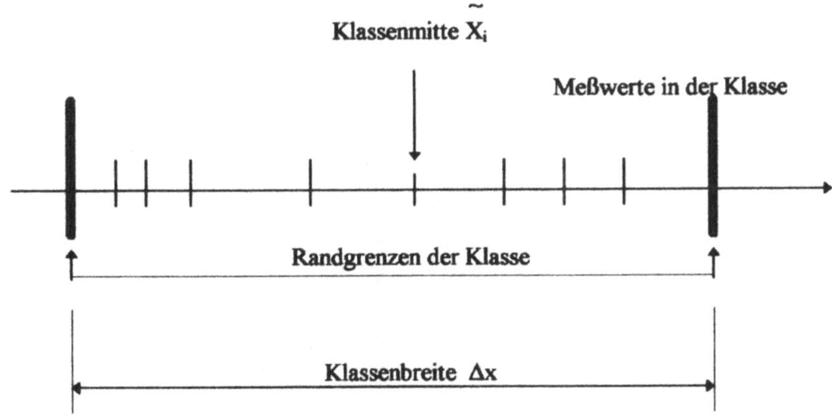

Bild 4-17

4.5.2 Klassenbildung

Die Anzahl der Klassen richtet sich nach den *n - Stichprobenwerten.*

$$k = \sqrt{n} \qquad (\text{für } 50 < n < 500) \qquad (4.12)$$

Bei Stichproben mit dem Umfang $n = 500$ wählt man $k = 30$ Klassen.

Die Anzahl n der Stichprobenwerte, die in der Klasse liegen, heißen *absolute Klassenhäufigkeit*. Dividiert man diese durch *Anzahl n aller Stichprobenwerte*, so ergibt sich *die relative Klassenhäufigkeit.*

$$h_i = \frac{n_i}{n} \qquad \textit{hier ist } i = 1, 2, 3, ... k \qquad (4.13)$$

Bei der Berechnung der Stichproben wird in der Regel davon ausgegangen, daß alle Werte und damit auch die relativen Klassenhäufigkeiten der Klassenmitte zugeordnet sind. Bei einer Berechnung an der Klassenober- und untergrenze muß dies deutlich zum Ausdruck gebracht werden.

Tabelle 4.13 Grundzüge der Tabelle

Klassenmitte $\tilde{X}_i$	$\tilde{X}_1$	$\tilde{X}_2$,	$\tilde{X}_3$	$\tilde{X}_4$	$\tilde{X}_5$	$\tilde{X}_6$	.... $\tilde{X}_k$
relative Klassenhäufigkeit h_i	h_1	h_2	h_3	h_4	h_5	h_6	...... h_k

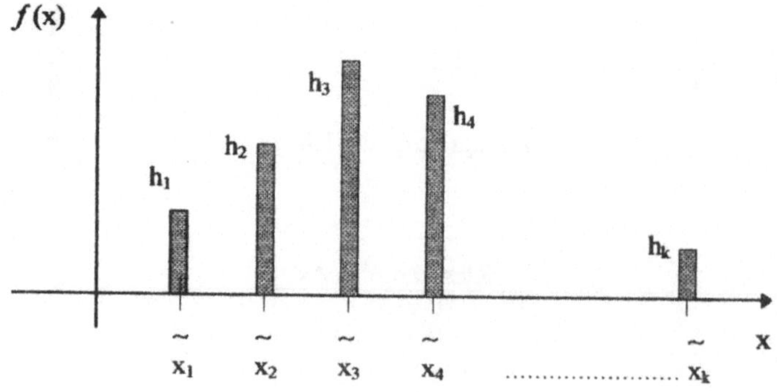

Bild 4-18

4.5.3 Klassenhäufigkeiten in Gruppen

Entsteht über der Klasse mit der Breite Δx ein Rechteck, so erhalten wir ein Histogramm. Die Höhe des Rechtecks entspricht der relativen Klassenhäufigkeit $f(x)$.

Histogramm

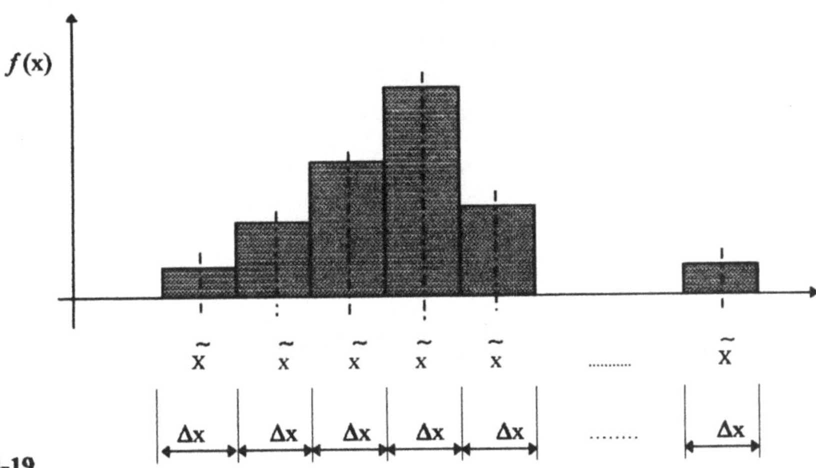

Bild 4-19

F (x), die *Verteilerfunktion* der *gruppierten Stichprobe* ist die *Summe* der *relativen Klassenhäufigkeiten* aller in der Stichprobe *aufgeführten Klassen*.

$$F(x) = \sum_{\tilde{x} \leq x} f(x_i)$$

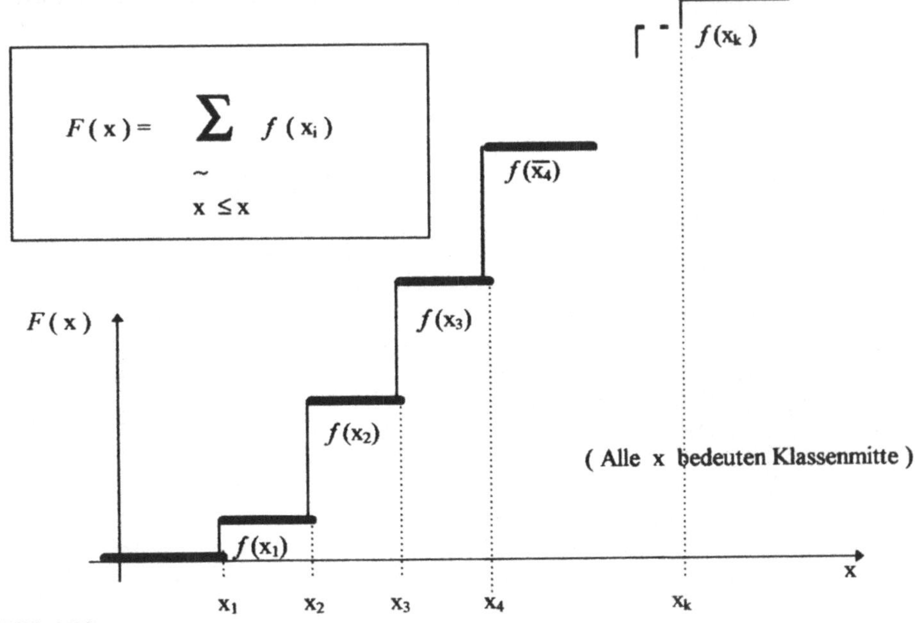

Bild 4-20

Aus der laufenden Produktion von Stiftschrauben mit einem Sollwert-Durchmesser $x_o = 10$ mm wurde eine Stichprobe vom Unfang n = 100 entnommen.
Die Meßwerte lagen zwischen $x_{min} = 9{,}15$ mm und $x_{max} = 10{,}95$ mm. Die Spannweite beträgt 1,8 mm.

Nach der Faustformel $\boxed{k = \sqrt{n}} = \sqrt{100} = 10$

Wir wählen für die Stichprobe vom Umfang n = 100 10 Klassen. Wir legen zweckmäßigerweise die Intervallgrenzen bei 9,1 mm und bei 11,1 mm fest. Das Gesamtintervall mit der Länge 2 mm wird in *10 Teilintervalle Klassen gleicher Breite* $\Delta x = 0{,}2$ *mm* unterteilt.

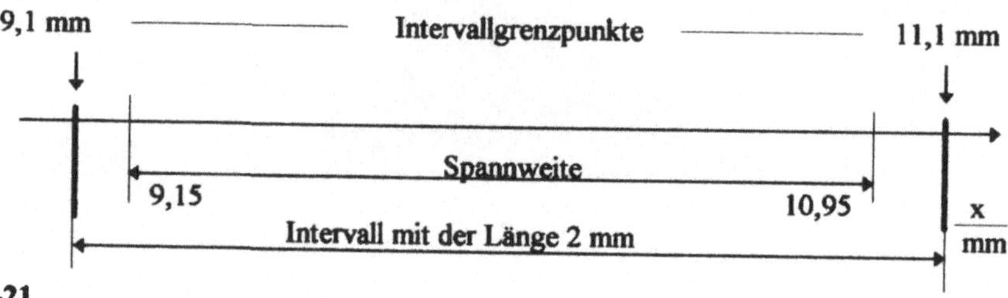

Bild 4-21

Tabelle 4.14 Häufigkeitsverteilung in der Klassenmitte

Klassen-Nr. i	Klassengrenzen (in mm)	Klassenmitte (in mm)	absolute Klassenhäufigkeit n_i	relative Klassenhäufigkeit h_i
1	9,1 9,3	9,2	1	0,01
2	9,3 9,5	9,4	3	0,03
3	9,5 9,7	9,6	8	0,08
4	9,7 9,9	9,8	16	0,16
5	9,9 ... 10,1	10,0	30	0,30
6	10,1 .. 10,3	10,2	18	0,18
7	10,3 .. 10,5	10,4	10	0,10
8	10,5 .. 10,7	10,6	8	0.08
9	10,7 .. 10,9	10,8	4	0,04
10	10,9 .. 11,1	11,0	2	0,02
Σ			100	1

Tabelle 4.15 Klassen-Mittenwerte und relative Häufigkeiten in %

x_i (mm)	9.2	9.4	9.6	9.8	10	10.2	10.4	10.6	10.8	11
h_i (%)	1	3	8	16	30	18	10	8	4	2

Histogramm : Relative Häufigkeiten (%) der Klassen 1 - 10

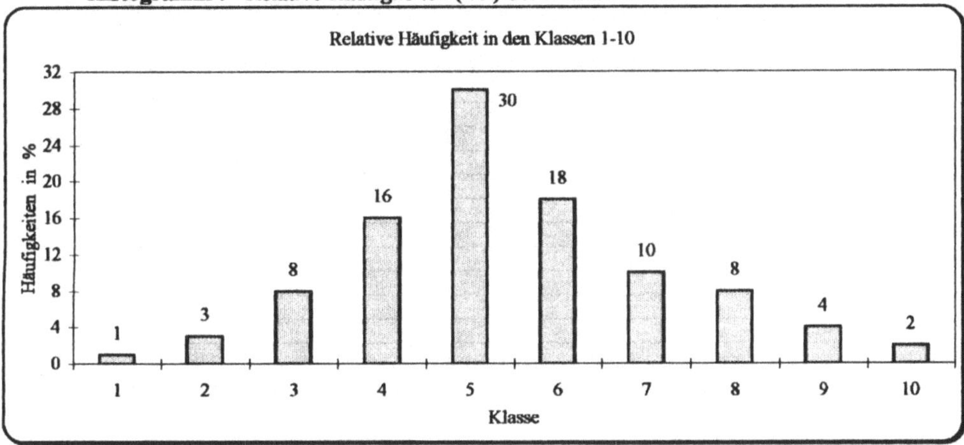

Bild 4-22

Relative Häufigkeit k =10

h_i (%)	1	3	8	16	30	18	10	8	4	2

Summenhäufigkeit

H_i (%)	1	4	12	28	58	76	86	94	98	100

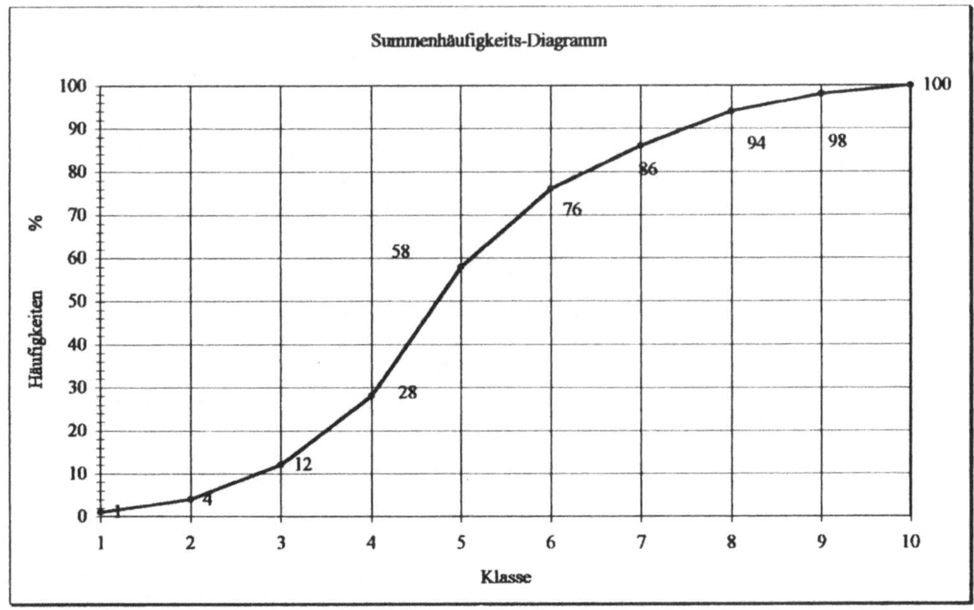

Bild 4-23

4.5.4 Mittelwert der Stichprobe

Tabelle 4.16 Meßwerte n = 10 mit relativen Häufigkeiten

x_i	9,2	9,4	9,6	9,8	10	10,2	10,4	10,6	10,8	11
$f(x)$	0,01	0,03	0,08	0,16	0,30	0,18	0,10	0,08	0,04	0,02

$$\bar{x} = \sum_{i=1}^{k} x_i \cdot f(x_i) \qquad (4.14)$$

$$\bar{x} = 9{,}2 \cdot 0{,}01 + 9{,}4 \cdot 0{,}03 + 9{,}6 \cdot 0{,}08 + 9{,}8 \cdot 0{,}16 + 10 \cdot 0{,}30 + 10{,}2 \cdot 0{,}18 + 10{,}4 \cdot 0{,}1$$
$$+ 10{,}6 \cdot 0{,}08 + 10{,}8 \cdot 0{,}04 + 11 \cdot 0{,}02$$

$$\bar{x} = 0{,}092 + 0{,}282 + 0{,}768 + 1{,}568 + 3{,}0 + 1{,}836 + 1{,}04 + 0{,}848 + 0{,}432 + 0{,}22$$

$$\bar{x} = \boxed{10{,}08 \text{ mm}}$$

4.5.5 Häufigkeitsverteilung gruppieren

Einzelwerte sollen für jedes Merkmal zu einer Häufigkeitsverteilung gruppiert werden. Für 100 Einheiten liegen je drei Meßwerte quantitativ-stetiger Merkmale vor.

Tabelle 4.17 Häufigkeitsverteilung nach quantitaven Merkmalen.

Merkmalsausprägungen	1	2	3	4	5	6	7	8	9	10
Absolute Häufigkeiten										
1. Merkmal	**2**	**6**	**9**	**15**	**18**	**18**	**15**	**9**	**6**	**2**
2. Merkmal	**3**	**5**	**11**	**13**	**18**	**18**	**13**	**11**	**5**	**3**
3. Merkmal	**18**	**15**	**9**	**6**	**2**	**2**	**6**	**9**	**15**	**18**

Die Einzelwerte sollen für jedes Merkmal zu einer Häufigkeitsgruppe zusammengefaßt werden. Benutzen Sie die Klassengrenzen:

0,5	2,5	4,5	6,5	8,5	10,5

Häufigkeitsverteilungen

Tabelle 4.18 Zuordnung von Wert-Häufigk4eiten in Klassengruppen

		Klasse				
		1	2	3	4	5
Merkmalsausprägungen (bis unter)		**0,5 - 2,5**	**2,5 - 4,5**	**4,5 - 6,5**	**6,5 - 8,5**	**8,5 - 10,5**
Absolute Häufigkeiten (Anzahl der Einheiten)	1. Merkmal	8	24	36	24	8
	2. Merkmal	8	24	36	24	8
	3. Merkmal	33	15	4	15	33
Σ n_i		49	63	76	63	49

300

$$h_i = \frac{n_i}{n} \qquad (h_i = 1) \qquad (4.15)$$

Häufigkeiten:

h_i	0,163	0,21	0,253	0,21	0,163

Klassenmitte:

x_i	1,5	3,5	5,5	7,5	9,5

$$\bar{X} = \sum_{i=1}^{k} f(x_i) \qquad (4.16)$$

$$\bar{X} = 0{,}245 + 0{,}735 + 1.392 + 1{,}575 + 1{,}548$$

$$\bar{X} = \boxed{5{,}495}$$

4.5.6 Arithmetisches Mittel in der Häufigkeitsverteilung

Aus der laufenden Serie werden 20 Produkte entnommen und nach Oberflächenfehlern untersucht.
Maximal 10 Qualitätspunkte entsprechen der Güte sehr gut. Es werden 4 Stichproben entnommen. Die Merkmale in Form von Q-Punkten werden in die Urtabelle eingetragen.
Es liegen Angaben für die Verteilung von absoluten Häufigkeiten in Klassen vor.
Es soll eine Tabelle erstellt und das arithmetische Mittel für die Verteilung V1 - V4 errechnet werden.

Für 5 Merkmalsausprägungen, 0 bis unter 5, 5 bis unter 15, 15 bis unter 30, 30 bis unter 45,und 45 bis unter 60, sollen jeweils 5 absolute Häufigkeiten mit Summe n = 20 verteilt werden.

Tabelle 4.19 Die Verteilung der Häufigkeiten liegt in der Klassenmitte.

	1. Kl	2. Kl	3. KL	4. Kl	5. Kl	n
1. Verteilung:	4	6	5	3	2	20
2. Verteilung:	3	6	4	3	4	20
3. Verteilung:	2	3	4	5	6	20
4. Verteilung	4	5	6	3	2	20

Klassengrenze: (liegt z. B. 15 bis unter 30)

Tabelle 4.20 Absolute Häufigkeiten in Klassengrenzen

	Merkmalsausprägungen (Oberflächengüte)					
	0 b. u. 5	5 b. u. 15	15 b. u. 30	30 b. u. 45	45 b. u. 60	
1. Verteilung:	4	6	5	3	2	
2. Verteilung:	3	6	4	3	4	
3. Verteilung:	2	3	4	5	6	
4. Verteilung:	4	5	6	3	2	
Σ	13	20	19	14	14	80

Arithmetisches Mittel

Verteilung
Für die Berechnung liegen alle Werte in der Klassenmitte.

$$\bar{X}_1 = \frac{(4 \cdot 2{,}5) + (6 \cdot 10) + (5 \cdot 22{,}5) + (3 \cdot 37{,}5) + (2 \cdot 52{,}5)}{20} = \frac{400}{20} = \boxed{20}$$

$$\bar{X}_2 = \frac{(3 \cdot 2{,}5) + (6 \cdot 10) + (4 \cdot 22{,}5) + (3 \cdot 37{,}5) + (4 \cdot 52{,}5)}{20} = \frac{480}{20} = \boxed{24}$$

$$\bar{X}_3 = \frac{(2 \cdot 2{,}5) + (3 \cdot 10) + (4 \cdot 22{,}5) + (5 \cdot 37{,}5) + (6 \cdot 52{,}5)}{20} = \frac{627{,}5}{20} = \boxed{31{,}4}$$

$$\bar{X}_4 = \frac{(4 \cdot 2{,}5) + (5 \cdot 10) + (6 \cdot 22{,}5) + (3 \cdot 37{,}5) + (2 \cdot 52{,}5)}{20} = \frac{412{,}5}{20} = \boxed{20{,}6}$$

Tabelle 4.21 Häufigkeitssumme (%) verteilt in Klassen

	0 - 5	5 - 15	15 - 30	30 - 45	45 - 60	Summe
Summe Verteilung 1-4	13	20	19	14	14	80
x_i	32,5	200	427,5	525	735	1920
h_i (%)	1,7	10,41	22,3	27,3	38,4	100
Häufigkeitssumme (%)	1,7	12,11	34,41	61,41	100	

Arithmetisches Mittel der Verteilung V1 - V4:

$$\bar{X} = \frac{1}{80} \cdot (13 \cdot 2{,}5 + 20 \cdot 10 + 19 \cdot 22{,}5 + 14 \cdot 37{,}5 + 14 \cdot 52{,}5) = \frac{1920}{80} = \boxed{24}$$

oder

$$\bar{\bar{X}} = \frac{1}{4} \cdot \sum \bar{X}_1 + \bar{X}_2 + \bar{X}_3 + \bar{X}_4 = \frac{1}{4} \cdot (20 + 24 + 31{,}5 + 20{,}5 = \boxed{24}$$

Wert- und Häufigkeitssumme (in %)

Tabelle 4.22 Diagrammwerte: Häufigkeiten in Klassen aus 4.22

Werthäufigkeit in %	1.7	10.41	22.3	27.3	38.1
Häufigkeitssumme in %	1.7	12.11	34.41	61.41	100

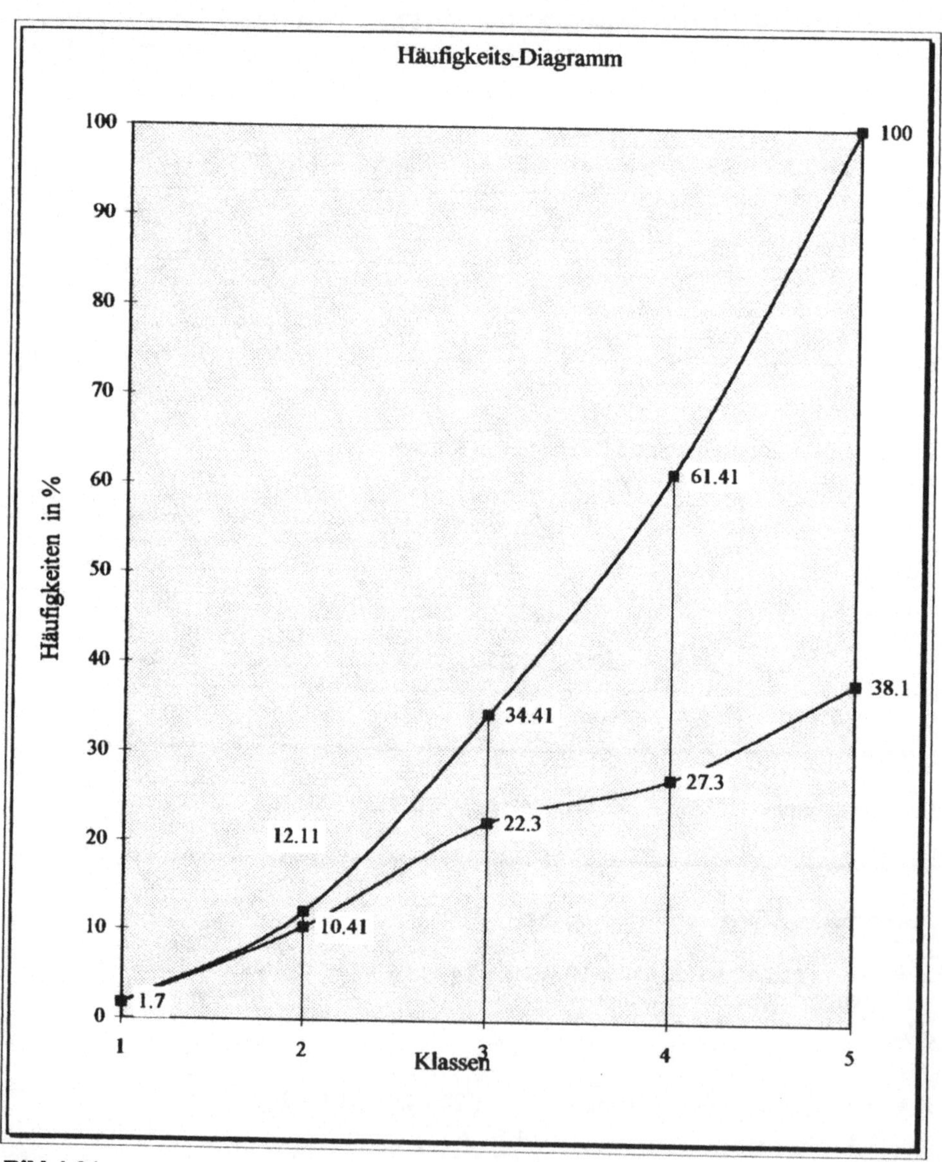

Bild 4-24

4.6 Beispiele

Beispiel 4.1

Erstellen Sie ein Häufigkeitsdiagramm für die Merkmalsausprägungen *Geldeinheiten*. Welche Geldwertsumme ergibt sich bei 50 % Häufigkeitssumme?

Tabelle 4.23 Häufigkeiten für Geldeinheiten (GE)

	Merkmalsausprägungen Geldeinheiten						
	5	10	15	20	25	30	Summe
abs. Verteilung	5	10	50	80	20	5	170
Xi - Werte	25	100	750	1600	500	150	3125 (GE)
h_i %	1	3	24	51	16	5	Relative Häufigkeit
H_i %	1	4	28	79	95	100	Summenhäufigkeit
GE-Häufigkeiten	25	125	875	2475	2975	3125	

(Für das Diagramm wurden alle Werte gerundet.)

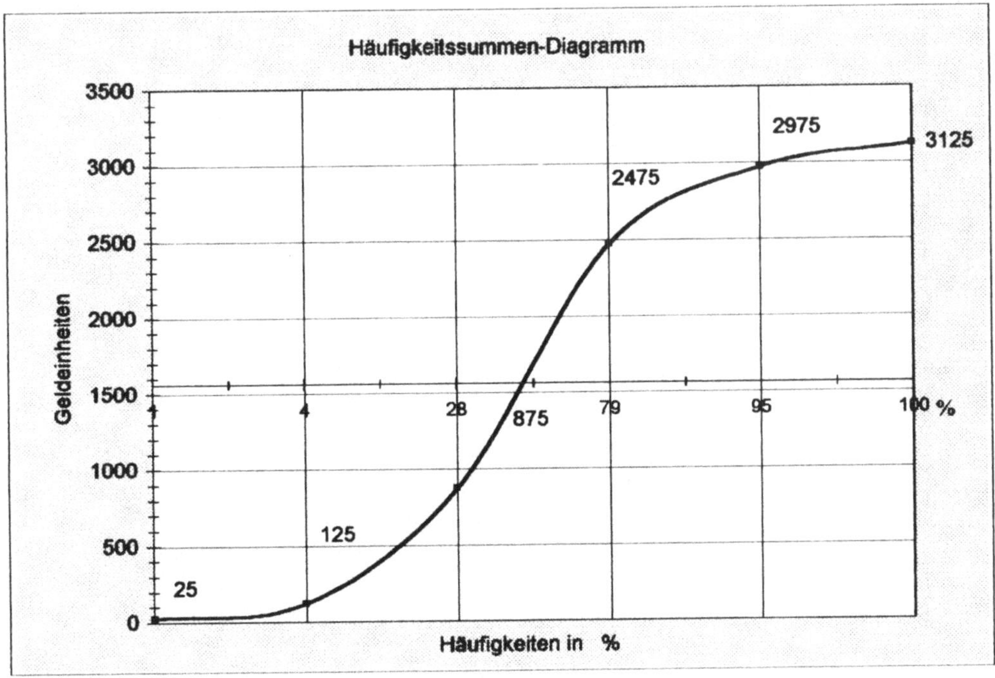

Bild 4-25

Tabelle 4.24

	Merkmalsausprägungen						
	5	10	15	20	25	30	Summe
Häufigkeits-Verteilung	5	10	50	80	20	5	170 (n)
x_i - Werte	*25*	*100*	*750*	*1600*	*500*	*150*	3125 (GE)
h_i %	1	3	24	51	16	5	Relative Häufigkeit
H_i %	1	4	28	79	95	100	Summenhäufigkeit
	25	*125*	*875*	*2475*	*2975*	*3125*	

(Für das Diagramm wurden alle Werte gerundet.)

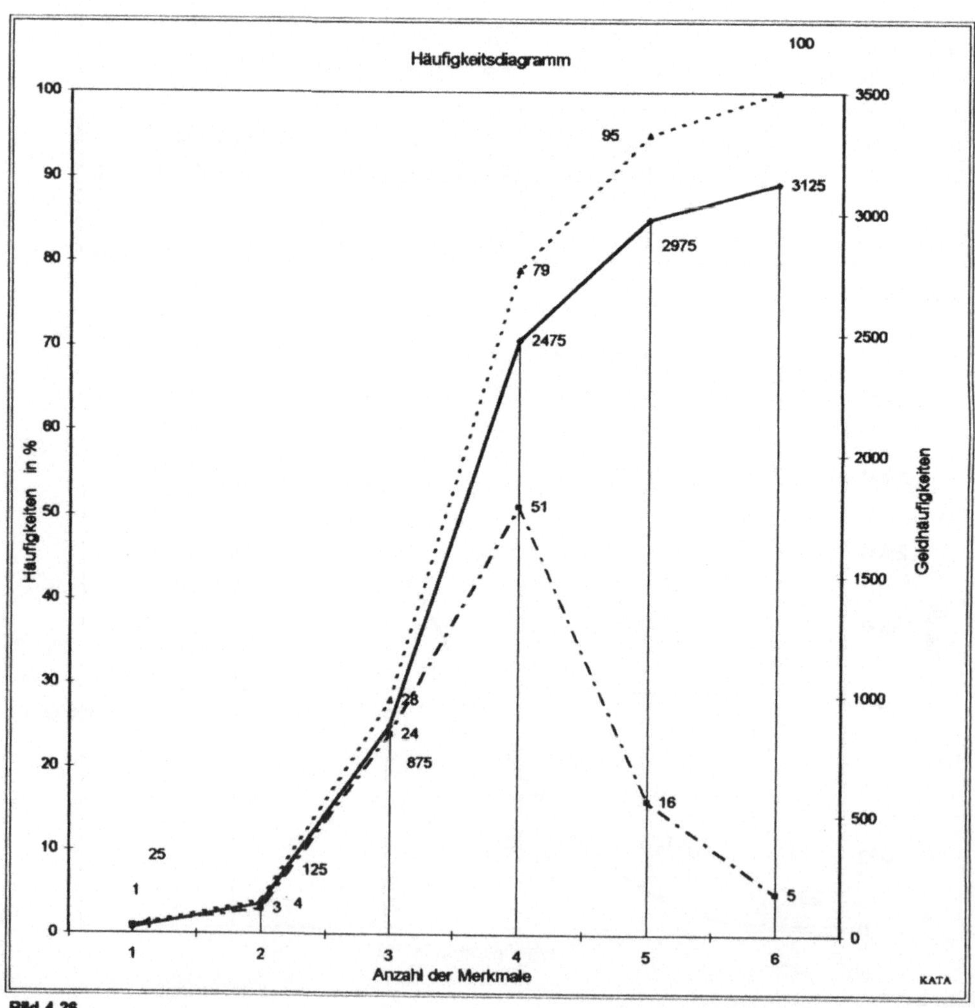

Bild 4.26

Beispiel 4.2

Drei Produkte einer bestimmten Qualitätsstufe, von denen jedes Produkt in einer anderen Produktionsstätte gefertigt wird, kosten in der ***höheren Qualitätsstufe*** *5 Geldeinheiten* (GE) in der Stätte **A** , ***3 GE in B*** und ***2,5 GE in C***.

Drei andere Produkte einer ***niedrigeren Qualitätsstufe*** kosten ***4 GE in A, 3 GE in B*** und ***2 GE in C***.

Erst in einer Tabelle, in der, ***neben den GE***, auch die ***Summen der Qualitätsstätten*** und ***Qualitätsstufen*** eingetragen sind, ist ein Vergleich überschaubar.

Tabelle 4.25

		Produktionsstätten			
		A	B	C	Summe
Qualitätsstufe	höhere	5	3	2,5	10,5
	niedrigere	4	3	2	9
	Summe	9	6	4,5	19,5

Die Produktionsstätten A und C sind mit ihren qualitativen Produkten gleich stark. Weitere Auswertungen sind jetzt möglich.

Beipiel 4.3

5 Maschinen produzierten 1850 Schrauben in einer Stunde.

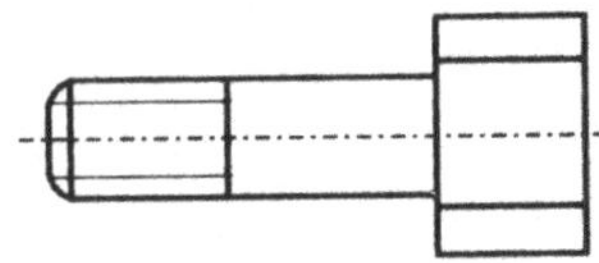

Bild 4-27

Nach der Auswertung ergaben sich für die ***Qualitätsgruppen 1 - 5*** folgende Verteilung:

Q-***Gruppe 1*** = 300 Schrauben, Q-***Gruppe 2*** = 400 Schrauben Q-***Gruppe 3*** = 450 Schrauben, Q-***Gruppe 4*** = 450 Schrauben, Q-***Gruppe 5*** = 250

Häufigkeitsverteilung an den einzelnen Maschinen:

M1: 50, 60, 150, 160, 50 ***M2:*** 100, 140, 200, 100, 0 ***M3***: 60, 40, 50, 40, 20

M4: 40, 60, 10, 20, 130 ***M 5***: 50, 100, 40, 130, 50

Die Frage nach der Wirtschaftlichkeit, d. h. für uns die Rechnung nach dem arithmetischen Mittel jeder einzelnen Maschine und der gesamten Gruppe, setzt eine übersichtliche Ur-Tabelle voraus.

Tabelle 4.26 Häufigkeiten n = 1850 in Qualitätsgruppen

	Qualitätsgruppe / absolute Häufigkeit					
	1	***2***	***3***	***4***	***5***	Summe
1. Maschine	50	60	150	160	50	470
2. Maschine	100	140	200	100	0	540
3. Maschine	60	40	50	40	20	210
4. Maschine	40	60	10	20	130	260
5. Maschine	50	100	40	130	50	370
	300	***400***	***450***	***450***	***250***	***1850***

Relatative Häufigkeiten in den Qualitätsgruppen 1- 5

Arithmetisches Mittel $\overline{x}$

$$h_i = \frac{n_i}{n}$$

$$\overline{x} = \frac{1}{n} \cdot \sum_{i=1}^{5} f(x_i)$$

Maschine 1

$$h_{i1} = \frac{50}{470} = \boxed{0{,}11}\,;\; h_{i2} = \frac{60}{470} = \boxed{0{,}12}\,;\; h_{i3} = \frac{150}{470} = \boxed{0{,}32}\,;\; h_{i4} = \frac{160}{470} = \boxed{0{,}34}\,;\; h_{i5} = \frac{50}{470} = \boxed{0{,}11}$$

$$\overline{x} = \frac{1}{5} \sum (0{,}11 \cdot 1) + (0{,}12 \cdot 2) + (0{,}32 \cdot 3) + (0{,}34 \cdot 4) + (0{,}11 \cdot 5) =$$

$$\overline{x} = \frac{1}{5} \sum (0{,}11 + 0{,}24 + 0{,}96 + 1{,}36 + 0{,}55) = \boxed{3{,}22}$$

Maschine 2

$$h_{i1} = \frac{100}{540} = \boxed{0{,}18}\ ;\ h_{i2} = \frac{140}{540} = \boxed{0{,}26}\ ;\ h_{i3} = \frac{200}{540} = \boxed{0{,}37}\ ;\ h_{i4} = \frac{100}{540} = \boxed{0{,}19}\ ;\ h_{i5} = \frac{0}{540} = \boxed{0{,}0}$$

$$\bar{x} = \frac{1}{5} \cdot \sum (0{,}18 \cdot 1) + (0{,}26 \cdot 2) + (0{,}37 \cdot 3) + (0{,}19 \cdot 4) + (0{,}0 \cdot 5) =$$

$$\bar{x} = \frac{1}{5} \cdot \sum (0{,}18 + 0{,}52 + 1{,}1 + 0{,}76 + 0{,}0) = \boxed{2{,}56}$$

Maschine 3

$$h_{i1} = \frac{60}{210} = \boxed{0{,}29}\ ;\ h_{i2} = \frac{40}{210} = \boxed{0{,}19}\ ;\ h_{i3} = \frac{50}{210} = \boxed{0{,}24}\ ;\ h_{i4} = \frac{40}{210} = \boxed{0{,}19}\ ;\ h_{i5} = \frac{20}{210} = \boxed{0{,}09}$$

$$\bar{x} = \frac{1}{5} \cdot \sum (0{,}29 \cdot 1) + (0{,}19 \cdot 2) + (0{,}24 \cdot 3) + (0{,}19 \cdot 4) + (0{,}09 \cdot 5) =$$

$$\bar{x} = \frac{1}{5} \cdot \sum (0{,}29 + 0{,}36 + 0{,}72 + 0{,}76 + 0{,}45) = \boxed{2{,}58}$$

Maschine 4

$$h_{i1} = \frac{40}{260} = \boxed{0{,}15}\ ;\ h_{i2} = \frac{60}{260} = \boxed{0{,}23}\ ;\ h_{i3} = \frac{10}{260} = \boxed{0{,}04}\ ;\ h_{i4} = \frac{20}{260} = \boxed{0{,}08}\ ;\ h_{i5} = \frac{130}{260} = \boxed{0{,}5}$$

$$\bar{x} = \frac{1}{5} \cdot \sum (0{,}15 \cdot 1) + (0{,}23 \cdot 2) + (0{,}04 \cdot 3) + (0{,}08 \cdot 4) + (0{,}5 \cdot 5) =$$

$$\bar{x} = \frac{1}{5} \cdot \sum (0{,}15 + 0{,}46 + 0{,}12 + 0{,}32 + 0{,}25) = \boxed{1{,}3}$$

Maschine 5

$$h_{i1} = \frac{50}{370} = \boxed{0,14};\ h_{i2} = \frac{100}{370} = \boxed{0,27};\ h_{i3} = \frac{40}{370} = \boxed{0,10};\ h_{i4} = \frac{130}{370} = \boxed{0,35};\ h_{i5} = \frac{50}{370} = \boxed{0,14}$$

$$\overline{x} = \frac{1}{5} \cdot \sum (0,14 \cdot 1) + (0,27 \cdot 2) + (0,10 \cdot 3) + (0,35 \cdot 4) + (0,14 \cdot 5) =$$

$$\overline{x} = \frac{1}{5} \sum (0,14 + 0,54 + 0,3 + 1,4 + 0,295) = \boxed{2,68}$$

Mittelwert der Qualitätsgruppen für alle Maschinenmittelwerte $\overline{x}$ 1-5:

$$\overline{\overline{x}} = \frac{1}{n} \cdot \sum_{i=1}^{5} (\overline{x}_i) \qquad (4.17)$$

$$\overline{\overline{x}} = \frac{1}{5} \cdot \sum (\overline{x}_1 + \overline{x}_2 + \overline{x}_3 + \overline{x}_4 + \overline{x}_5) \qquad (4.18)$$

$$\overline{\overline{x}} = \frac{1}{5} \cdot \sum (3,22 + 2,56 + 2,58 + 1,3 + 2,68)$$

$$\overline{\overline{x}} = \frac{1}{5} \cdot \sum (12,34)$$

$\overline{\overline{x}} = \boxed{2,47}$ Das Mittel für alle Maschinen liegt bei dem Qualitätswert 2,47.

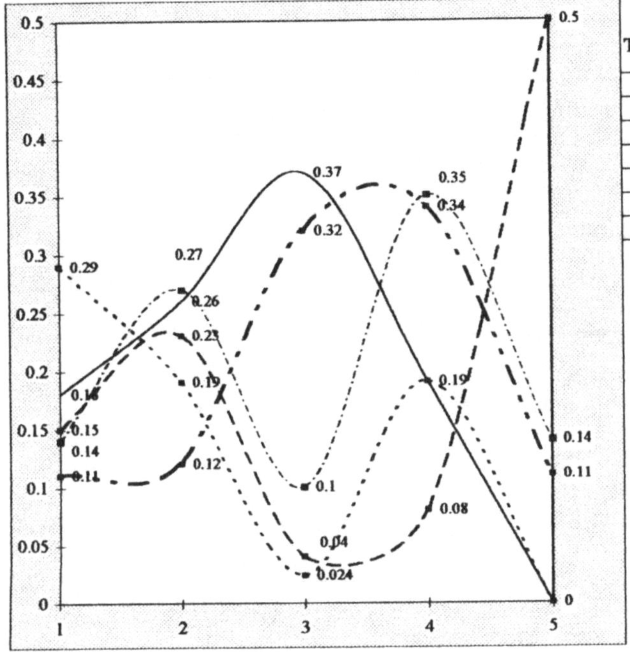

Bild 4-28

Tabelle 4.27 Relative Häufigkeiten

	f (xi)				
	1	2	3	4	5
M1	0.11	0.12	0.32	0.34	0.11
M2	0.18	0.26	0.37	0.19	0
M3	0.29	0.19	0.024	0.19	0,09
M4	0.15	0.23	0.04	0.08	0.5
M5	0.14	0.27	0.1	0.35	0.14

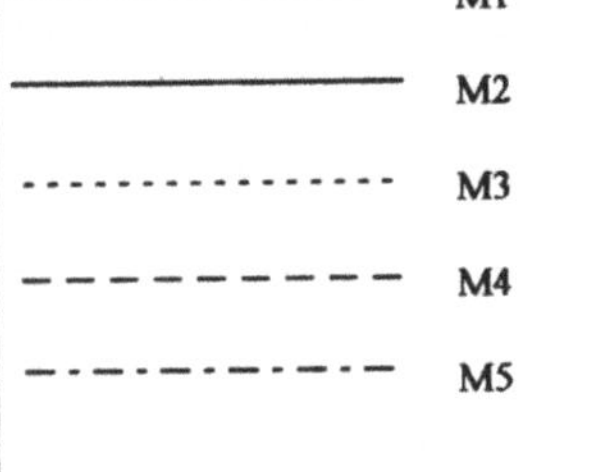

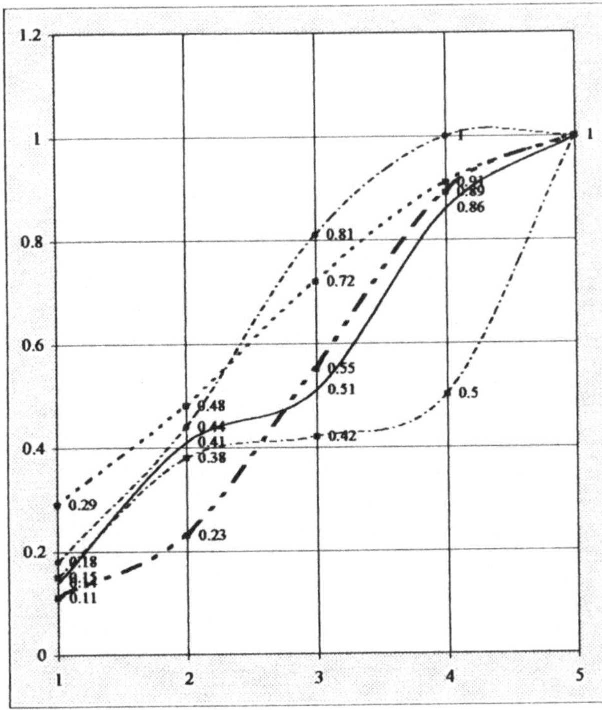

Bild 4-29

Tabelle 4.28 Häufigkeitssummen

	1	2	3	4	5
M1	0.11	0.23	0.55	0.89	1
M2	0.18	0.44	0.81	1	1
M3	0.29	0.48	0.72	0.91	1
M4	0.15	0.38	0.42	0.5	1
M5	0.14	0.41	0.51	0.86	1

M1

M2

M3

M4

M5

4.7 Übungen

4.1 Aus laufender Fertigung werden n = 30 geschliffene Steuerkolben für pneumatische Steuerventile entnommen. Der Solldurchmesser liegt bei x_o = 6,00 mm. Der Steuerkolben hat seine Funktion innerhalb der Toleranz von ± 0,02 mm.

Tabelle 4.29 Istwerte n = 5 in der Stichprobe

	Merkmalswert: Kolbendurchmesser				
	1	2	3	4	5
$\frac{x_i}{mm}$	5,095	6,019	6,009	6,014	6,017

Bestimmen Sie den Mittelwert $\overline{x}$, die relativen Häufikeiten (in %) und die Häufigkeitssumme (in %). Zeigen Sie im Häufigkeitsdiagramm 50 % der Summe an.

4.2 Bestimmen Sie für die Produktion von Ohmschen Widerständen mit dem Stichprobenumfang n = 80 die Anzahl der Klassen.
In welchem Intervall liegen die Klassen, wenn x_{min}=16,5 **Ω**, bzw. x_{max} = 20,5 **Ω** beträgt?

4.3 Ergänzen Sie die Ur-Tabelle um die weiteren notwendigen Wertangaben. Bestimmen Sie die Klassenmitte, die relative Klassenhäufigkeit h_i und die Summenhäufigkeit H_i in %. Zeigen Sie die Häufigkeiten in einem Diagramm.

Tabelle 4.30

Klassen-Nr. i	Klassengrenzen (in mm)	absolute Klassen-Häufigkeit n_i
1	68,5 69,5	1
2	69,5 ... 70,5	4
3	70,5 ... 71,5	10
4	71,5 ... 72,5	21
5	72,5 ... 73,5	13
6	73,5 ... 74,5	11
7	74,5 ... 75,5	3
8	75,5 ... 76,5	1

4.4 In einer automatischen Flaschenabfüllanlage wird das Nettofüllgewicht, x_o = 250 g, als ein Qualitätsmerkmal, fortlaufend geprüft und gesteuert.
Es ergaben sich aus der laufenden Stichprobe, Nr. 170642 um 16.00 Uhr, folgende Meßwerte:

	x_1	x_2	x_3	x_4	x_5
x_i (g)	246	248	250	252	254
hi (in %)	2	28	52	14	4

Erstellen Sie eine Tabelle für die Meßwerte x_i und deren relativen Häufigkeiten H_i und h_i in %.
Wie groß ist der mittlere Füllbetrag und die mittlere Abweichung in Gramm, für die Stichprobe Nr. 170642 ?

5 Streuung der Mittelwerte

5.1 Grundsätzliches

Die einzelnen Stichprobenwerte x_i streuen um den Mittelwert $\bar{x}$.

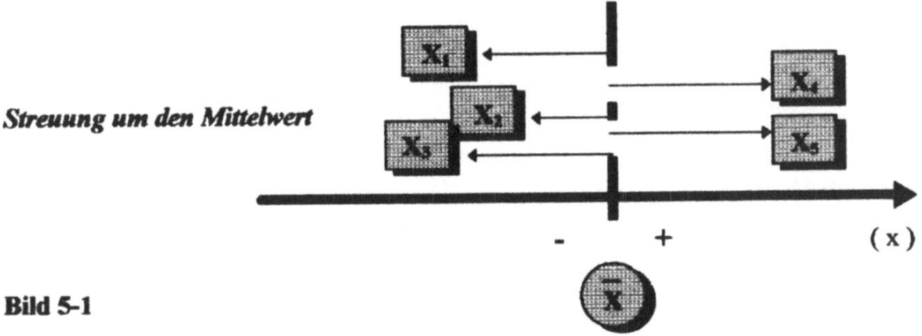

Bild 5-1

Das Streumaß ist die Größe der Abweichung vom Mittelwert.

Tabelle 5.1 Streumaße mit n = 5

	x_1	x_2	x_3	x_4	x_5
x_i	2	3	5	7	8

$$\bar{x} = \frac{1}{n} \cdot \sum_{i=1}^{n} x_i \qquad (5.1)$$

Der Mittelwert $\bar{x}$ von n = 5

$$\bar{x} = \frac{1}{5} \cdot (2 + 3 + 5 + 7 + 8) = \frac{25}{5} = \boxed{5}$$

Abweichung vom Mittelwert:

$$x_1 - \bar{x} = 2 - 5 = -3$$

$$x_2 - \bar{x} = 3 - 5 = -2$$

$$x_3 - \bar{x} = 5 - 5 = 0$$

$$x_4 - \bar{x} = 7 - 5 = 2$$

$$x_5 - \bar{x} = 8 - 5 = 3$$

Die ***Addition der Abweichungen*** ergibt „ ***0*** „ und dient nur zu Kontrollzwecken.

$$V_i = \sum_{i=1}^{n} (x_i - \bar{x}) \qquad (5.2)$$

$$= \sum_{i=1}^{n} (x_i - n\bar{x}) \qquad (5.3)$$

Das geeignete ***Streuungsmaß*** läßt sich aus den ***Abweichungsquadraten*** bilden:

$$V_i^{\,2} = (x_i - \bar{x})^2 \qquad (5.4)$$

Die hieraus gebildete Größe heißt ***Varianz*** der ***Stichprobe***.

Varianz:

$$s^2 = \frac{(x_1 - \bar{x})^2 + (x_2 - \bar{x})^2 + \dots\dots\dots\dots (x_n - \bar{x})^2}{n - 1} \qquad (\ )^2 \qquad (5.5)$$

Die Dimension wäre jetzt ***mm²***, wenn alle Werte ***x*** in ***mm*** angegeben sind.

Varianz entsteht aus den *Abweichungsquadraten*

$$s^2 = \frac{1}{n-1} \cdot \sum_{i=1}^{n} (x_i - \bar{x})^2 \qquad (5.6)$$

Bei der ***Varianz*** s^2 ***einer Stichprobe*** wird nicht durch die Anzahl der Stichprobenwerte geteilt, sondern durch $n - 1$. Hier ist die Erwartungstreue der Grund, daß die Summe der Abweichungsquadrate nicht nur durch „ n „ geteilt wird.
Bei der *Schätzfunktion* für die unbekannte ***Varianz*** σ^2 gilt die Erwartungstreue nicht. Hier muß mit „ n „ gerechnet werden.

5 Kolbenpumpen aus einer Herstellerserie für Hydraulikpumpem haben einen Wirkungsgrad „η„ von:

Tabelle 5.2 Merkmalsausprägung (Wirkungsgrad η) n = 5

x_i (in %)	82,6	85,2	86,1	81.8	80,3

Wir bestimmen den Mittelwert $\bar{x}$ und dieVarianz s^2.

Tabelle 5.3 Abweichungen vom Mittelwert

i	x_i (%)	$(x_i - \bar{x})$ in %	$(x_i - \bar{x})^2$ %	x_i^2 %
1	82,6	- 0,6	0,36	6822,76
2	85,2	2	4	7344,24
3	86,1	2,9	8,41	7413,21
4	81,8	- 1,4	1,96	6691,24
5	80,3	- 2,9	8,41	6448,09
Σ	416	0	23,14	34719,54

$$\bar{x} = \frac{1}{5} \cdot \sum^{5} x_i = \frac{1}{5} \left(82{,}6 + 85{,}2 + 86{,}1 + 81{,}8 + 80{,}3 \right) \%$$

$$\bar{x} = \frac{416}{5} = \boxed{83{,}2} \quad (\%)$$

Die Rechnung der Varianz:

$$\boxed{s^2 = \frac{1}{5-1} \cdot \sum_{i=1}^{5} (x_i - \bar{x})^2} \qquad (5.7)$$

$$s^2 = \frac{1}{4} \cdot (82{,}6 - 83{,}2)^2 + (85{,}2 - 83{,}2)^2 + (86{,}1 - 83{,}2)^2 + (81{,}8 - 83{,}2)^2 + 80{,}3 - 83{,}2)^2 \quad (\text{in}\,\%)^2$$

$$s^2 = \frac{1}{4} \cdot (0{,}36 + 4 + 8{,}41 + 1{,}96 + 8{,}41) \quad (\text{in}\,\%)^2$$

$$s^2 = \frac{1}{4} \cdot 23{,}14$$

$$s^2 = \boxed{5{,}785} \quad (\text{in}\,\%)^2$$

Die Standardabweichung des Mittelwertes ist die Wurzel (√) aus der Varianz.

$$s = \sqrt{s^2} = \sqrt{5{,}785} \quad (\text{in}\,\%)$$

$$s = \boxed{2{,}405} \quad \%$$

Der mittlere Wirkungsgrad der Hydraulikpumpen beträgt $x = 83{,}2$ %, die Varianz $s^2 = 5{,}785^2$ %
Die Streuung der Einzelwerte um den Mittelwert wird durch die Standardabweichung von ± 2,405 % gekennzeichnet.

Varianz und Standardabweichung

Die Varianz und die Standardabweichung sind zwei statistische Maßzahlen für die Streuung. Beide sind eng miteinander verknüpft, weil die Standardabweichung die Quadratwurzel der Varianz ist.

Der grundlegende Gedanke ist, die *Abweichung vom Mittelwert* erst zu *quadrieren* und dann ihren Durchschnitt zu berechnen. Hierbei wird die Größe der Abweichungen unabhängig vom Vorzeichen gemessen, da das Quadrat negativer Zahlen immer positiv ist.

Tabelle 5.4 Quadrierte Abweichungen , n = 5

Abweichungen	***6,***	***- 3,***	***0,***	***- 4,***	***1***
Quadrierte Abweichungen	36,	9,	0,	16,	1

Jede quadrierte Abweichung ist ein Maß dafür, wie weit der ursprüngliche Meßwert vom Mittelwert entfernt ist.

Das Quadrieren wirkt sich auf große Zahlenwerte größer aus als auf kleinere Meßwerte.

x_i	- beobachteter Meßwert	
$\bar{x}$	- der Mittelwert	
$(x - \bar{x})$	- die Abweichung x vom Mittelwert $\bar{x}$	(5.8)
$(x - \bar{x})^2$	- das Quadrat der Abweichung von x vom Mittelwert	

5.2 Die Varianz

Der Durchschnitt der *quadrierten Abweichung vom Mittelwert* heißt allgemein Varianz.
Die Anzahl der Meßwerte bei einer Stichprobe ist (n-1).
Sie wird auch als *var (x)* bezeichnet, dies heißt *Varianz von x.*

$$\text{var}_{(x)} = \frac{\text{Summe der quadrierten Abweichungen}}{\text{Anzahl der Meßwerte} \atop \text{(Anzahl bei einer Stichprobe)}} = \frac{\sum (x - \bar{x})^2}{n \atop (n-1)} \qquad (5.9)$$

Bei unserem Zahlenbeispiel ist die Summe der fünf quadrierten Abweichungen vom Mittelwert gleich 62.

Die Varianz ist gleich:

$$\text{var;}\quad s^2 = \frac{1}{n} \cdot \sum_{i=1}^{n} (x_i - \bar{x})^2 \qquad (5.10)$$

$$\text{var}_{(x)} = \frac{62^2}{5} = \boxed{12{,}4^2}$$

5.3 Die Standardabweichung (keine Stichprobe)

Die Varianz mißt die Streuung der Meßwerte um ihren Mittelwert, ist aber in quadrierten Einheiten ausgedrückt.
Um zu den ursprünglichen Maßeinheiten zurückzukehren, nimmt man die Quadratwurzel der Varianz.

Wir erhalten dadurch eine Maßzahl, die Standardabweichung „ s „ .

$$\text{Standardabweichung}\quad s = \sqrt{\text{Varianz}} = \sqrt{(x_1 - x)^2 + (x_2 - x)^2 + \ldots\ldots (x_n - x)^2} \qquad (5.11)$$

$$s = \sqrt{\frac{\text{Summe der quadrierten Abweichungen}}{\text{Anzahl der Meßwerte}}} \qquad (5.12)$$

$$s = \sqrt{\frac{\text{Summe } (x - \bar{x})^2}{n}} \qquad (5.13)$$

In unserem Beispiel war die Varianz $\text{var} = \left(\frac{62}{5}\right)^2 = 12{,}4^2$

Die Standardabweichung beträgt: $s = \sqrt{12{,}4} = \boxed{3{,}5}$

Hier nochmals das Verfahren:

1) Die Abweichung vom Mittelwert berechnen.

2) Sie quadrieren

3) Den Durchschnitt der quadrierten Abweichungen vom Mittelwert, die Varianz, berechnen.

4) Die Quadratwurzel aus dem Durchschnitt, die Standardabweichung, berechnen.

Die Quadratabweichung sagt, daß die Meßwerte im Durchschnitt etwa eine *Standardabweichung* vom Mittelwert abweichen.

Meßwerte: **11 2 5 1 6**

Vom Mittelwert „ 5 „ liegen die Meßwerte der Standardabweichung s = 3,5 auf beiden Seiten, zwischen 1,5 und 8,5.

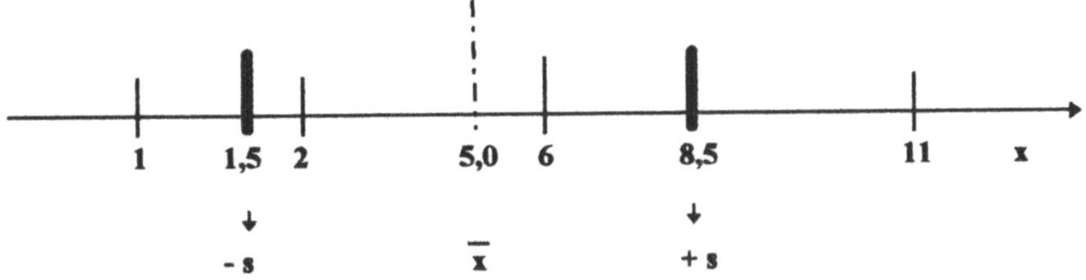

Bild 5-2

Es ist festzustellen: Von den Werten 11, 2, 5, 1 und 6 liegen die Werte 1 und 11 außerhalb.

5.4 Standardabweichung für Stichprobendaten

Der Nenner (*n* - 1)

Die Formel für die *Standardabweichung* wird im allgemeinen in einer etwas anderen Form als der bisher beschriebenen verwendet.

Die Division der quadratischen Summe durch *n* entspricht dem einfachen Durchschnitt.

$$s = \sqrt{\frac{\text{Summe}\,(x - \bar{x})^2}{(n-1)}} \quad \text{anstatt} = \sqrt{\frac{\text{Summe}\,(x - \bar{x})^2}{n}} \qquad (5.14)$$

Es gibt theoretische Gründe für die Verwendung von (n - 1) anstatt n. Diese gelten für die Analysen, bei denen es um Stichprobendaten geht.

$$\text{Varianz} = \frac{\sum (x^2) - n\,\overline{x}^2}{(n-1)} \qquad (5.15)$$

$$s^2 = \frac{\text{Summe } (x - \overline{x})^2}{(n-1)}$$

Für die Standardabweichung wird das Symbol s verwendet, s (x). Die Varianz wird als s^2 bezeichnet.

$$s = \sqrt{\frac{\sum (x - \overline{x})^2}{n-1}} \qquad (5.16)$$

Die Standardabweichung ist immer größer als der mittlere Abweichungsbetrag. Der Unterschied ist aber nicht sehr groß.
Beide Maßzahlen drücken ungefähr das gleiche aus: die mittlere Größe der Abweichungen vom Mittelwert.
Bei eingipfligen fast symmetrischen Verteilungen ist die Standardabweichung ungefähr 1,25 mal so groß wie die mittlere Abweichung.

5.5 Der Variationskoeffizient

Der *Variationskoeffizient* oder kurz *CV* für *coefficient of variation* ist eine andere Art, die Standardabweichung auszudrücken.

5.5.1 Standardabweichung, Prozentsatz des Mittelwertes

Er gibt die Standardabweichung als Prozentsatz des Mittelwertes an:

$$\text{Variationskoeffizient} = \frac{\text{Standardabweichung}}{\text{Mittelwert}} \cdot 100\ \% \qquad CV = \frac{s}{\overline{x}} \cdot 100\ \%$$

(5.17)

Die Multiplikation mit 100 macht aus dem Verhältnis s / x einen Prozentsatz.

In unserem alten Zahlenbeispiel, Seite 64, ist der Mittelwert $\overline{x} = 5$ und die Standardabweichung s 3,5. Also ist der CV gleich 0,7 oder 70%.

$$\textit{Variationskoeffizient}\ CV = \frac{3{,}5}{5} \cdot 100\ \% = 0{,}7 \cdot 100\,\% = 70\,\%$$

Diese Maßzahl sagt, daß die Meßwerte im Durchschnitt bis zu *70 %* des Mittelwertes vom Mitelwert 5 abweichen.

5.6 Beispiele

Beispiel 5.1
Ein Agrarprodukt wird neben der qualitativen Prüfung auch einer Gewichtsprüfung unterzogen.
Es ergaben sich für das Produkt Werte in Gramm:

Tabelle 5.5

316	328	356	382
396	410	436	472

Zentralwert der Produkte:

$$Z = \frac{382 + 396}{2} = 389 \text{ Gramm}$$

Tabelle 5.6 Stichprobenwerte eines Agrarprodukts

i	x_i Gramm	$x_i - \overline{x}$ Gramm	$(x_i - \overline{x})^2$ Gramm
1	316	- 71	5041
2	328	- 59	3481
3	356	- 31	961
4	382	- 5	25
5	396	9	81
6	410	23	529
7	436	49	2401
8	472	85	7225
Summe	3096	0	19744

Wir berechnen das arithmetische Mittel und die Standardabweichung s.

Es ist zu prüfen, ob die Gewichtswerte der Produkte innerhalb der zulässigen Spannweite $\overline{x} \pm 1\ s$ liegen.

Welcher Wert hat nicht die Qualitätsmerkmale?

Arithmetisches Mittel:

$$\bar{x} = \frac{316 + 328 + 356 + 382 + 396 + 410 + 436 + 472}{8} = 387 \text{ (Gramm)}$$

Mittlere Abweichung:

$$A_m = \frac{316 - 387 \; + \; 328 - 387 \; ...... \; 572 - 387}{8} = \frac{332}{8} = 41{,}50 \text{ (Gramm)}$$

Standardabweichung:

$$s = \sqrt{\frac{(x_1 - \bar{x})^2 + (x_2 - \bar{x})^2 + ... (x_n - \bar{x})^2}{n}}$$

$$s = \sqrt{\frac{5041 + 3481 + 961 + 25 + 81 + 529 + 2401 + 7225}{8}}$$

$$s = \sqrt{\frac{19744}{8}} = \boxed{49{,}6} \text{ (Gramm)}$$

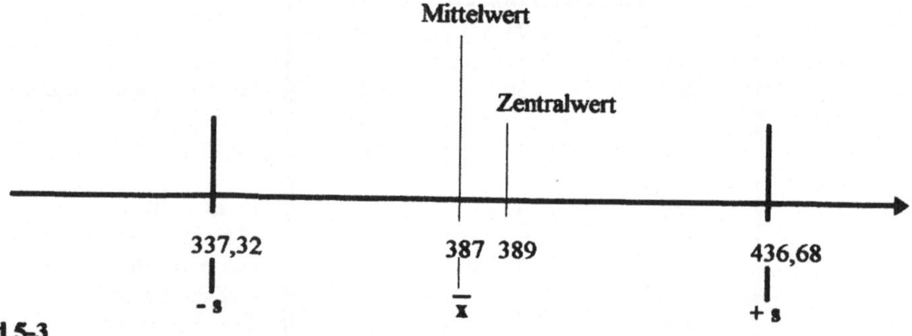

Bild 5-3

Die Werte 316, 328 bzw. 472 haben nicht die Qualitätsmerkmale, da sie außerhalb der Standardabweichung liegen.

Beispiel 5.2

Gegeben sind die Merkmalswerte x_i und y_i. Es ist eine Arbeitstabelle für x und y zu erstellen. Die Standardabweichung vom arithmetischen Mittel, für $\overline{x}$ und $\overline{y}$, die Variationskoeffizienten cv_x ; cv_y und var_x bzw. var_y sind zu bestimmen.

Tabelle 5.7

	Merkmalswerte			
	1	2	3	4
x_i	12	16	14	18
y_i	17	13	14	16

Tabelle 5.8

x_i	$\overline{x}$	$x_i - \overline{x}$	$(x_i - \overline{x})^2$	h_i (%)	H_i (%)
12	15	-3	9	20,0	20,0
16		1	1	26,7	46,7
14		-1	1	23,3	70,0
18		3	9	30,0	100
60		0	20	100	

Tabelle 5.9

y_i	$\overline{y}$	$y_i - \overline{y}$	$(y_i - \overline{y})^2$	h_i %	H_i %
17	15	2	4	28,3	28,3
13		-2	4	21,7	50
14		-1	1	23,3	73,3
16		1	1	26,7	100
60		0	10	100	

Arithmetisches Mittel: $\bar{x}$

$$\bar{x} = \frac{\Sigma(x_1 + x_2 - x_3 + x_4)}{4} = \frac{12 + 16 + 14 + 18}{4}$$

$$\bar{x} = 15$$

Standardabweichung: s von $\bar{x}$

$$s_x = \sqrt{\frac{\Sigma(x - \bar{x})^2}{n - 1}} = \sqrt{\frac{20}{3}}$$

$$s_x = \boxed{2{,}58}$$

Arithmetisches Mittel: $\bar{y}$

$$\bar{y} = \frac{\Sigma(y_1 + y_2 - y_3 + y_4)}{4} = \frac{17 + 13 + 14 + 16}{4}$$

$$\bar{y} = \boxed{15}$$

Standardabweichung: s von $\bar{y}$

$$s_y = \sqrt{\frac{\Sigma(y - \bar{y})^2}{n - 1}} = \sqrt{\frac{10}{3}}$$

$$s_y = \boxed{1{,}83}$$

Im Vergleich: $s(x) > s(y)$, da x-Werte eine größere Abweichung zum Mittelwert haben gegenüber den y-Werten.

Varianz: var_x

$$var_{(x)} = \frac{\Sigma\,(x-\bar{x})^2}{n-1} = \frac{20}{3}$$

$$var_x = \boxed{6{,}666}$$

$$s_x = \sqrt{var} = \boxed{2{,}58}$$

Variationskoeffizient: $cv_{(x)}$ (Variation s zu $\bar{x}$ in %)

$$cv_{(x)} = \frac{s}{\bar{x}} \cdot 100\ \% = \frac{2{,}58}{15} \cdot 100\ \% = 17{,}2\ \%$$

$$cv_{(x)} = \boxed{17{,}2\ \%}$$

Varianz: var_y

$$var_{(y)} = \frac{\Sigma\,(y-\bar{y})^2}{n-1} = \frac{10}{3}$$

$$var_x = \boxed{3{,}333} \qquad s_x = \sqrt{var} = \boxed{1{,}826}$$

Variationskoeffizient: $cv_{(y)}$ (Variation s zu $\bar{y}$ in %)

$$cv_{(y)} = \frac{s}{\bar{y}} \cdot 100\ \% = \frac{1{,}826}{15} \cdot 100\ \% = 12{,}17\ \%$$

$$cv_{(y)} = \boxed{12{,}17\ \%}$$

Beispiel 5.3

Bevor auf 5 Schichten umgestellt wird, müssen die Produktionseinheiten überprüft werden. In jeder Klasse (Schicht) liegen alle Produktionseinheiten in der Klassenmitte konzentriert.

Tabelle 5.10 3 Schichten mit je 20 Produktions-Facharbeitern 40 Wochenstunden

Produktionseinheiten " A "							
Mann / Stunden pro Schicht		Montag	Dienstag	Mittwoch	Donnerstag	Freitag	Summe
S1	20 / 8	*600*	*620*	*740*	*200*	*680*	2840
S2	20 / 8	*605*	*480*	*580*	*630*	*590*	2885
S3	20 / 8	*480*	*780*	*690*	*480*	*240*	2670
Summe		1685	1880	2010	1310	1510	8395

Wie groß ist das arithmetische Mittel für S1, S2 und S3 ?
Wie groß ist die Standardabweichung vom Mittelwert ?
An welchem Tag sind bei der 32 Stundenwoche 100 % PE, also 8395 PE, erreicht?

Für alle Produktions-Facharbeiter wurde für die 35 Stundenwoche die vierte und fünfte Schicht eingeführt.
Es ergaben sich nach einer weiteren Rationalisierung neue Produktionseinheiten.

Auf 5 Schichten sind jetzt je Schicht 12 Facharbeiter beschäftigt.

Tabelle 5.11

Produktionseinheiten " A "							
Mann/Stunden pro Schicht		Montag	Dienstag	Mittwoch	Donnerstag	Freitag	Summe
S1	12	*F*	*620*	*740*	*200*	*680*	2240
S2	12	*605*	*F*	*580*	*630*	*590*	2405
S3	12	*480*	*780*	*F*	*480*	*420*	2160
S4	12	*350*	*580*	*420*	*F*	*420*	1770
S5	12	*650*	*480*	*640*	*520*	*F*	2290
Summe		2085	2460	2380	1830	2110	10865

Freischichten: 1 Tag pro Woche frei, Wochenarbeitszeit 32 Stunden

Mo	Di	Mi	Do	Fr
S1	S2	S3	S4	S5

Berechnen Sie die Produktionseinheiten wie im Dreischichtsystem jetzt für 5 Schichten. Vergleichen Sie die Schichtsysteme.

Produktionseinheiten mit zwei Schichtsystemen

Tabelle 5.12 3 Schichten mit je 20 Produktions-Facharbeiter 40 Wochenstunden.

Produktionseinheiten "A"								
Mann / Stunden pro Schicht		Montag	Dienstag	Mittwoch	Donnerstag	Freitag		Summe
S1	20 / 8	*600*	*620*	*740*	*200*	*680*		2840
S2	20 / 8	*605*	*480*	*580*	*630*	*590*		2885
S3	20 / 8	*480*	*780*	*690*	*480*	*240*		2670
Summe		1685	1880	2010	1310	1510		8395

Es ergeben sich:

	$\overline{x}$	s	var	q AW
S1	568	190.41008	36256	181280
S2	577	51.341991	2636	13180
S3	534	188.21265	35424	177120

$\overline{\overline{x}}$ = 559.67 $\overline{S}$ = **143.32**

q AW = quadratische Abweichungen vom Mittelwert
var = Varianz

Tabelle 5.13

Produktionseinheiten "A"								
Mann/Stunden pro Schicht		Montag	Dienstag	Mittwoch	Donnerstag	Freitag		Summe
S1	12	*F*	*620*	*740*	*200*	*680*		2240
S2	12	*605*	*F*	*580*	*630*	*590*		2405
S3	12	*480*	*780*	*F*	*480*	*420*		2160
S4	12	*350*	*580*	*420*	*F*	*420*		1770
S5	12	*650*	*480*	*640*	*520*	*F*		2290
Summe		2085	2460	2380	1830	2110		10865

Es ergeben sich:

	$\overline{x}$	s	var	q AW
S1	560	212.13203	45000	180000
S2	601.25	18.833149	354.6875	1418.75
S3	540	140.71247	19800	79200
S4	442.5	84.372685	7118.75	28475
S5	572.5	73.950997	5468.75	21875

$\overline{\overline{x}}$ = 543.25 $\overline{s}$ = 106.00027

Das 5-Schicht-System ergibt einen Zuwachs von 2470 Produktions-Einheiten.
Die Streuung der PE liegt bei 5 Schichten wesentlich näher beim Mittel.
Die Standardabweichung vom Mittel ist weit geringer als bei 40 Wochenstunden.

Beispiel 5.5

Ein Unternehmen ermittelt für das Jahr 1994 folgende Zu- und Abgänge von Hydraulikpumpen in seinem Lager.
Zeitpunkt der Bestandsaufnahme: März 1994 bis September 1994. Lagerbestand im Februar 30 Pumpen.

a) Wie groß ist die gesamte Zahl der Zu- und Abgänge im Zeitraum März bis September 1994 ?

Tabelle 5.14

Monat	Zugänge	Abgänge	Bestand
Februar			30
März	12	11	31
April	13	12	32
Mai	12	10	34
Juni	10	8	36
Juli	11	10	37
August	15	8	44
September	20	6	58
Summe	93	65	

b) Bestimmen Sie den durchschnittlichen Lagerbestand für diesen Zeitraun.
c) Berechnen Sie die Zu- und Abgangsziffer.

Zugänge

$$\bar{Z} = \frac{1}{7} \text{ Summe } (12+13+12+10+11+15+20) \qquad \bar{Z} = \frac{1}{7} \cdot 93 = \boxed{13{,}286}$$

Abgänge

$$\bar{A} = \frac{1}{7} \text{ Summe } (11+12+10+8+10+8+6) \qquad \bar{A} = \frac{1}{7} \cdot 65 = \boxed{9286}$$

Lagerbestand

$$\bar{B} = \frac{1}{7} \cdot \text{Summe } (15+31+32+34+36+37+44+29) \qquad \bar{B} = \frac{1}{7} \cdot 258 = \boxed{36857}$$

Zugangsziffer

$$Z^* = \frac{\bar{Z}}{\bar{B}} = \frac{13{,}286}{36{,}857} = \boxed{0{,}36}$$

Abgangsziffer

$$A^* = \frac{\bar{A}}{\bar{B}} = \frac{9{,}286}{36{,}86} = \boxed{0{,}252}$$

Bestandsziffer:

$$\lambda\,(Lambda) = \frac{B_0}{B_0 + B_T} = \frac{\text{Grundbestand (GB)}}{\text{GB + Bestand nach T-Monaten}} \qquad (5.18)$$

$$\lambda = \frac{30}{30 + 58} = \frac{30}{88} = \boxed{0{,}34}$$

Anteil Zugänge: **Z**

$$\boxed{Z = \lambda \cdot \bar{Z}} = 0{,}34 \cdot 13286 \text{ (Hydraulik-Pumpen)} = \boxed{4{,}517} \qquad (5.19)$$

Anteil der Abgänge: **A**

$$\boxed{A = (1 - \lambda) \cdot \bar{A}} = (1 - 0{,}34) \cdot 9{,}286 = 0{,}66 \cdot 9{,}286 = \boxed{6{,}129}$$

Variationskoeffizient:

$$\boxed{V = \frac{\bar{B}}{\lambda \cdot Z + (1 - \lambda) \cdot \bar{A}}} = \frac{36{,}124}{0{,}34 \cdot 13{,}286 + (1 - 0{,}34) \cdot 9{,}286} \qquad (5.20)$$

$$= \frac{36{,}857}{4{,}517 + 6{,}129} = \frac{36{,}124}{10{,}646} = \boxed{3{,}462}$$

Umsatzziffer pro Monat

$$\boxed{U_{Tag} = \frac{T}{V} = \frac{1\,T\text{ (1 Monat)}}{\dfrac{\bar{B}}{\lambda \cdot Z + (1 - \lambda) \cdot \bar{A}}}} = \boxed{0{,}289} \qquad (5.21)$$

Aufgabe 5.6

Es wird eine größere Serie eines Maschinenelementes mittels Stanzautomat hergestellt. Für die spätere Funktion ist das Maß 42 ± 0,2 mm wichtig. Deshalb muß entsprechend der Qualitätsplanung in regelmäßigen Zeitabständen eine Stichprobe entnommen werden.

Es lagen aus dem Meßprotokoll 46562 der Stichprobe folgende Werte vor:

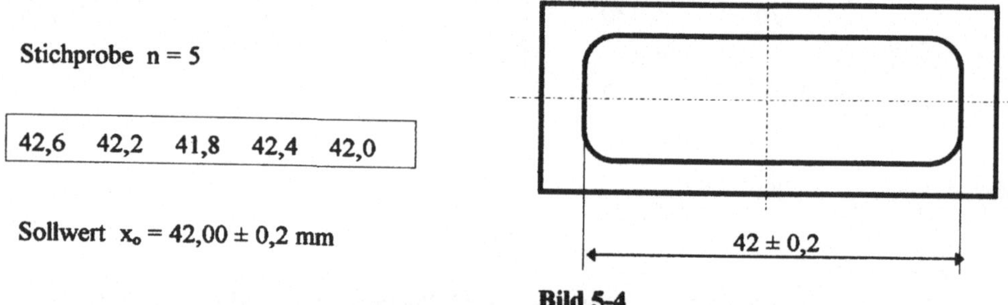

Stichprobe n = 5

42,6	42,2	41,8	42,4	42,0

Sollwert $x_o = 42{,}00 \pm 0{,}2$ mm

Bild 5-4

Wir stellen alle Daten in einer Urliste zusammen und beantworten folgende Fragen:

a) Wie groß ist das arithmetische Mittel ?
b) Wie groß ist die relative Wert-und Summenhäufigkeit in % ?
c) Wie groß ist die Varianz ?
d) Wie groß ist die Standardabweichung ?

Tabelle 5.15

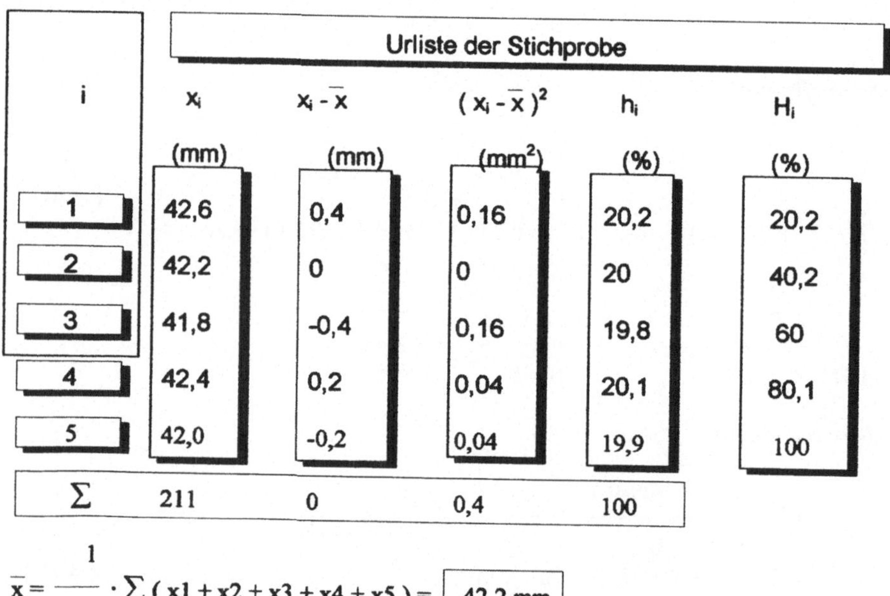

Urliste der Stichprobe

i	x_i (mm)	$x_i - \bar{x}$ (mm)	$(x_i - \bar{x})^2$ (mm²)	h_i (%)	H_i (%)
1	42,6	0,4	0,16	20,2	20,2
2	42,2	0	0	20	40,2
3	41,8	-0,4	0,16	19,8	60
4	42,4	0,2	0,04	20,1	80,1
5	42,0	-0,2	0,04	19,9	100
Σ	211	0	0,4	100	

$$\bar{x} = \frac{1}{5} \cdot \Sigma\,(x1 + x2 + x3 + x4 + x5) = \boxed{42{,}2 \text{ mm}}$$

Varianz

$$s^2 = \frac{(x_1 - \bar{x})^2 + (x_2 - \bar{x})^2 + \ldots\ldots\ldots\ldots + (x_n - \bar{x})^2}{n - 1} \quad (5.22)$$

$$s^2 = \frac{1}{n-1} \cdot \sum_{i=1}^{n} (x_i - \bar{x})^2 \quad (5.23)$$

$$s^2 = \frac{(x_1 - \bar{x})^2 + (x_2 - \bar{x})^2 + (x_3 - \bar{x})^2 + (x_4 - \bar{x})^2 + (x_5 - \bar{x})^2}{n - 1} \quad (5.24)$$

$$s^2 = \frac{(42{,}6 - 42{,}2)^2 + (42{,}2 - 42{,}2)^2 + (41{,}8 - 42{,}2)^2 + (42{,}4 - 42{,}2)^2 + (42 - 42{,}2)^2}{5 - 1}$$

$$s^2 = \frac{(0{,}4)^2 + (o)^2 + (0{,}4)^2 + (0{,}2)^2 + (0{,}2)^2}{4} = \frac{(0{,}4)^2}{4} = \boxed{0{,}1^2} \text{ mm}^2$$

$$s^2 = 0{,}16 + 0 + 0{,}16 + 0{,}04 + 0{,}04 \;/\; 4 = 0{,}1 \text{ mm}^2$$

Standardabweichung

$$s = \sqrt{s^2} = \sqrt{0{,}1 \text{ mm}^2} = 0{,}32 \text{ mm} \quad (5.25)$$

oder

$$s = \sqrt{\frac{1}{n-1} \cdot \sum_{i=1}^{n} (x_i - \bar{x})^2} \quad (5.26)$$

Beispiel 5.7

An den Standorten A, B und C eines Unternehmens werden die gleichen Produkte hergestellt. Die Stichprobe n = 6 ergab Werte in %:
Die Qualität im Mittel $\overline{x}$ für A, B und C soll festgestellt und beurteilt werden. Wie groß ist die Standardabweichung für A, B und C ?
Wie groß ist das Mittel $\overline{x}$ und die Standardabweichung s für alle Produktionsstätten ?

Tabelle 5.16

Qualitätsmerkmale

i	1	2	3	4	5	6
A x_i (%)	92,4	93	92,8	91,9	93,2	92,8
B x_i (%)	91,4	92,8	91,4	92,2	93,2	92,8
C x_i (%)	93,6	94,2	92,4	93,2	92,8	91,6

Mittelwerte „ $\overline{x}$ „

Produktionstätte „ A „

$$\overline{x} = \frac{1}{6} \cdot \sum_{i=1}^{6} x_i = \frac{1}{6} \cdot 556{,}1 = \boxed{92{,}68\ \%}$$

(5.27)

Produktionstätte „ B „

$$\overline{x} = \frac{1}{6} \cdot \sum_{i=1}^{6} x_i = \frac{1}{6} \cdot 553{,}8 = \boxed{92{,}3\ \%}$$

Produktionstätte „ C „

$$\overline{x} = \frac{1}{6} \cdot \sum_{i=1}^{6} x_i = \frac{1}{6} \cdot 557{,}8 = \boxed{92{,}97\ \%}$$

Standardabweichung „ s „

Produktionsstätte „ A „

$$s = \sqrt{\frac{1}{n-1} \cdot \sum_{i=1}^{6} (x_i - x)^2} \qquad (5.28)$$

$$s = \sqrt{\frac{1}{5} \cdot \sum (92{,}4 - 92{,}68)^2 + (93 - 92{,}68)^2 + (92{,}8 - 92{,}68)^2 + (91{,}9 - 92{,}68)^2 + (93{,}2 - 92{,}68)^2 + (92{,}8 - 92{,}68)^2}$$

$$s = \sqrt{\frac{1}{5} \cdot \sum (- 0{,}28)^2 + (0{,}32)^2 + (0{,}12)^2 + (-0{,}78)^2 + (0{,}52)^2 + (0{,}12)^2}$$

$$s = \sqrt{\frac{1}{5} \cdot (0{,}078 + 0{,}102 + 0{,}014 + 0{,}608 + 0{,}27 + 0{,}014)} = \sqrt{\frac{1{,}085}{5}} = \boxed{0{,}217\ \%}$$

Produktionsstätte „ B „

$$s = \sqrt{\frac{1}{n-1} \cdot \sum_{i=1}^{6} (x_i - x)^2} \qquad (5.29)$$

$$s = \sqrt{\frac{1}{5} \cdot \sum (91{,}4 - 92{,}3)^2 + (92{,}8 - 92{,}3)^2 + (91{,}4 - 92{,}3)^2 + (92{,}2 - 92{,}3)^2 + (93{,}2 - 92{,}3)^2 + (92{,}8 - 92{,}3)^2}$$

$$s = \sqrt{\frac{1}{5} \cdot \sum (-0{,}9)^2 + (0{,}5)^2 + (0{,}9)^2 + (-0{,}1)^2 + (0{,}9)^2 + (0{,}5)^2}$$

$$s = \sqrt{\frac{1}{5} \cdot \sum (0{,}81 + 0{,}25 + 0{,}81 + 0{,}01 + 0{,}81 + 0{,}25)} = \sqrt{\frac{2{,}94}{5}} = \boxed{0{,}77\,\%}$$

Produktionsstätte „ C "

$$\boxed{s = \sqrt{\frac{1}{n-1} \cdot \sum_{i=1}^{6} (x_i - x)^2}}$$

$$s = \sqrt{\frac{1}{5} \cdot \sum (93{,}6 - 92{,}97)^2 + (94{,}2 - 92{,}97)^2 + (92{,}4 - 92{,}97)^2 + (93{,}2 - 92{,}97)^2 + (92{,}8 - 92{,}97)^2 + (91{,}6 - 92{,}97)^2 \quad (\%)^2}$$

$$s = \sqrt{\frac{1}{5} \cdot (0{,}63)^2 + (1{,}23)^2 + (-0{,}57)^2 + (0{,}23)^2 + (-0{,}17)^2 + (-1{,}37)^2}$$

$$s = \sqrt{\frac{1}{5} \cdot (0{,}397 + 1{,}513 + 0{,}325 + 0{,}053 + 0{,}029 + 1{,}877)} = \sqrt{\frac{4{,}194}{5}} = \boxed{0{,}916\,\%}$$

Mittelwert $\bar{\bar{x}}$ ***für alle Produktionsstätten***

$$\bar{\bar{x}} = \frac{1}{3} \cdot \sum (\bar{x} + \bar{x} + \bar{x}) = \frac{277{,}95}{3} = \boxed{92.65\ \%}$$

Standardabweichung $\bar{\bar{s}}$ ***für alle Produktionsstätten***

$$\bar{s} = \frac{1}{3} \cdot \sum_{i=1}^{3} s_{1\text{-}3} \qquad \bar{s} = \frac{1}{3} \cdot \sum 22 + 77 + 92\ (\%) = \boxed{63{,}66\ \%}$$

Beispiel 5.8

Neun Unternehmen sollen auf ihre Entwicklung hin untersucht werden.
Stellen Sie fest, welche Zusammenhänge zwischen Umsatz und Beschäftigten bestehen.

Es handelt sich um Betriebe des gleichen Wirtschaftszweiges.

Es wurden für 1994 folgende Umsätze und Beschäftigte festgestellt:

Umsatz in Mio. DM									
y_i	2	6	12	18	24	32	40	48	60
Beschäftigte									
x_i	8	24	32	60	78	82	98	110	132

a) Es ist eine Arbeitstabelle zu erstellen.
b) Das arithmetische Mittel für x und y ist zu bestimmen.
c) Wie groß ist die Umsatzsteigerung für einen Beschäftigten?
d) Wie groß ist die Gesamtstreuung für 9 Unternehmen?
e) Wie sieht die Entwicklung von Umsatz und Beschäftigten im Diagramm aus?

Zusammenhänge zwischen dem Umsatz und den Beschäftigten untersuchen

Tabelle 5.17 Umsatz / Beschäftigte

i	y_i	x_i	$y_i - \bar{y}$	$x_i - \bar{x}$	$(y - \bar{y})^2$	$(x_i - \bar{x})^2$	$\bar{x} \cdot \bar{y}$	y_i (%)	x_i (%)
1	2	8	-24	-62	576	3844	1488	0.4	1.2
2	6	24	-20	-46	400	2116	920	2.6	3.8
3	12	32	-14	-38	196	1444	532	5.1	5.1
4	16	66	-10	-4	100	16	40	6.8	10.5
5	22	78	-4	8	16	64	32	9.5	12.4
6	30	82	4	12	16	144	48	12.8	13
7	38	98	12	28	144	784	336	16.4	15.5
8	48	110	22	40	484	1600	880	20.6	17.5
9	60	132	34	62	1156	3844	2108	25.8	21
	234	630	0	0	3088	13856	6384	100	100

Arithmetisches Mittel $\bar{x}$ = **70**
Arithmetisches Mittel $\bar{y}$ = **26**

Umsatzsteigerung für einen Beschäftigten: B 1

$$B\,1 = \frac{\text{Summe } (x_i - \bar{x}) \cdot (y_i - \bar{y})}{\text{Summe } (x_i - \bar{x})^2} \qquad (5.35)$$

$$= \frac{6384}{13856} = \boxed{0{,}46}$$

Bei der Zunahme um einen Beschäftigten steigt der Umsatz um 0,46 Mio. DM

Gesamtstreuung für 9 Unternehmen

$$VAR_{(y)} = \frac{1}{9} \quad B\,1 \cdot \text{Summe } (y_i - \bar{y})^2 \qquad (5.36)$$

$$= \frac{3088}{9} = \boxed{343}$$

$$VAR_{(x)} = \frac{1}{9} \cdot B\,1 \cdot \text{Summe } (x_i - \bar{x})^2 = \frac{(0.46)^2 \cdot 13856}{9}$$

$$= \frac{0{,}46 \cdot 13856}{9} = \boxed{708{,}19}$$

Entwicklung des Verhältnisses: Umsatz / Beschäftigte

Tabelle 5.18 Daten: Umsatz und Beschäftigte

y_i	x_i	$y_i - \bar{y}$	$x_i - \bar{x}$	$(y - \bar{y})^2$	$(x_i - \bar{x})^2$	$\bar{x} \cdot \bar{y}$	h_y (%)	h_y (%)
2	8	-24	-62	576	3844	1488	0.4	1.2
6	24	-20	-46	400	2116	920	2.6	3.8
12	32	-14	-38	196	1444	532	5.1	5.1
16	66	-10	-4	100	16	40	6.8	10.5
22	78	-4	8	16	64	32	9.5	12.4
30	82	4	12	16	144	48	12.8	13
38	98	12	28	144	784	336	16.4	15.5
48	110	22	40	484	1600	880	20.6	17.5
60	132	34	62	1156	3844	2108	25.8	21
234	630	0	0	3088	13856	6384	100	100

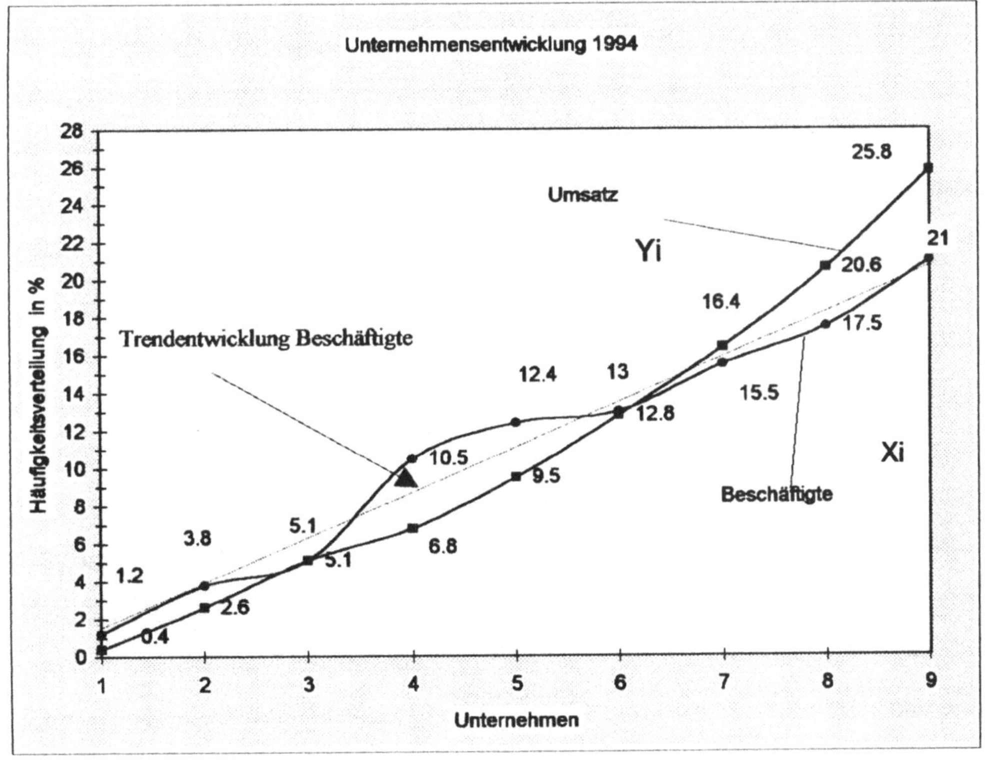

Bild 5-5

Die Entwicklung der Beschäftigten-Zahl (x_i) verläuft gegenüber der Umsatzentwicklung fast proportional.

Beispiel 5.9

Gegeben ist die Tabelle der Wirtschaftsunternehmen mit Umsatzklassen von 0-0,5 bis 100-500 Mio. DM.
Alle Klassenwerte orientieren sich in der Klassenmitte.

a) Erstellen Sie eine Arbeitstabelle.
b) Stellen Sie die Häufigkeiten im Diagramm dar.
c) Wann sind 50 % des Umsatzes aller Industrieunternehmen erreicht ?
d) Wie groß ist, in Mio. DM, das Mittel aller Industrieunternehmen?

Tabelle 5.19

	Umsatz in Mio. DM			x_m	n_i	Umsatz $n_i \cdot x_{i\,m}$	Häufigkeiten h_i (%)	H_i (%)
1	0	-	0,5	0,25	2	0.5	.00	0.009
2	0,5	-	1	0,75	5	3.75	.01	0.02
3	1	-	2	1,5	10	15	2	2.2
4	2	-	5	3,5	14	49	7	9.2
5	5	-	10	7,5	8	60	8	17.2
6	10	-	30	20	5	100	14	31.2
7	30	-	100	65	3	195	27	58.2
8	100	-	500	300	1	300	41	100
					48	723.25	99.964	

$$\bar{x} = \frac{723{,}25}{48} = 15{,}07 \text{ Mio. DM} \; ; \qquad 50\ \% = 361{,}625 \text{ Mio. DM}$$

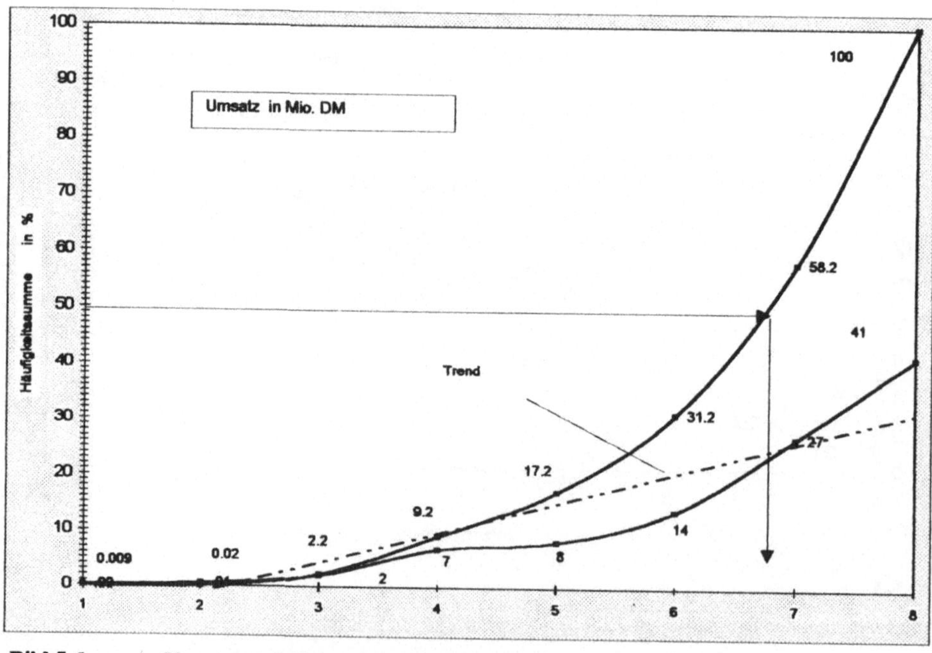

Bild 5-6 Umsatzentwicklung mit steigender Tendenz

5.7 Übungen

5.1 1 ***Wie berechnen Sie die Varianz?***

1 Über die Standardabweichung „ S „

2 Mit einer doppelten Stichprobenprüfung

3 Mit der Summe der quadrierten Abweichungen

4 Die Wertsumme x_i wird halbiert.

2 ***Welche Bedeutung hat die Stichprobe?***

1 Die Stichprobe wird vorgeschrieben ausgesucht.

2 Die Stichprobe wird als Einheit zufällig ausgewählt.

3 Die Stichprobe hat keine Bedeutung.

4 Die Stichprobe muß vor Beginn der Produktion erfolgen.

3 ***Was schließen Sie aus dem fehlerhaften Produkt?***

1 Es ist nicht so wichtig.

2 Das Produkt kann sofort eingesetzt werden.

3 Die Brauchbarkeit wird wesentlich herabgesetzt.

4 Die Forderungen sind erfüllt.

4 ***Wie häufig kommen Werte (x_i) in der Tabelle vor?***

Tabelle 5.20

55	61	87	55	69	61	55	82	69	55
87	82	69	82	55	82	69	61	55	82

5.2 Wie lautet der Zentralwert „ Z „ ? Welche Werte liegen innerhalb ± 1s ?

Meßwerte:	25	12	8	34	24

a) 8

b) 12

c) 24

d) 25

e) 34

5.3 a) Erstellen Sie eine Wertetabelle, mit Klassen und Häufigkeiten.
b) Wie groß sind die Werte x_{max} und x_{min} ?
c) Stellen Sie die absoluten Häufigkeiten fest und übertragen diese in die Tabelle.
d) Errechnen Sie die relativen Häufigkeiten in %.
e) Ermitteln Sie das arithmetische Mittel.

Tabelle 5.21 Meßwerte (g), n = 50

65.4	89,6	27,3	102,7	98,8	54,2	65,1	65,1	27,4	85,8
27,3	27,8	27,4	89, 9	27,7	64,1	65,6	66,3	86,4	77,5
76,8	54	75	75	74,8	76,8	65,9	102,8	103,1	54,4
27,2	76,5	58,6	66,2	86.4	27,8	98,9	27,1	27,1	89,8
90,1	77,8	89,8	65,7	102,6	64,1	27,6	75,2	27,7	28,1

5.4 Datenerhebung: Meßwerte in cm $n = 22$

Tabelle 5.22 Datenerhebung: Meßwerte (cm), n = 22

184	180	186	176	174	172	185	186	180	184	176
180	175	172	175	185	182	185	174	172	175	178

a) Erstellen Sie eine Tabelle.
b) Die Werte sind zu ordnen.
c) Die absoluten Häufigkeiten sind in der Tabelle darzustellen.
d) Wert-und Summenhäufigkeit ist in % zu berechnen.
e) Berechnen Sie die Varianz und Standardabweichung.

5.5 Ein Produkt soll zusammen mit der Verpackung 80 Gramm wiegen.
Der Kunde billigt für die Stichprobe von n = 22 Meßwerten eine Standardabweichung von ± 4 Gramm zu.
Bestimmen Sie aus den Meßwerten:
a) Die Häufigkeit der Meßwerte
b) Die Werthäufigkeit in %
c) Die Häufigkeitssumme
d) Zeichnen Sie ein Häufigkeitsdiagramm.

Tabelle 5.23 Verpackungsgewichte (g) n = 22

82	79	82	84	82	82	72	89	80	82	80
85	82	83	79	83	83	80	82	78	84	85

5.6 Aus der laufenden Produktion wurde eine Stichprobe mit n = 5 Meßwerten gezogen.

Tabelle 5.24 Meßwerte in einer Datenmenge

10	2	5	2	6

a) Bestimmen Sie x_{max}, x_{min}, den Zentralwert Z, die Spannweite und den Mittelwert.
b) Errechnen Sie dieVarianz und die Standardabweichung.
c) Bestimmen Sie die Wert-und Summenhäufigkeit in % und zeichnen ein Diagramm.
d) Bestimmen Sie die Grenzwerte mit $\bar{x}$ und ± 1 s.
e) Übertragen Sie alle notwendigen Angaben in die $\bar{x}$ - s - Regelkarte

5.7 In einer *Verzinkerei* werden für den Autohersteller Stahlblechstreifen im Tauchverfahren verzinkt.
Pro Streifen waren x_o = 80 Gramm vorgesehen.
Der Kunde billigt dem Hersteller eine Standardabweichung von ± 0,5 Gramm zu.
10 Stichproben wurden dem laufendem Betrieb entnommen und untersucht.

Qualitätsuntersuchung:

1. Die Stichprobe (Materialprobe), in Scheibenform auch als Ronde bezeichnet, wurde aus dem verzinkten Stahlblech gestanzt.
2. Die Scheibe wird gewogen, z. B. Ist-Gewicht = 8,4 Gramm.
3. Das Zink wird mittels Säure vom Stahlblech entfernt.

4. Die blanke Stahlblechscheibe wird gewogen, Gewicht = 6,0 Gramm.

Jetzt ist es möglich, die vereinbarte Zinkauflage pro Stichprobe zu berechnen.
a) Erstellen Sie eine Wertetabelle.
b) Bestimmen Sie die mittlere Zinkauflage und die Standardabweichung.
c) Welche Zink-Gewichtswerte liegen im Intervall 1s bzw. 2s ?

Tabelle 5.25 Beiseitige Zinkauflage einer Ronde (g)

i	1	2	3	4	5	6	7	8	9	10
x_i (g)	7,8	8,2	8,0	7,9	6,8	8,4	9,0	8,6	9,2	8,8

5.8 Gegeben ist die Tabelle mit Einkommensklassen und wie viele Arbeitnehmer in diesen Klassen vertreten sind.
Errechnen Sie das arithmetische Mittel, die Häufigkeiten in % und die Abweichungen vom Mittelwert, die in der Summe gleich Null sind.

Für die Berechnung des arithmetischen Mittels gilt x_i = Klassenmitte.

Tabelle 5.26 Einkommensklassen und Häufigkeiten

Einkommensklassen in DM	Häufigkeiten (Arbeitnehmer)
1200 - 1600	12
1600 - 2000	52
2400 - 2800	16
3200 - 3600	8
3600 - 4000	2
Summe	90

5.9 Aus laufender Produktion von Ohmschen Widerständen x_o = 220 Ohm wird eine Stichprobe von n = 50 entnommen.

Es ergaben sich Meßwerte:

Tabelle 5.27 Ohmsche Widerstände (Ω), n = 50

Widerstände / Häufigkeiten					
i	1	2	3	4	5
x_i	222	220	219	221	218
n_i	2	10	24	12	2

a) Erstellen Sie eine Wertetabelle.
b) Errechnen Sie das arithmetische Mittel für n = 50 Widerstände.
c) Bestimmen Sie die Varianz.
d) Bestimmen Sie die Standardabweichung vom Mittelwert.
e) Liegt die Standardabweichung vom Mittelwert noch im Toleranzfeld von ± 2 % ?
f) Wie groß ist der Standardfehler ?

6 Streuungsmaße in Klassengrenzen

6.1 Einheiten in Klassengrenzen

Gegeben ist eine Häufigkeitsverteilung nach einem quantitativ-stetigen Merkmal.

Tabelle 6.1 Obere und untere Klassengrenze

Merkmalsausprägungen obere und untere Klassengrenze	**1 bis unter 3**	**3 bis unter 5**	**5 bis unter 7**
Absolute Häufigkeiten Anzahl der Einheiten	***3***	***4***	***3***

Die Standardabweichung ist unter der Annahme zu berechnen, daß alle Einheiten in jeder Klasse in der Klassenmitte konzentriert sind.
Wie groß ist die minimale Standardabweichung?

Arithmetisches Mittel bei Klassenmitte:

$$\bar{x} = \frac{1}{n} \cdot \sum_{i=1}^{k} (x_{im} \cdot n_i) \qquad (6.1)$$

$$\bar{x} = \frac{1}{n} \cdot \sum (x_{m1} \cdot n_1) + (x_{m2} \cdot n_2) + (x_{m3} \cdot n_3) \qquad (6.2)$$

$$\bar{x} = \frac{1}{10} \cdot \sum (2 \cdot 3) + (4 \cdot 4) + (6 \cdot 3) = \frac{1}{10} \cdot 40$$

$$\bar{x} = \boxed{4}$$

6.1.1 *Standardabweichung nach Klassenmitte*

$$\sigma = \sqrt{\frac{1}{n} \cdot \sum_{i=1}^{n} (x_i - \bar{x})^2} \qquad (6.3)$$

$$\sigma = \sqrt{\frac{1}{n} \cdot \sum (x_1 - \bar{x})^2 + (x_2 - \bar{x})^2 + (x_3 - \bar{x})^2} \qquad (6.4)$$

$$\sigma = \sqrt{\frac{1}{10} \cdot \sum [3(2-4)^2 + 4(4-4)^2 + 3(6-4)^2]}$$

$$\sigma = \sqrt{\frac{1}{10} \cdot \sum (12 + 0 + 12)}$$

$$\sigma = \sqrt{2{,}4} = \boxed{1{,}55}$$

6.1.2 *Minimale Wert der Standardabweichung*

Hier werden alle Einheiten der unteren Klassen konzentriert.

1. Klasse: oben ; 2. Klasse: Mitte 3. Klasse: unten

$$\bar{x} = \frac{1}{n} \cdot \sum_{i=1}^{k} (x_i \cdot n_i) \qquad (6.5)$$

Arithmetisches Mittel:

$$\bar{x} = \frac{1}{10} \cdot \sum \left[(3 \cdot 3) + (4 \cdot 4) + (3 \cdot 5) \right] = \frac{40}{10} = \boxed{4}$$

Standardabweichung:

$$\sigma_{min} = \sqrt{\frac{1}{10} \cdot \sum \left[3(3-4)^2 + 4(4-4)^2 + 3(5-4)^2 \right]}$$

$$\sigma_{min} = \sqrt{\frac{1}{10} \cdot \sum (3 + 0 + 3)} =$$

$$\sigma_{min} = \sqrt{0{,}6} = \boxed{0{,}775}$$

6.2 Standardabweichung bei Verschiebung der Klassengrenzen

Berechnen Sie die Standardabweichung und die Spannweite:

Tabelle 6.2 Merkmal Altersgruppen n = 100 Personen

(von bis unter) (untere und obere Klassengrenzen)	**Merkmalsausprägungen**				
	25- 35	35 - 45	45 - 55	55 - 65	65 - 75
Absolute Häufigkeiten (Anzahl der Einheiten)	10	20	40	20	10

Arithmetisches Mittel

$$\bar{x} = \frac{1}{n} \cdot \sum_{i=1}^{k} (x_{mi} \cdot n_i) \qquad (6.5)$$

$$\bar{x} = \frac{1}{n} \cdot \sum [\, (x_{m1} \cdot n_1) + (x_{m2} \cdot n_2) + (x_{m3} \cdot n_3) + (x_{m4} \cdot n_4) + (x_{m5} \cdot n_5)]$$

$$\bar{x} = \frac{1}{n} \cdot \sum [(10 \cdot 30) + (20 \cdot 40) + (40 \cdot 50) + 20 \cdot 60) + (10 \cdot 70)]$$

$$\bar{x} = \frac{1}{100} \cdot \sum (300 + 800 + 2000 + 1200 + 700) = \frac{1}{100}\, 5000 = \boxed{50}$$

Standardabweichung

$$\sigma = \sqrt{\frac{1}{100} \cdot \sum [\, 10\,(30\text{-}50)^2 + 20(40 - 50)^2 + 40\,(50 - 50)^2 + 20\,(60 - 50)^2 + 10(70\text{-}50)^2]}$$

$$\sigma = \sqrt{\frac{1}{100} \cdot \sum (4000 + 2000 + 0 + 2000 + 4000)}$$

$$\sigma = \sqrt{\frac{1}{100} \cdot 12000} = \boxed{10{,}95}$$

Spannweite

$$R = x_{max} - x_{min} \qquad (6.6)$$

$R = 74{,}9 - 25 = 49{,}9$

Die Verteilung der Werte in den äußeren Klassen ist geändert worden.
Der *kleinste* Einzelwert beträgt 15 und der *größte* Einzelwert in der oberen Klasse 74,9.

Wie groß ist jetzt die Standardabweichung und wie groß die Spannweite?

Arithmetisches Mittel

$$\bar{x} = \frac{1}{n} \cdot \sum_{i=1}^{k} (x_{mi} \cdot n_i) \qquad (6.7)$$

x_{mi} = Wert der Klassenmitte

$$\bar{x} = \frac{1}{n} \cdot \sum [(x_{m1} \cdot n_1) + (x_{m2} \cdot n_2) + (x_{m3} \cdot n_3) + (x_{m4} \cdot n_4) + (x_{m5} \cdot n_5)]$$

$$\bar{x} = \frac{1}{100} \cdot \sum [(25 \cdot 10) + (40 \cdot 20) + (50 \cdot 40) + (60 \cdot 20) + (75 \cdot 10)]$$

$$\bar{x} = \frac{1}{100} \cdot \sum (250 + 800 + 2000 + 1200 + 750) = \frac{5000}{100} = \boxed{50}$$

Standardabweichung vom Mittelwert $\bar{x} = 50$

$$\sigma = \sqrt{\frac{1}{n} \cdot \sum_{i=1}^{k} n_i (x_{mi} - \bar{x})^2} \qquad (6.8)$$

k = Anzahl der Klassen ; x_{mi} = x_i in Klassenmitte

$$\sigma = \sqrt{\frac{1}{100} \cdot \sum \left[10\,(25\text{-}50)^2 + 20\,(40 - 50)^2 + 40\,(50 - 50)^2 + 20\,(60\,\text{-}50)^2 + 10\,(75\text{-}50)^2 \right]}$$

$$\sigma = \sqrt{\frac{1}{100} \cdot \sum \left(6250 + 2000 + 0 + 2000 + 6250\right)}$$

$$\sigma = \sqrt{\frac{1}{100} \cdot 16500}$$

$$\sigma = \boxed{12{,}85}$$

Spannweite $\boxed{R = x_{max} - x_{min}}$ (6.9)

$$R = 84{,}9 - 15 = \boxed{69{,}9}$$

6.3 Das arithmetische Mittel in der Klassenbreite

Gegeben ist die folgende Häufigkeitsverteilung nach einem quantitativ - stetigen Merkmal.

Tabelle 6.3 Häufigkeitsverteilung in Klassengrenzen

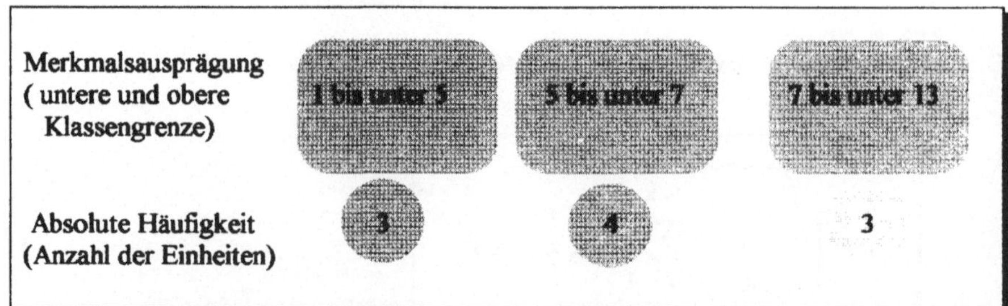

Merkmalsausprägung (untere und obere Klassengrenze)	1 bis unter 5	5 bis unter 7	7 bis unter 13
Absolute Häufigkeit (Anzahl der Einheiten)	3	4	3

a) Das arithmetische Mittel ist unter der Ausnahme zu berechnen, daß in jeder Klasse alle Einheiten in der Klassenbreite konzentriert sind.	b) Wie groß ist der maximale Fehler, den man durch diese Annahme bei der Berechnung des arithmetischen Mittels begeht ?	c) Bestimmen Sie den minimalen und maximalen Wert des arithmetischen Mittels, wenn in jeder Klasse alle Einheiten an der Klassengrenze konzentriert sind.

6.3.1 *Klassenmitte*

Bei der Verwendung der Klassenmittel 3, 6 und 10 beträgt das arithmetische Mittel:

$$\bar{x} = \frac{1}{n} \cdot \sum_{i=1}^{k} (x_i \cdot n_i) \qquad (6.10)$$

$$\bar{x} = \frac{1}{10} \cdot \sum [(3 \cdot 3) + (6 \cdot 4) + (10 \cdot 3)]$$

$$\bar{x} = \frac{1}{10} \cdot \sum (9 + 24 + 30) = \frac{63}{10} = \boxed{6{,}3}$$

Der minimale und maximale Wert des arithmetischen Mittels ergeben sich, wenn in jeder Klasse alle Einheiten an der Klassenunter-bzw. Obergrenze konzentriert sind.

6.3.2 *Klassenuntergrenze*

$$\bar{x}_{min} = \frac{1}{10} \cdot \sum [(1 \cdot 3) + (5 \cdot 4) + (7 \cdot 3)]$$

$$\bar{x}_{min} = \frac{1}{10} \cdot \sum (3 + 20 + 21) = \frac{44}{10} = \boxed{4{,}4}$$

6.3.3 *Klassenobergrenze*

$$\bar{x}_{max} = \frac{1}{10} \cdot \sum [(5 \cdot 3) + (7 \cdot 4) + (13 \cdot 3)]$$

$$\overline{x}_{max} = \frac{1}{10} \cdot \sum (15 + 28 + 39) = \frac{82}{10} = \boxed{8{,}2}$$

Der auf der Annahme der Konzentration aller Einheiten in der Klassenmitte zurückzuführende Fehler bei der Berechnung des arithmetischen Mittels beträgt höchstens:

Fehler des Mittels in der Klasse

$$6{,}3 - 4{,}4 = 8{,}2 - 6{,}3 = \boxed{1{,}9}$$

6.4 Beispiele

Beispiel 6.1

Für die drei Häufigkeitsverteilungen nach einem quantitativ - stetigen Merkmal sind das arithmetische Mittel und der Klassenfehler zu berechnen.

Tabelle 6.4 Häufigkeitsverteilung in Klassengrenzen n = 20

Merkmalsausprägung - (untere und obere Klassengrenze)		0 bis 5	5 bis 10	10 bis 15	15 bis 20	20 bis 25
Absolute	Verteilung I	5	6	4	3	2
Häufigkeit	Verteilung II	3	4	6	4	3
- (Anzahl der Einheiten)	Verteilung III	2	3	4	6	5

Das ***Klassenmittel*** liegt bei: **2,5; 7,5; 12,5; 17,5** und **22,5**.

Bei Verwendung der Klassenmittel betragen die arithmetischen Mittel:

$$\boxed{\overline{x} = \frac{1}{n} \cdot \sum_{i=1}^{k} (x_{mi} \cdot n_i)} \qquad (6.11)$$

Arithmetisches Mittel: Verteilung I

$$\bar{x} = \frac{1}{n} \cdot \sum \left[(x_{m1} \cdot n_1) + (x_{m2} \cdot n_2) + (x_{m3} \cdot n_3) + (x_{m4} \cdot n_4) + (x_{m5} \cdot n_5) \right]$$

$$\bar{x}_I = \frac{[(5 \cdot 2{,}5 + 6 \cdot 7{,}5 + 4 \cdot 12{,}5 + 3 \cdot 17{,}5 + 2 \cdot 22{,}5)]}{20} = \frac{205}{20} = \boxed{10{,}25}$$

Arithmetisches Mittel: Verteilung II

$$\bar{x}_{II} = \frac{1}{n} \cdot \sum \left[(x_{m1} \cdot n_1) + (x_{m2} \cdot n_2) + (x_{m3} \cdot n_3) + (x_{m4} \cdot n_4) + (x_{m5} \cdot n_5) \right]$$

$$\bar{x}_{II} = \frac{(3 \cdot 2{,}5 + 4 \cdot 7{,}5 + 6 \cdot 12{,}5 + 4 \cdot 17{,}5 + 3 \cdot 22{,}5)}{20} = \frac{250}{20} = \boxed{12{,}5}$$

Arithmetisches Mittel: Verteilung III

$$\bar{x}_{III} = \frac{1}{n} \cdot \sum \left[(x_{m1} \cdot n_1) + (x_{m2} \cdot n_2) + (x_{m3} \cdot n_3) + (x_{m4} \cdot n_4) + (x_{m5} \cdot n_5) \right]$$

$$\bar{x}_{III} = \frac{(2 \cdot 2{,}5 + 3 \cdot 7{,}5 + 4 \cdot 12{,}5 + 6 \cdot 17{,}5 + 5 \cdot 22{,}5)}{20} = \frac{295}{20} = \boxed{14{,}75}$$

Klassenfehler: (Ergibt sich aus der Rechnung x_{II} und x_{III})

$$12{,}5 - 10{,}25 = 14{,}75 - 12{,}5 = \boxed{2{,}25}$$

6.5 Übungen

6.1 30 Produkte sollen auf ihre Oberflächen-Qualität beurteilt werden.

Ein Produkt darf nur mit maximal 25 Qualitäts-Punkten bewertet werden.
Die Testperson vergab für alle Produkte folgende „ Qualitätspunkte „ QP :

Die Qualitätspunkte 1 - 9 wurden nicht vergeben!

Tabelle 6.5 Qualitätspunkte und Häufigkeiten n = 30

QP Punkte	10	11	12	13	14	15	16	17	18	19	20	21	22	23	24	25
Anzahl der Verteilung	1	1	1	1	2	2	2	3	4	4	3	2	1	1	1	1

Berechnen Sie:

a) Das arithmetische Mittel

b) Die mittlere Abweichung

c) Die relative Wert-Häufigkeit

d) Die relative Summen-Häufigkeit

e) Die Schwankungsbreite

f) Die Standardabweichung

g) Den Standardfehler des Mittelwertes

Der Tester hat für sich noch eine Qualitätsbeurteilung nach Klassen vorgenommen..

Welche Häufigkeiten wurden den fünf Klassen zugeteilt?

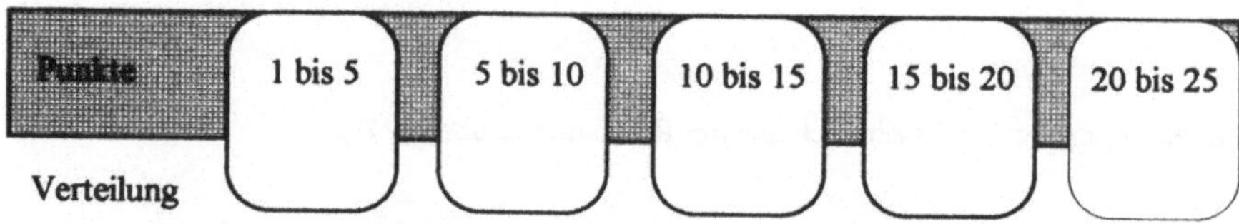

Punkte	1 bis 5	5 bis 10	10 bis 15	15 bis 20	20 bis 25
Verteilung					

6.2 Die Verteilung der Schmelzleistung (t) in einem Stahlwerk soll dargestellt werden.

a) Errechnen Sie die Häufigkeit der Besetzungszahl in %.
b) Bestimmen Sie die relative Häufigkeit in %.
c) Zeichnen Sie ein Häufigkeitsdiagramm „ Schmelzleistung „.
d) Wie groß ist die Schmelzleistung in (t) bei 30 %, 50 % und 75 % ?
e) Stellen Sie die relative Häufigkeitsverteilung in einem Diagramm dar.

Für die Wertbestimmungen nehmen wir an, daß alle Besetzungszahlen sich in der Klassenmitte befinden.

Tabelle 6.6 Schmelzleistung und Besetzungszahlen

Schmelzleistung x in (t)	Besetzungszahl (n_i)
4 - 4,5	1
4,5 - 5	2
5 - 5,5	6
5,5 - 6	15
6 - 6,5	60
6,5 - 7	115
7 - 7,5	201
7,5 - 8	188
8 - 8,5	118
8,5 - 9	52
9 - 9,5	19
9,5 - 10	3
10 - 10,5	2

7 Stichprobe

7.1 Allgemein

Eine ***Stichprobe*** ist eine *Auswahl* aus einer *bestimmten Gruppe* oder *Gesamtheit von Gegenständen oder Leuten.*

Das Ziel der *Stichprobennahme* ist es, *Zeit, Mühe* und *Geld* zu sparen. Die Einsparung ist riesig, z. B. die *Messung von ein paar hundert Schrauben anstatt einer Million*.

Eine *Stichprobe* ist dann nützlich, wenn sie für die *Gesamtheit*, aus der sie gewählt wurde, *ziemlich typisch* ist.

Wenn also *20 Prozent der erstellten Schrauben* mit der Maschine „ *A* „ die Werte „***x*** „ haben, sollte eine *gute Stichprobe vom Umfang 100* ungefähr zwanzig mit den Werten „ ***x*** „ enthalten.

Arten der Auswahl von Stichproben:

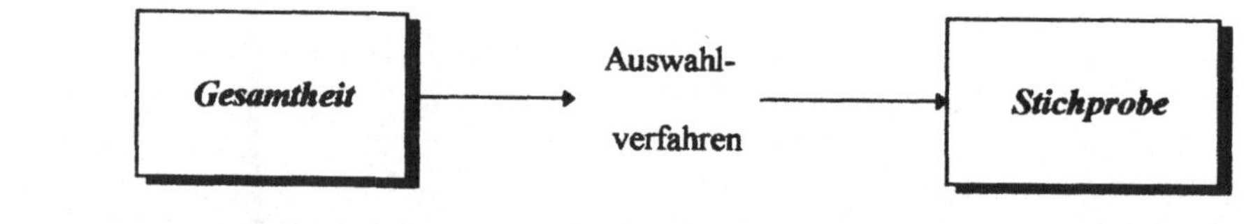

Ein grundlegendes Konzept bei der Stichprobennahme ist die Stichprobenverteilung. Die Verteilung umschreibt, wie die Ergebnisse verschiedener Stichproben voneinander abweichen.

Das Rückschließen von den beobachteten Stichprobenergebnissen auf die unbekannte Gesamtheit heißt statistischer Schluß.

Hauptaufgabe: *Schätzung der Werte in der Gesamtheit und der wahrscheinlichen Fehler der Schätzungen*

7.2 Stichprobenauswahl

Bei großen und unregelmäßigen Variationen in der *Gesamtheit*, die Zeit und Geld kosten, die ganze Gesamtheit zu messen, ist eine *statistische Stichprobenauswahl* notwendig.
Bei der *Verwendung von Stichprobenergebnissen* tritt immer ein *Genauigkeitsverlust* auf.

Diese *Ungenauigkeit* ist annehmbar, wenn man weiß, wo die *Fehlergrenzen* liegen.
Eine gute größere Stichprobe ist oft besser als viele kleinere Stichproben.
Die Stichprobe muß die untersuchte Gesamtheit gut repräsentieren.

7.3 Zufallsstichprobe

Der Umfang der Gesamtheit beeinflußt die Genauigkeit der Stichprobe kaum. Es kommt auf die Größe der Stichprobe an, außer der Umfang der Gesamtheit ist sehr klein.

Eine Stichprobe von 1000 Schrauben aus einer Gesamtheit von 40 Millionen ist im Vergleich gerade so genau wie eine Stichprobe von 1000 Schrauben einer Gesamtheit von 40 000.

Auswahl einer Zufallsstichprobe

Man kann so vorgehen:

1) Mitglieder der Gesamtheit, auch Grundgesamtheit, kennzeichnen.

2) Gegenstände numerieren.

3) Jede Nummer auf ein Stück Papier schreiben.

4) Zettel in ein Behältnis legen und sorgfältig mischen.

5) Notwendige Anzahl von Zetteln *blind* herausziehen.

Dieses Vorgehen kennzeichnet die *Stichprobe* aus der *Gesamtheit*. Die Stichprobe wird jetzt gemessen und wird durch Symptome x (Werte) ausgedrückt.
Das Wichtigste ist die *gute Mischung der Gegenstände*, weil dadurch eine *völlige Regellosigkeit* erreicht wird.

Senkung der Kosten

Es werden oft Verfeinerungen notwendig, um bei einem bestimmten *Stichprobenumfang* die *Kosten zu senken* oder bei gegebenen *Kosten* den *durch* die *Stichprobenauswahl* bedingten *Fehler zu verkleinern*.

7.4 Stichprobenmittelwerte

Eine *Zufallsstichprobe* ist in der Regel nicht genau genug für die *Grundgesamtheit*, aus der sie gewählt wurde.
Der *Stichprobenmittelwert* m wird von dem Mittelwert der Gesamtheit μ, griechisch m oder „ mü „, unterschieden. Der Unterschied wird oft sehr klein sein. Eine mögliche Abschätzung des Unterschieds besteht darin, daß man vergleicht, wie verschieden die Mittelwerte *anderer derartiger* Stichproben wären.

Je weniger sie im Vergleich variieren, um so wahrscheinlicher ist die Richtigkeit unseres Stichprobenmittelwertes.

Die Verteilung der Mittelwerte aller möglichen Zufallsstichproben vom Umfang *n* muß aus derselben Gesamtheit betrachtet werden, d. h.

Stichprobenverteilung des Mittelwertes.

Beschreibung der Verteilung
Zur Beschreibung dieser Verteilung müssen wir von ihr *FORM, MITTELWERT UND STREUUNG* kennen.

Kleine Stichproben haben komplizierte Stichprobenverteilungen. Der notwendige Stichprobenumfang hinsichtlich der Genauigkeit der Ergebnisse muß noch genauer besprochen werden.

Viele statistische Maßzahlen, wie die Varianz oder die Standardabweichung werden bei der Zusammenfassung von Stichproben variieren und haben deshalb eine Stichprobenverteilung.

Tabelle 7.1 Merkmalswerte n = 10

Erste Stichprobe:

x_i	4	0	0	3	2	0	0	4	0	10

Durchschnitt: 2,3

Tabelle 7.2 Merkmalswerte n = 10

Zweite Stichprobe:

x_i	4	1	2	0	16	1	0	2	1	3

Durchschnitt: 3,0

Der Zweite Mittelwert ist gleich 3,0 statt 2,3.
Bei anderen Stichproben würden wir noch andere Ergebnisse und Stichprobenmittelwerte erhalten.

Mittelwerte $\overline{x}$ von zwanzig Zufallsstichproben von je zehn Gruppen.

Tabelle 7.3 Mittelwerte n = 20

Mittelwerte der Stichproben von je 10									
0,6	1,7	2,0	2,0	2,0	2,2	2,3	2,3	3,0	3,1
3,2	3,4	3,6	4,1	4,3	4,6	5,0	5,2	5,2	6,0

Die *Stichprobenmittelwerte* reichen von 0,6 bis 6,0. Die meisten Mittelwerte sind gleich und liegen bei 2 und 3. Ähnlich lag der Mittelwert bei 10 Werten.

7.5 Stichprobenverteilung der Mittelwerte

Der Mittelwert von Stichproben ist in der Regel normal verteilt.

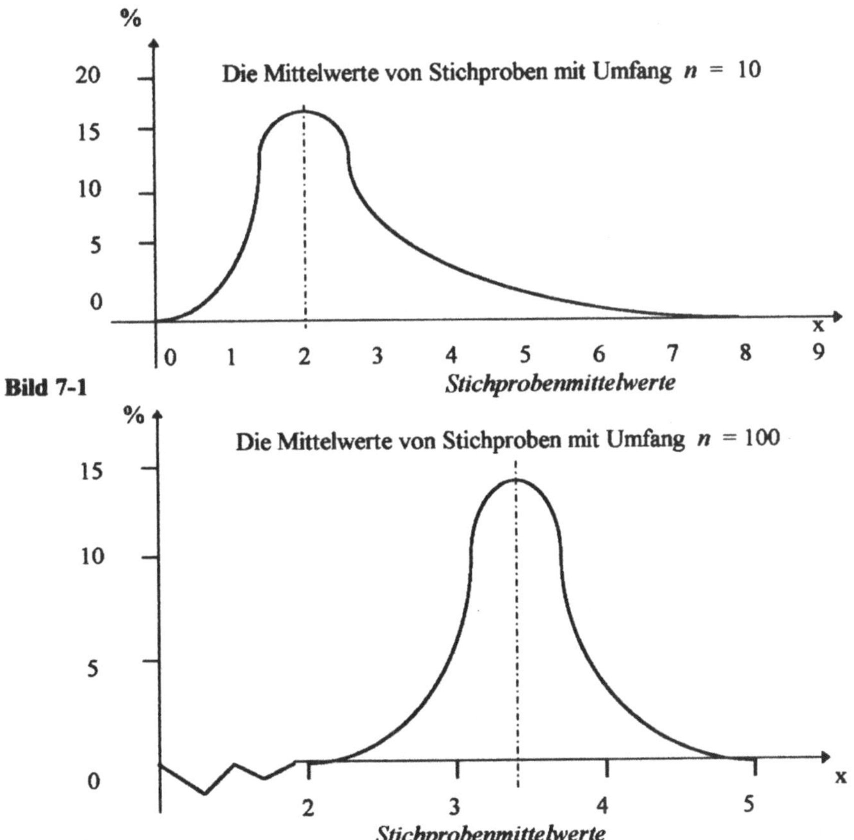

Bild 7-1

Bild 7-2

Die Stichprobenverteilung des Mittelwertes erfüllt folgende Bedingungen:

1) *Die Bestimmung des Mittelwertes aller möglichen Stichproben vom Umfang n ist eine wiederholte Messung.*

2) *Die Anzahl der Messungen kann durch die Wahl eines genügend großen Stichprobenumfanges n groß gemacht werden.*

3) *Die Stichproben sind aus Einzelmessungen, aus kleineren Elementen zusammengesetzt.*

4.) *Beim Zufallsstichprobenverfahren werden die Messungen unabhängig voneinander ausgewählt.*

5) *Die Messungen werden bei der Berechnung des Mittelwertes m = Summe (x) / n addiert.*

7.6 Mittelwert der Stichprobenverteilung

Der *Mittelwert* $\bar{x}$ *der Stichprobenverteilung* ist gleich dem *Mittelwert* „ μ „ der *Grundgesamtheit,* aus der die *Stichproben* entnommen werden.

Der Stichprobenmittelwert $\bar{x}$ ergibt im Durchschnitt den μ - Wert.

Schief verteilte Gesamtheit von nur drei Messungen:

2, 3, 7

Der Mittelwert der Gesamtheit ist :

$\mu = (2+3+7)/3 = 4$

Beim Ziehen *mit Zurücklegen* gibt es zehn mögliche Stichproben vom Umfang $n = 2$

Tabelle 7.4 10 Stichproben n = 2

2 & 2, 3 & 4, 4 & 5, 7 & 2, 2 & 4, 6 & 4, 7 & 4, 7 & 3, 8 & 6, 9 & 7

Die Mittelwerte $\overline{x}$ dieser Stichproben ergeben:

$2, \quad 3\frac{1}{2}, \quad 4\frac{1}{2}, \quad 4\frac{1}{2}, \quad 3, \quad 5, \quad 5\frac{1}{2}, \quad 5, \quad 7 \quad 8$

Das Mittel aller Mittelwerte:

$$\overline{\overline{x}} = \frac{1}{n} \cdot \sum_{i=1}^{n} (\overline{x}_i) \qquad (7.1)$$

$$\overline{\overline{x}} = \frac{1}{10} \cdot \sum (2 + 3\,½ + 4\,½ + 4\,½ + 3 + 5 + 5\,½ + 5 + 7 + 8)$$

$$\overline{\overline{x}} = \frac{1}{10} \cdot (48) = \boxed{4{,}8}$$

$\overline{\overline{x}}$ ist gleich dem Mittelwert „ μ „ der Grundgesamtheit.

Wir erkennen jetzt, daß der Gesamtmittelwert $\overline{\overline{x}}$ der Verteilung der Stichprobenmittelwerte gleich dem Mittelwert μ der Grundgesamtheit ist. Die Form der Verteilung ist gewöhnlich annäherungsweise eine Normalverteilung.

7.7 Standardfehler des Mittelwertes

Mit der *Standardabweichung wird die Streuung der Veteilung der Stichprobenmittelwerte* festgelegt.
Wir wollen wissen, wie weit jeder einzelne ***Stichprobenmittelwert vom Mittelwert „ μ „ der Gesamtheit*** entfernt liegt.

Die Standardabweichung der Verteilung der Stichprobenwerte hat den Namen „ ***Standardfehler*** „ (standard error) des Mittelwertes.

7.7.1 Die theoretische Formel für die Standardabweichung

Ausdruck mit Hilfe der *Streuung der Einzelwerte der Gesamtheit*. Die Standardabweichung wird mit „ σ „ , griechisches „ s „ oder „ sigma „ , bezeichnet.

Für einfache Zufallsstichproben vom Umfang n lautet die Formel:

$$\text{Standardfehler des Mittelwertes} = \frac{\sigma}{\sqrt{n}} \qquad (7.2)$$

Verwendet werden hier die *Standardabweichungen der einzelnen Meßwerte in der Gesamtheit und nicht die Mittelwerte aller Stichproben vom Umfang n.*

Die Formel zeigt, daß der Standardfehler des Mittelwertes um so kleiner ist, je kleiner „ σ „ , die Streuung der Einzelwerte ist.

$$\text{Standardfehler} = \frac{s}{\sqrt{n}} = \frac{0{,}2}{\sqrt{20}} = \frac{0{,}2}{4{,}47} = \boxed{0{,}045}$$

Die Formel zeigt auch, daß der Standardfehler des Stichprobenmittelwertes kleiner ist, je größer der Stichprobenumfang *n* wird.

$$\text{Standardfehler} = \frac{s}{\sqrt{n}} = \frac{0{,}2}{\sqrt{50}} = \frac{0{,}2}{7{,}07} = \boxed{0{,}028}$$

7.8 Stichprobenverteilung

Stichprobenverteilung des Mittelwertes von Stichproben n = 1, n = 4 und n = 16 aus einer Normalverteilung mit Mittelwert $\overline{x}_0$..

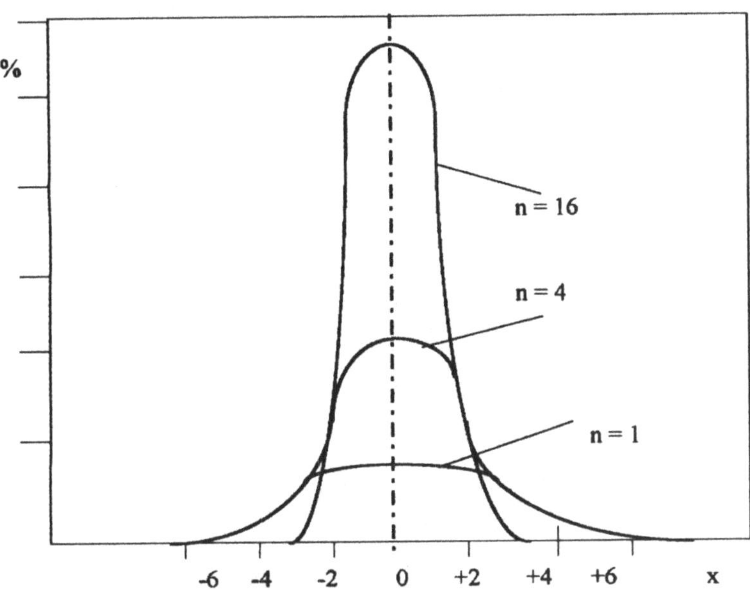

Bild 7-3

Da wir in der Regel σ für die *Standardabweichung des Mittelwertes* nicht kennen, ersetzen wir das Symbol durch „ *s* „ . *Die bezeichneten Werte der Standardabweichnung sind Meßwerte in der Stichprobe.*

$$\text{Geschätzter Standardfehler des Mittelwertes} = \frac{s}{\sqrt{n}} \qquad (7.3)$$

Das ist die Formel, die man in der Praxis verwendet.

7.8.1 Berechnung der Zahlenwerte aus der Stichprobe

Meßwerte x_i : 3, 0, 0, 4, 2, 0, 0, 2, 0, 12

Mittelwert: $\overline{x} = 2{,}3$

$$\text{Standardabweichung: } s = \sqrt{\frac{\Sigma\ (x - 2{,}3)^2}{(n-1)}} \sqrt{\frac{124{,}1}{9}} = \boxed{3{,}713} \qquad (7.4)$$

Die vollständige Formel für den auf der Grundlage einer Stichprobe vom Umfang n geschätzten Standardfehler der Mittelwertes lautet:

Standardfehler für die Stichprobe:

$$\frac{s}{\sqrt{n}} = \frac{\sqrt{\frac{1}{n-1} \cdot \sum_{i=1}^{n} (x_i - \bar{x})^2}}{\sqrt{n}} \qquad (7.5)$$

7.9 Beschreibung der Stichprobenverteilung

Die Stichprobenverteilung des Mittelwertes kann wie folgt beschrieben werden:

(...) Prozent aller Stichprobenmittelwerte liegen innerhalb von 3,713 ± 1,18
($\pm 1\,\sigma/\sqrt{n}$) ; ± 3,713 /$\sqrt{10}$ = 1.175

(...) Prozent aller Stichprobenmittelwerte liegen innerhalb von 3,713 ± 2 (1,18)
($\pm 2\,\sigma/\sqrt{n}$)

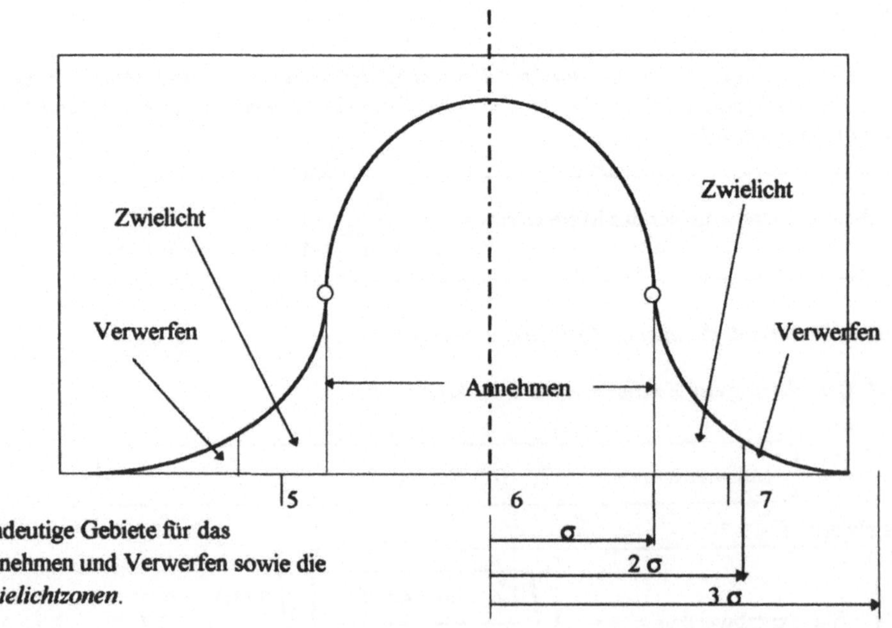

Eindeutige Gebiete für das Annehmen und Verwerfen sowie die *Zwielichtzonen*.

Bild 7-4

7.10 Beispiele

Beispiel 7.1

Aus der laufenden Produktion von Widerständen wurden Mittelwerte $\bar{x}$ von zwanzig Zufallsstichproben mit n = 10 entnommen.
Mittelwert „$\Delta\Omega$" der 1. Stichprobe: $\bar{x} = 220\,\Omega + \Delta x_i\,\Omega = 220\,\Omega + (0{,}6\,\Delta\Omega) = 220{,}6\,\Omega$

Tabelle 7.5 Mittelwerte $\Delta\Omega$ der Stichproben, n = 10 ($x_o = 220\,\Omega$)

Mittelwerte $\bar{x}_i$ ($\Delta\Omega$ zum Sollwert)									
(0,6)	1,7	2,0	2,0	2,0	2,2	2,3	2,3	3,0	3,1

Erstellen Sie eine Wertetabelle.
Berechnen Sie den Mittelwert $\bar{\bar{x}}$ (Ω) aller Mittelwerte und den Standardfehler (Ω) vom Mittelwert.

Tabelle 7.6 Wertetabelle ($\Delta\Omega$), n = 10

$\bar{x}_i$ (Ω)	($\bar{x}_i - \bar{\bar{x}}_i$)	($\bar{x}_i - \bar{\bar{x}}_i$)^2 ($\Omega$)^2
0,6	-1,52	2,31
1,7	-0,42	0,18
2,0	-0,12	0,014
2,0	-0,12	0,014
2,0	0,12	0,014
2,2	0,08	0,0064
2,3	0,18	0,0324
2,3	0,18	0,0324
3,0	0,88	0,774
3,1	0,98	0,96
	0	Σ 4,337 (Ω)^2

Mittlerer Abweichungsbetrag

$$\overline{x}_m = \frac{1}{n} \cdot \sum_{i=1}^{n} (\overline{x}_i - \overline{\overline{x}})$$

$$= \frac{1}{10} \cdot \sum (0{,}6 - 2.12) + (1{,}7 - 2.12) + (2{,}0 - 2{,}12) + (2{,}0 - 2{,}12) + (2{,}0 - 2{,}12) + (2{,}2 - 2{,}12) + (2{,}3 - 2{,}12) + (2{,}3 - 2{,}12) + (3{,}0 - 2{,}12) + (3{,}1 - 3{,}1)\ (\Omega)$$

$$= \boxed{0}$$ *(gilt als Kontrollrechnung, Summe aller Abweichungen gleich „ Null „.*

Arithmetisches Mittel

$$\boxed{\overline{\overline{x}} = \frac{1}{n} \cdot \sum_{i=1}^{n} (\overline{x}_i)} \qquad (7.6)$$

$$\overline{\overline{x}} = \frac{1}{10} \cdot \sum_{i=1}^{n} (\overline{x}_i)$$

$$\overline{\overline{x}} = \frac{1}{10} \cdot \sum (0{,}6 + 1{,}7 + 2{,}0 + 2{,}0 + 2{,}0 + 2{,}2 + 2{,}3 + 2{,}3 + 3{,}0 + 3{,}1)\quad (\Omega)$$

$$\overline{\overline{x}} = \frac{1}{10} \cdot \sum (21{,}3\ \Omega) = \boxed{2{,}13\ \Omega}$$

Standardfehler für alle Stichprobenmittelwerte

$$F(\sigma) = \frac{s}{\sqrt{n}} = \frac{0{,}694\ \Omega}{\sqrt{10}} = \frac{0{,}694\ \Omega}{3{,}162} = \boxed{0{,}2215\ \Omega}\ ;\ \boxed{22{,}15\ \%}$$

Standardabweichung

$$s = \sqrt{\frac{1}{n-1} \cdot \sum_{i=1}^{n} (\bar{x}_i - \bar{\bar{x}})^2} \qquad (7.7)$$

$$s = \sqrt{\frac{1}{9} \cdot 4{,}337\ \Omega^2} = \boxed{0{,}694\ \ \Omega}$$ Standardabweichung für alle Stichproben 0,694 Ω

Lage der Mittelwerte

Der Nennwert der Widerstände liegt bei $x_o = 220\ \Omega$, Mittel aller Mittelwerte $\bar{\bar{x}} = 222{,}13\ \Omega$

Oberer Grenzwert :	$\bar{\bar{x}} \pm s$	222,13 Ω + 0,694 =	222,824 Ω
Unterer Grenzwert:	$\bar{\bar{x}} - s$	222,13 Ω - 0,694 =	221,436 Ω

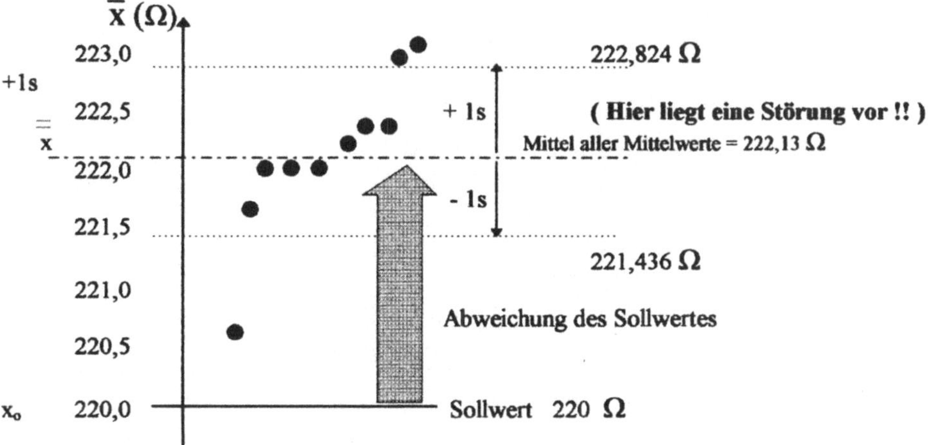

Bild 7-5

8 Gruppierung der Stichprobenwerte

8.1 Einteilung in Klassen

Stichproben mit vielen verschiedenen Qualitätsmerkmalen und Meßwerten sind oft sehr umfangreich und unübersichtlich. Hier ist es zweckmäßig, diese Werte in *Klassen* zu gruppieren.
Der erste Weg ist, die Werte zu ordnen. Es wird der kleinste Wert x_{min} und der größte Wert x_{max} herausgesucht.

$$\textit{Klassenbreite: } R = x_{max} - x_{min} \qquad (8.1)$$

Sie bestimmen jetzt das Intervall *I*, in dem alle Werte der Stichprobe liegen und legen in *k* Teilintervalle ΔI fest.

Wichtig ist, daß alle Teilintervalle gleiche Breite Δx besitzen. Diese Breite nennt man *Klasse*.

8.1.1 *Anzahl der Klassen*

$$k = \sqrt{n} \qquad (8.2)$$

8.1.2 *Klassenweite:*

$$W = \frac{R \quad (\Delta x)}{\sqrt{n}} = \frac{x_{max} - x_{min}}{\sqrt{n}} \qquad (8.3)$$

Aus einer Zufallsstichprobe mit $n = 30$ Werten soll für die Merkmalsausprägung *Gewicht* (kg), eine Urtabelle mit *k* Klassen geschrieben werden.

Klassen aus n = 30

Tabelle 8.1 Merkmalswerte *Gewicht* n = 30

Merkmalswert x_i (Gewicht in kg)										
70	74	72	74	74	76	75	76	77	76	76
84	82	84	78	82	80	86	86	86	87	94
85	83	96	98	99	110	108	120			

Klassen

$$k = \sqrt{n} \qquad (8.4)$$

$k = \sqrt{30} = \boxed{5{,}5}$ Wir richten für *n = 30* 6 Klassen (6 k) ein.

Klassenbreite

$$\Delta I = \frac{I}{k} = \frac{\text{Intervall}}{\text{Anzahl der Klassen}} \quad \text{oder} \quad = \frac{R}{k} \qquad (8.5)$$

Spannweite

$$I = R = x_{max} - x_{min} \qquad (8.6)$$

R = 120 kg - 70 kg = 50 kg

$\Delta X = \frac{50\ kg}{6} = 8{,}33\ kg$ Es wird gewählt: ΔI = *10 kg* Klassenbreite

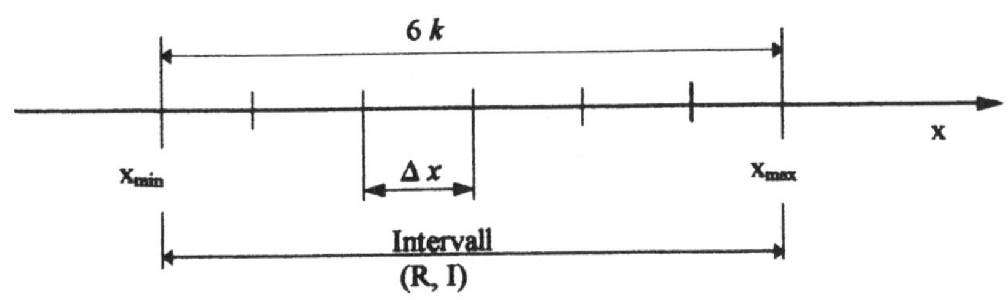

Bild 8-1

Tabelle 8.2 Merkmalswerte in Klassen 1-5 bei n = 30

Klasse (kg) von bis unter	Klassenmitte x_m	Häufigkeiten in der Klasse n_i	Merkmalswerte x_i (kg)
65 - 75	70	5	70 74 74 74 72
75 - 85	80	13	75 76 76 76 75 77 78 80 82 82 83 84 84
85 - 95	90	6	85 86 86 86 87 94
95 - 105	100	3	96 98 99
105 - 115	110	2	108 110
115 - 125	120	1	120

Für die weitere Berechnung der Werte sind die Häufigkeiten der Klassenmitte zugeordnet.

8.1.3 *Arithmetisches Mittel*

$$\overline{x} = \frac{1}{n} \cdot \sum_{i=1}^{k} (x_i \cdot n_i) \qquad (8.7)$$

$$\overline{x} = \frac{1}{n} \cdot \sum (x_1 \cdot n_1) + (x_2 \cdot n_2) + (x_3 \cdot n_3) + \ldots + (x_n \cdot n_k) \qquad (8.8)$$

$$\overline{x} = \frac{1}{30} \cdot \sum (70 \cdot 5) + (80 \cdot 13) + (90 \cdot 6)(100 \cdot 3) + (110 \cdot 2) \quad + 120 \cdot 1)$$

$$\bar{x} = \frac{1}{30} \cdot \sum (350) + (1040) + (540) + (300) + (220) + (120)$$

$$\bar{x} = \frac{1}{30} \cdot 2570 = \boxed{85{,}66} \text{ kg}$$

Das arithmetische Mittel aus allen Klassen mit n = 30 beträgt 85,66 kg.

8.1.4 *Klassengrenzen und Rundungsintervall*

Klassengrenzen müssen mit den Rundungsintervallen der auszuwertenden Meßwerte übereinstimmen.

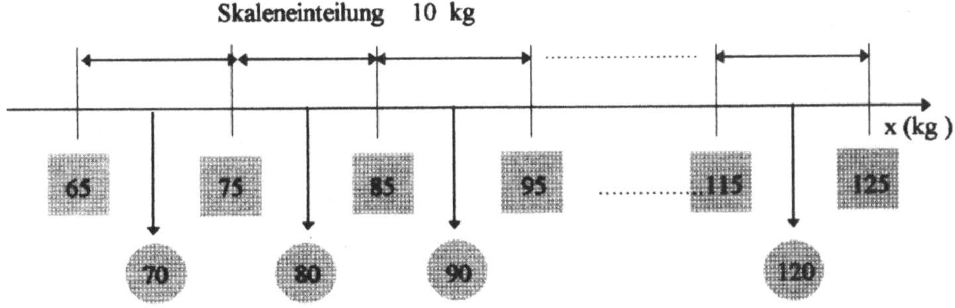

Bild 8-2

Die Klassengrenzen müssen stets eine Ziffer mehr aufweisen als die gerundeten Meßwerte, die in die Strichliste eingetragen werden.

8.1.5 *Rundungsgrenzen der Meßwerte*

Die Angabe des Meßwertes 6,43 mm bedeutet:

Rundungsgrenzen

6,425 mm *bis* *< 6,435 mm*

Wegen der Rundungsgrenzen, die bei 0,5 Skalenteilung = 0,005 mm liegt, müssen die Klassengrenzen um 0,005 mm gegenüber den gerundeten Meßwerten verschoben werden.

8.2 Beispiele

Beispiel 8.1

Die Spannweite R ist die Differenz zwischen dem größten und kleinsten Meßwert.
Wie groß ist die Spannweite für nachfolgende Tabellenmeßwerte?

Tabelle 8.3 Laufende Meßwerte (Gramm) einer Stichprobe mit n = 12

9,57	9,60	9,49	9,41	9,65	9,54
9,60	9,52	9,57	9,62	9,48	9,42

n = 12 x_{min} = 9,41 x_{max} = 9,65 R = 9,65 - 941 = 0,24

Beispiel 8.2

Die Klassengrenzen sollen eine Klassenbreite von „ 0,02 mm „ besitzen.

Klassengrenzen:	bzw.	Klassengrenzen:
5,815 - 5,835 mm		5,825 - 5,845 mm
5,835 - 5,855 mm		5,845 - 5,865 mm
5,855 - 8,875 mm		5,865 - 5,885 mm

Bei diesen Klassengrenzen kann jeder Meßwert eindeutig einer Klasse zugeordnet werden

Beispiel 8.3

Klassenbreite 0,03 mm, beginnend mit 34,115 mm

Tabelle 8.4 Aufbau von Klassengrenzen (von bis unter)

i	Klassengrenzen: in mm	Klassenmitte x_i	Häufigkeiten n
1	34,115 - 34,145	34,13	5
2	34,145 - 34,175	34,16	16
3	34,175 - 34,205	34,19	32
4	34,205 - 34,235	34,22	12
5	34,235 - 34,265	34,25	3

8.3 Übungen

8.1 Teilen Sie die Anzahl der Stichprobenwerte in Klassen und Klassengrenzwerte ein.

a) n = 100 Meßwerte x_{min} = 48 mm x_{max} = 52 mm

b) n = 70 Meßwerte x_{min} = 25 mm x_{max} = 28 mm

8.2 Es wurden in Serie Widerstände mit einem Sollwert x_o = 220 ***Ω*** (Ohm ***) hergestellt.***

Die ***Spannweite*** aus einer Stichprobe von Widerständen, *n = 60* Meßwerten, zeigt eine Differenz von **26 *Ω*.**

a) Bestimmen Sie den ***größten Wert*** x_{max} und den kleinsten Wert x_{min}.
b) Wieviel *Klassen* bilden Sie für n = 60 ?
c) Schreiben Sie eine Tabelle mit den errechneten Klassengrenzen.
d) Ordnen Sie die Häufigkeiten der Meßwerte, aus der *Tabelle 8.5,* den Klassen zu.
e) Bestimmen Sie das arithmetische Mittel aus n = 60 Meßwerten.

f) Um wieviel ***Ω*** liegt das arithmetische Mittel von dem Sollwert x_o = 220 ***Ω*** *entfernt ?*

Tabelle 8.5 Laufende Meßwerte (Ω) , Stichprobe n = 60, aus der Produktion von Widerständen

Merkmalsausprägung : Widerstände

x (in *Ω)*

220,1	221,2	220.4	220,2	198	201,1	200	202,6	201,4	220,3
198,8	219,3	220	221	220	221	223	223,4	224	224
220,4	221,6	220	220	221,4	199,5	198,6	199,2	220,8	223.8
224	221,8	220	219,3	220.8	200,9	220,7	220,3	220,7	198,4
222,5	223,9	224	223,1	198,4	223,8	223,2	220,9	223,2	224
220.1	221,3	221,8	220	221	220,8	220,6	220,8	198,6	198,3

9 Statistische Begriffe in der Qualitätssicherung

9.1

9.2

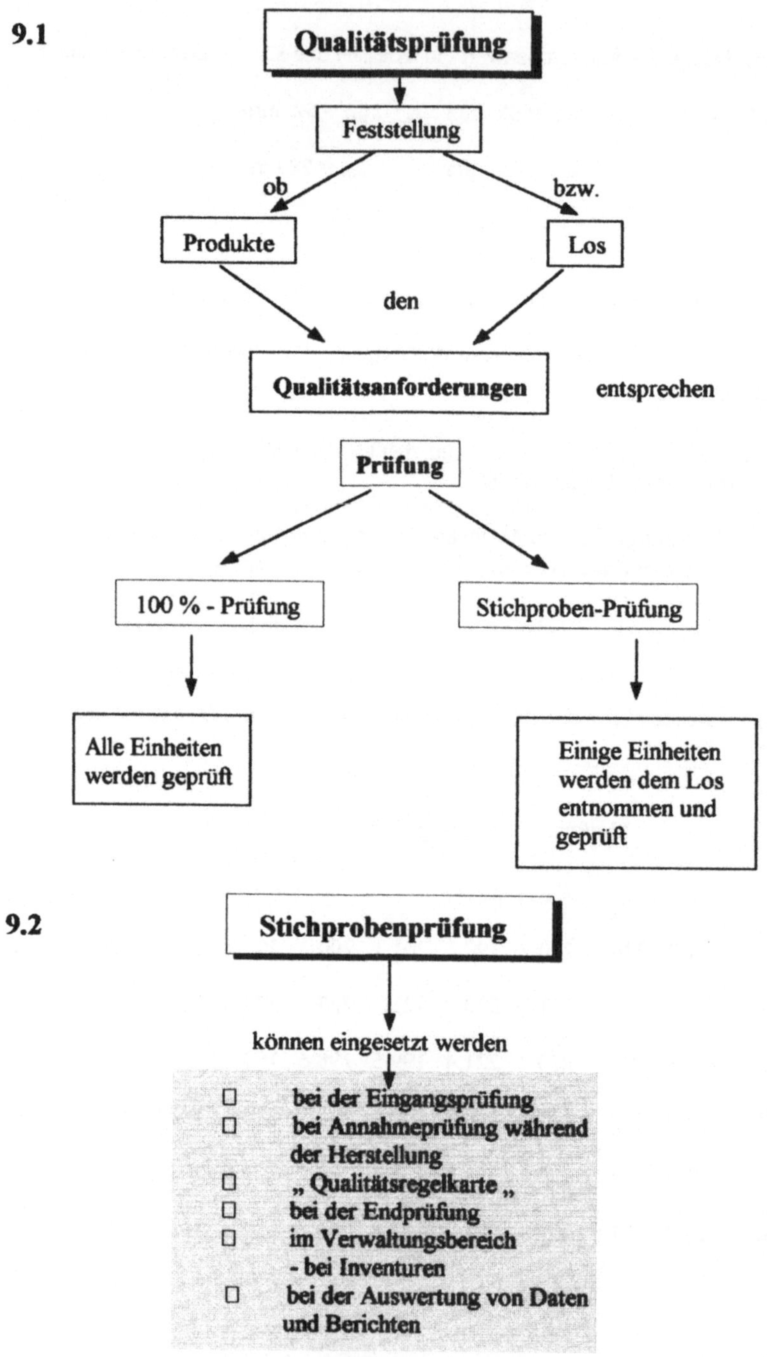

9.3 Stichprobenannahme

Stichprobe

Die Stichprobe besteht aus einer oder mehreren Einheiten, die zufällig ausgewählt wird.

Repräsentative Stichprobe

Die Einheiten müssen aus jedem Teillos zufällig ausgewählt werden.

9.4 Los

Menge eines Produktes, die unter Bedingungen entstanden ist, die als einheitlich angesehen werden kann.

Z.B.
- o Rohmaterial
- o Halbzeug
- o Endprodukte

Losumfang

Die Anzahl der Einheiten im Los

Prüflos

Das Los, das als zu beurteilende Gesamtheit einer Qualitätsprüfung unterzogen wird

Prüflos und Lieferung können übereinstimmen oder sich im Umfang unterscheiden.

9.5 Fehler

- ☐ Nicht erfüllte vorgegebene Forderungen
- ☐ Die Verwendbarkeit muß durch den Fehler nicht beeinträchtigt sein.

9.6 Fehlerklassifizierung

- Einstufung nach einer Bewertung, die an Fehlerfolgen ausgerichtet ist

Kritische Fehler

- Schaffung von gefährlichen und unsicheren Situationen für Personen
  - Verhinderung einer Funktion
- Flugzeug
- Rechenanlagen
- medizinische Geräte
- Satellit für Nachrichten

Hauptfehler

- Die Brauchbarkeit wird wesentlich herabgesetzt

Nebenfehler

- Gebrauch / oder Betrieb werden geringfügig beeinflußt.

Fehlerhafte Einheit

- Vorgegebene Forderungen sind nicht erfüllt.
- Einheit mit kritischen Fehlern
- Haupt- und Nebenfehler

9.7 Anteil fehlerhafter Einheiten in %

$$\frac{\text{Anteil der fehlerhaften Einheiten}}{\text{Anzahl aller Einheiten}} \times 100$$

Stichprobensystem

- Zusammenstellung von Stichprobenplänen
  - Regeln für die Anwender: Wann unter welchen Umständen geprüft wird

Stichprobenplan

- Zusammenstellung von Stichprobenanweisungen nach übergeordneten Gesichtspunkten
  - Qualitätsgrenzlage

9.8 Stichprobenanweisung

- Umfang der zu entnehmenden Stichprobe
- Kriterien für die Feststellung der Annehmbarkeit eines Prüfloses.

Annahme	Feststellung, daß die Kriterien des Prüfloses erfüllt sind
Annahmezahl	Höchste Zahl fehlerhafter Einheiten Höchste Zahl von Fehlern in der Stichprobe *(Gutzahl)*

Rückweisung	Kriterien für die Annehmbarkeit eines Prüfloses sind nicht erfüllt
Rückweisezahl	Niedrigste Anzahl fehlerhafter Einheiten oder Fehler in Stichproben *(Schlechtzahl)*

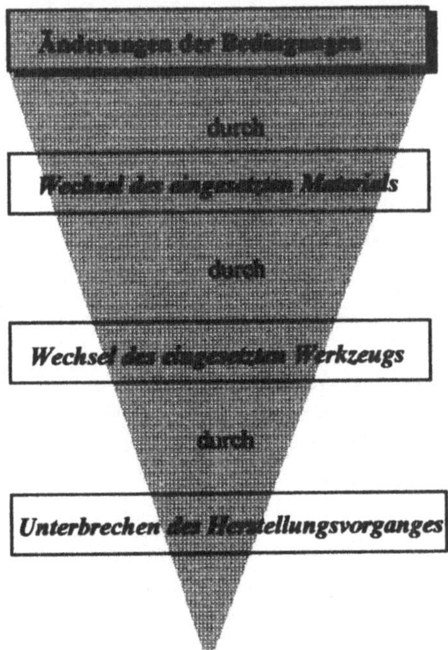

9.9 Qualitätsprüfung / Qualitätslenkung

9.9.1 Grafische Hilfsmittel

Anwendungen von rechnergesteuerten automatischen Zeichengeräten, bei der Auswertung von quantitativen Meßergebnissen, zum Zweck der Qualitätsbeurteilung.

9.9.2 Qualitätsregelkarte

Formblatt zur grafischen Darstellung von Werten, die bei der Prüfung an einer fortlaufenden Reihe von Stichproben anfallen. Eintragungen dienen dem Zweck der Qualitätslenkung. Werte werden mit Warn- und / oder Eingriffsgrenzen verglichen.

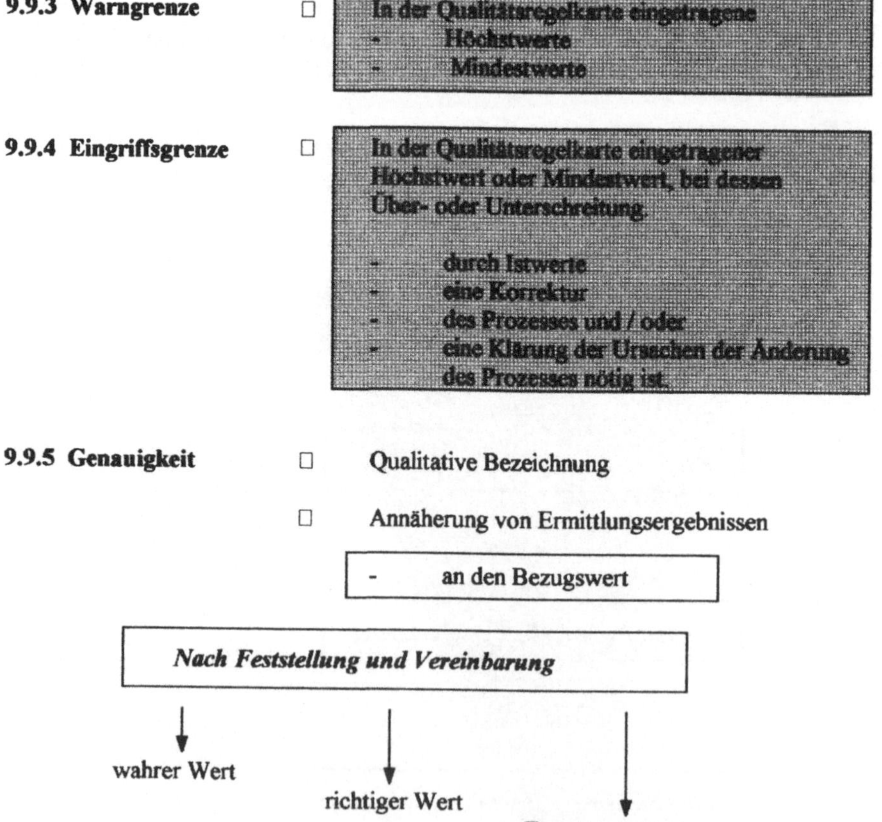

9.10 Kontrollfragen

9.1 *Woraus besteht die Stichprobe?*

a) Aus mehreren Einheiten, die gezielt ausgewählt werden
b) Aus gelieferten Rohmaterialien, in großem Umfang
c) Aus einer oder mehreren Einheiten, die zufällig ausgewählt werden
d) Aus der zu beurteilenden Gesamtheit einer Qualitätsprüfung

9.2 *Was verstehen Sie unter einem Prüflos ?*

a) Die Einheit, aus dem das Teillos zufällig ausgewählt wird
b) Das Los, das als zu beurteilende Gesamtheit einer Qualitätsprüfung unterzogen wird
c) Nicht erfüllte Forderungen in der Qualitätsprüfung
d) Eine Zusammenstellung von Stichprobenanweisungen

9.3 *Wo wird die Stichprobenprüfung eingesetzt ?*

a) Bei der Fehlersuche von größeren Produktionsabläufen
b) Bei der Feststellung, ob die Kriterien des Prüfloses erfüllt sind
c) Bei der Annahmeprüfung während der Herstellung
d) Bei der niedrigsten Anzahl fehlerhafter Einheiten

9.4 *Bei der Herstellung von Produkten werden vorgegebene Forderungen nicht erfüllt, es sind Fehler entstanden.*
Was verstehen Sie unter „ kritischer Fehler „ ?

a) Die Einstufung nach einer Bewertung ohne Folgen
b) Ein klare Forderung nach erneuter Nachbesserung
c) Die Schaffung von gefährlichen und unsicheren Situationen für Personen
d) Eine genaue Zusammenstellung von Stichprobenanweisungen

9.5 *Die Qualitätsregelkarte dient der grafischen Darstellung von Werten, mit dem Zweck der Qualitätssicherung.*
Womit werden die Werte auf der Qualitätsregelkarte verglichen?

a) Mit der Anzahl der fehlerhaften Einheiten
b) Mit dem Stichprobenplan und der Qualitätsgrenzlage
c) Mit den Werten der Annahmeprüfung
d) Mit den Warn- und Eingriffsgrenzen

10 Qualitätssicherung

10.1 Qualitätsprüfung

Nach einem *Prüfplan* werden *Prüfungsanweisungen* und *Prüfpläne* festgelegt.

- Die wichtigsten *Prüfungsmerkmale*
- Die erforderlichen *Prüfverfahren*
- Anweisungen zur *Qualitätsprüfung*
- *Prüfanweisung*, sie kann eine schriftliche Vereinbarung sein.
- *Qualitätsprüfungen* werden in der Durchführung angewiesen.
- Ein *Prüfablaufplan* ist dem *Qualitätsregelkreis* angepaßt.

In der *Qualitätsprüfung* sollen:

- Fehler festgestellt werden und
- fehlerhafte Teile aussortiert werden.

Das eigentliche Ziel der Qualitätssicherung ist es,

- die Fehler auszuschließen oder
- fehlerhafte Teile früh auszusortieren.

Das Prüflos muß die Voraussetzungen des Abnehmers erfüllen. Die Prüfung entscheidet, ob die Lieferung angenommen oder zurückgewiesen wird.

10.2 Qualitätslenkung

Die *Produktqualität* muß sichergestellt sein. Daher muß der *Produktionsprozeß* überwacht und gesteuert werden.

Hier kommt die statistische Berechnung, wie Mittelwert und Standardabweichung, die zur Prozeßlenkung eingesetzt werden, zur Anwendung.

Bei der *Qualitätslenkung* muß die *Qualitätsprüfung* sofort nach der Produktionsmaschine durchgeführt werden. Nur so kann man fehlerhafte Fertigungsteile erkennen.

10.3 Meßwerterfassung und Meßwertverarbeitung

- Aufnahme der Meßwerte: *Soll-Istwert-Vergleich*
- Durchführen von *Stichprobenprüfungen* mit Trends
- Produkte aussortieren und, wenn noch möglich, *Nacharbeit*
- Einrichtungen der Meß-und Steuerungstechnik, damit die Streuung von Merkmalswerten dem vereinbarten Prüflos entsprechen

Die *Qualitätslenkung* der Merkmalswerte wird beeinflußt:

- Durch den Menschen
- Durch die Maschine
- Durch das Material
- Durch die im Prüfplan festgelegte Methode
- Durch die Logistik

Zu den Einflüssen, die zu *Streuungen* von Merkmalswerten führen, zählen:

Die Qualifikation des Menschen	Veranwortungsbereitschaft
Fertigungsverfahren	Prüfbedingungen
Das richtige Bearbeitungswerkzeug	Genauigkeit der Maschine
Das richtige Vormaterial	Prüfzeuge

Es können hier zufällige Einflüsse oder systematische Erscheinungen den Fertigungsprozeß beeinflussen.

Werden diese Einflüsse aufgezeichnet, so ergeben sich meistens gleichbleibende *Streubilder*. Der Fertigungsprozeß, z.B. an einer Stanzmaschine für Autoteile, wird beherrschbar.

Bei einem Ausbrechen des Stanzwerkzeuges ist ein *unregelmäßiger Einfluß* auf die Prüfwerte ausgeübt worden. Die Ursache kann ein in den Randzonen gehärteter Stahl-Blechstreifen gewesen sein.

Eine *Fehleranalyse der Prüfwerte* kann aber auch einen *Trend* darstellen, z.B. Werkzeugverschleiß.

Hier muß der Mensch Ursachen und Probleme erkennen und beseitigen.

10.4 Stichprobenverfahren

In der Beurteilung von zufallsbedingten Einflüssen in einer *Gesamtheit* kann man davon ausgehen, daß das Eintreten von bestimmten Ereignissen wahrscheinlich ist.

Von 1000 Mittelwerten eines Merkmals lagen 50 Mittelwerte außerhalb des oberen *Grenzwertes* „OGW „.

In % ausgedrückt: $$P = \frac{\textit{Anzahl der günstigen Mittelwerte}}{\textit{Anzahl aller Mittelwerte}} = \frac{950}{1000} \cdot 100\,\% = 95\,\%$$

Der Zufall der Einflußgrößen wird geringer, je größer der *Stichprobenumfang* ist und je mehr Teile bei einer Stichprobe entnommen werden.

Symmetrische Verteilung

Jetzt ist auch die Wahrscheinlichkeit einer *symmetrischen Verteilung* der Werte um den Mittelwert größer. Die Häufigkeitsverteilung entspricht dann nahezu einer *Normalverteilung*, wie die Streuung von Werkstückmaßen in der Fertigung.

10.5 Kenndaten der Normalverteilung von Stichproben

X - Werte und deren *Häufigkeit* führen zusammen zum Mittelwert $\bar{x}$. Er liegt auf der Kurvenmitte einer Verteilung.

$$\bar{x} = \Sigma \frac{(x_1 + x_2 + \ldots\ldots x_n)}{n} \qquad (10.1)$$

10.6 Die Spannweite

Mit der Spannweite - Differenz zwischen dem kleinsten und größten Wert einer Stichprobe - wird oft in der Praxis gearbeitet. Die Spannweite ist leicht zu berechnen.

$$R = X_{max} - X_{min}$$

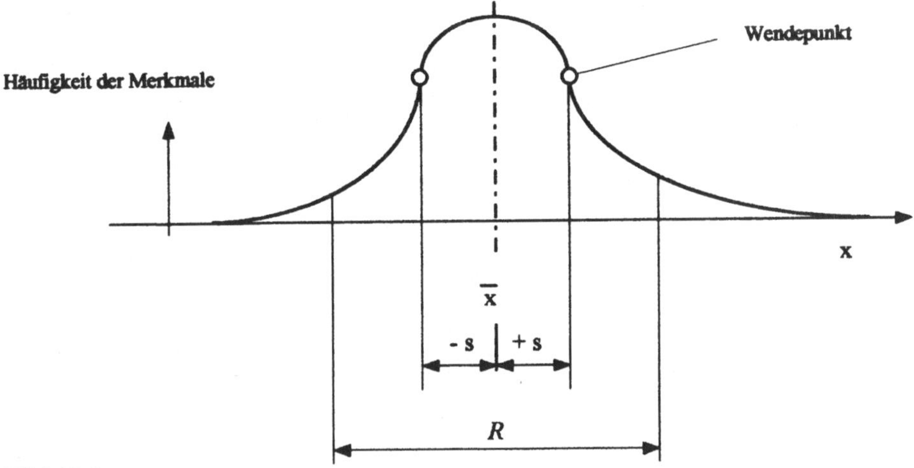

Bild 10-1

Die Stichprobenergebnisse ergeben in der Häufigkeitsverteilung den Fehleranteil im Prüflos.

10.7 Teilmengen und ihre Prozentsätze

Tabelle 10.1 Mittelwerte und Prozentsätze in Prozentsätzen

Zwischen	$\bar{x} + 1\,s$	und	$\bar{x} - 1\,s$	liegen	*68,26* %
Zwischen	$\bar{x} + 2\,s$	und	$\bar{x} - 2\,s$	liegen	*95,44* %
Zwischen	$\bar{x} + 3\,s$	und	$\bar{x} - 3\,s$	liegen	*99,73* %
Zwischen	$\bar{x} + 4\,s$	und	$\bar{x} - 4\,s$	liegen	*99,99* %

Bei einem Toleranzbereich = 1 mm, s = 0,26 mm ergeben sich für 4 s = 1,04 mm.

Der Toleranzbereich ist etwas kleiner und liegt im Bereich + 2 s und - 2 s. Es ist zu erwarten, daß *95,44* % fehlerfreie Teile produziert werden.

10.8 Qualitative Merkmale

Oberflächenfehler auf beschichteten Blechen, Funktionsstörungen beim Ablauf einer Fertigungsmaschine, Beulen im Autoblech, Roststellen und Lackschäden, Farbfehler im Webprodukt, Bruchstellen und Straßenschäden, ergeben keine Meßwerte.

Hier wird festgestellt, ob das Produkt fehlerfrei ist oder welche Fehlerart mit welcher Fehlerhäufung in dieser Stichprobe auftritt.

10.9 Fehlersammelkarte

Beurteilung eines Produktes mit qualitativen Merkmalen.

Tabelle 10.2 Qualitative Merkmale aus der Fertigung

Fehlerart		Stichproben - *Nr.:1706* *n = 9*								
		1	2	3	4	5	6	7	8	9
Kerben	1	1	2				1			
Grat	2		3		3		3		3	
verbogen	3		1		1		1		1	
Kratzer	4									
Beizflecken	5			2						2
Randwelle	6		3		3					
Korrosion	7			2			1			
uneben	8	8		1		1		1		1
Brandflecken	9		1							
	10									
Summe		9	10	5	7	1	6	1	4	3
Prüfzeit:	14	15	16	17	18	19	20	21	22	23
						Uhrzeit				

Maximal 10 Fehlerpunkte können für jedes Merkmal vergeben werden. Der kleinste Qualitätsfehler eines Merkmales ist „ 0 „„ vom Sollwert.

10.10 Statistische Prozeßlenkung mit einer Prozeßregelkarte

SPC: Statistical Process Control

In der Fertigungsanlage wird stündlich aus der Vielzahl eines Merkmals das arithmetische Mittel $\bar{x}$ errechnet und in die Qualitätsregelkarte eingetragen und beurteilt.

Breiten-Sollmaß:* *50 ± 0.1 (mm)

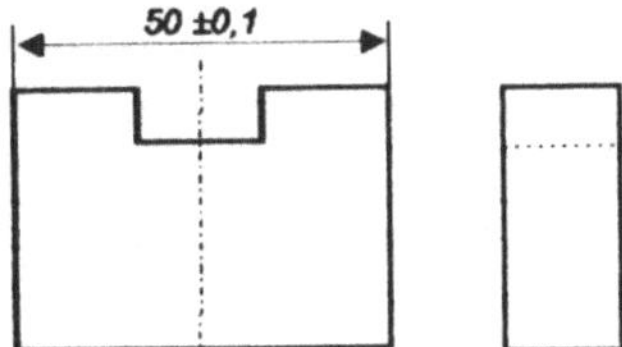

Bild 10-2 Werkstück

Tabelle 10.3 Mittelwerte von 9 Stichproben

	Uhrzeit								
Uhrzeit der Stichproben	6	7	8	9	10	11	12	13	14
Mittelwert $\bar{x}$ (mm)	50.01	50.04	49.98	50.08	50.01	50	50.02	50.03	50.03

Die Stichproben-Mittelwerte werden so, wie sie sich zeitlich ergeben haben, in der Regelkarte gekennzeichnet.

Qualitätsregel-Karte mit Warn- und Eingriffsgrenzen

Die OEG und die UEG ergibt sich aus der Toleranz 50 ± 0,1 mm

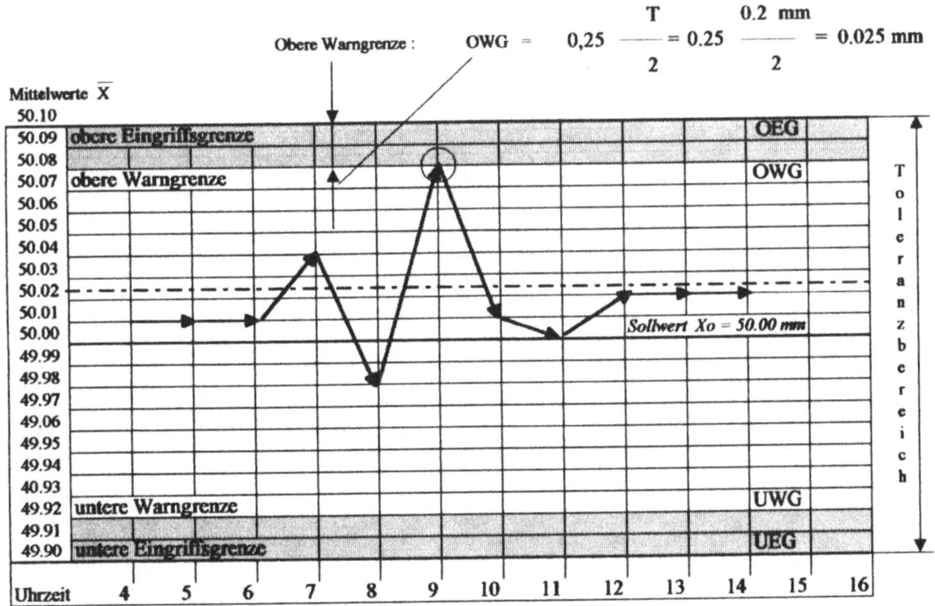

Bild 10-3 Störung um 9.00 Uhr: Werkzeugwechsel
Danach gute Mittelwerte, sie liegen nahe beim Sollwert.

10.11 Qualitätsregelkarte für meßbare Merkmale

In die Regelkarte werden Einzelwerte der Stichprobe eingetragen. Die QRK zeigt an, ob durch eine Lageveränderung der Merkmalswerte die mit dem Kunden vereinbarte Anzahl von fehlerhaften Produkten überschritten wird.
Die Qualitätsregelkarte soll die Streuung innerhalb der Stichprobe verdeutlichen.

Es wird regelmäßig nach Prüfplan eine Stichprobe mit n = 7 Werten entnommen.
Die Stichproben-Werte werden in die Urkarte " X-Karte " mit ihrer Häufigkeit eingetragen.

Tabelle 10.4 Stichprobenwerte Sollmaß 50 ± 0,1 mm

	1. Stichprobe	2. Stichprobe	3. Stichprobe	4. Stichprobe	5. Stichprobe	6. Stichprobe	7. Stichprobe	8. Stichprobe	9. Stichprobe	10.Stichprobe
Breitenmaß	50.03	50.03	50.08	50.07	49.97	50.09	49.99	50.01	50.01	50.03
	50.02	50.03	50.04	50.07	50.00	50.08	50.01	50.10	49.98	50.03
in mm	50.09	50.05	50.05	50.02	50.00	50.08	49.98	50.09	50.01	50.04
	50.07	50.02	50.02	50.03	49.98	50.04	49.98	50.09	50.01	50.04
	50.05	49.98	49.97	49.99	49.94	50.04	50.01	50.08	50.02	50.05
	50.07	50.01	49.96	50.00	49.04	50.04	50.08	50.05	49.98	49.99
	50.02	40.06	50.04	50.00	50.01	50.01	50.02	50.05	49.99	49.99
Uhrzeit										
Stichprobennahme	14:00	15:00	16:00	17:00	18:00	19:00	20:00	21:00	22:00	23:00

10.12 Urwert-Karte mit Warn- und Eingriffsgrenzen

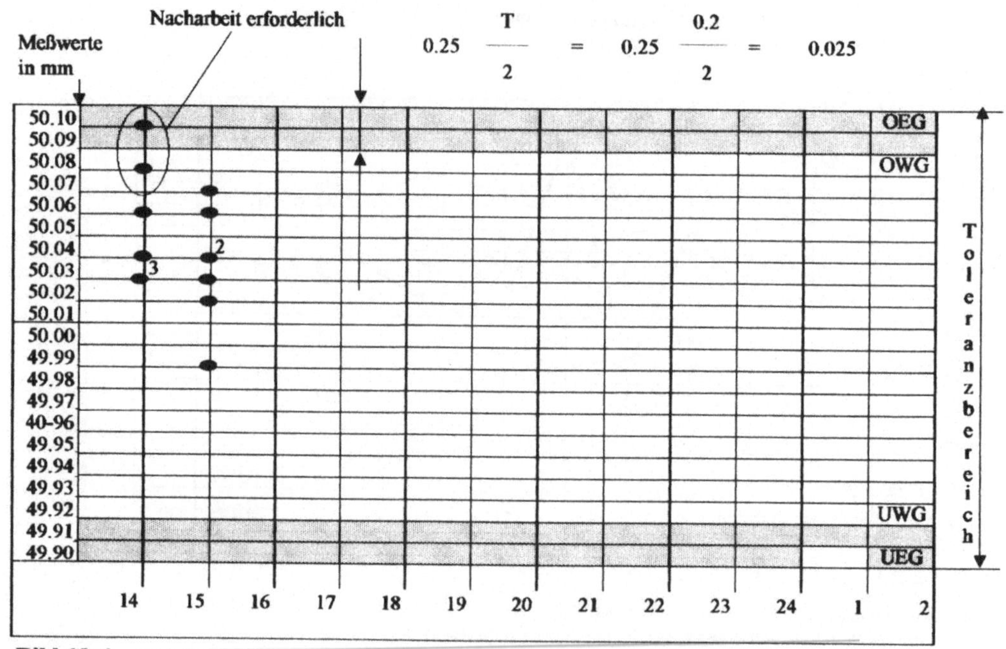

Bild 10-4

10.13 Die Median-Spannweiten-Karte $\tilde{X}$ - R - Karte

Der Medianwert $\tilde{x}$ oder auch Zentralwert Z, ist ein geschätzter Mittelwert.
Die Median-Spannweiten-Karte ist leicht zu handhaben, ist aber ungenauer gegenüber der $\bar{x}$ - Karte. Werte werden manuell eingetragen.

1. Stichprobe

Medianwert (Z): 2 - 2 - 3 - (5) - 7 - 7 - 9

Spannweite (R) $x_{max} - x_{min}$ = 9 - 2 = 5 1/100 mm

Tabelle 10.5 Stichprobenwerte

50 ± 0.10 mm		1. St-P	2. St-P	3. St-P	4. St-P	5. St-P	6. St-P	7. St-P	8. St-P	9. St-P
Meßwerte (mm) Breitenmaß $\frac{1}{100}$	x_1	3	3	8	7	3	9	1	1	
	x_2	2	(3)	4	7	0	8	1	10	
	x_3	9	5	5	2	0	8	2	9	
	x_4	7	2	2	(3)	(2)	(4)	2	9	
	x_5	(5)	2	3	1	6	4	1	8	
	x_6	7	1	(4)	0	4	4	8	5	
	x_7	2	6	4	0	1	1	2	5	
Spannweite	R	7	5	6	7	5	8	7	9	

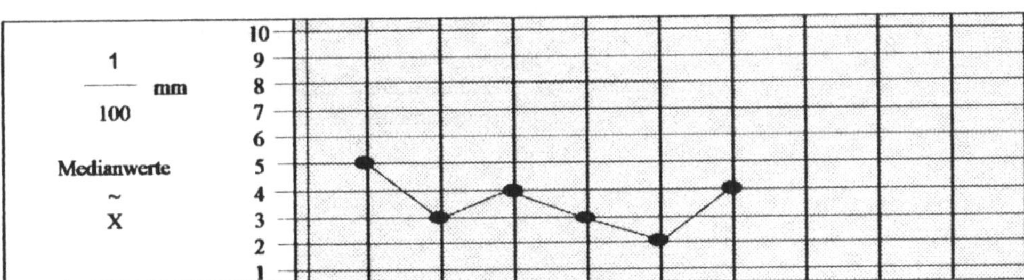

Bild 10-5 Medianwerte-Karte

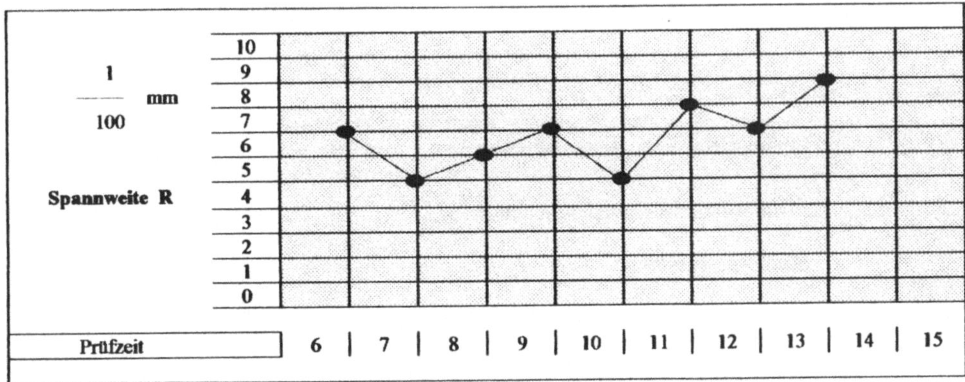

Bild 10-6 Spannweiten-Karte

10.14 QRK - Eingriffsgrenzen

Allgemein
Zur Überwachung der Prozeßlage sind für die „ QRK „ Eingriffsgrenzen notwendig.

Methode der EG
Eingriffsgrenzen werden hier nach der Methode „ Ford „ berechnet. Sie hat in der Industrie Gültigkeit.

OEG = Obere Eingriffsgrenze *UEG* = Untere Eingriffsgrenze

$$\left\langle \begin{matrix} OEG \\ UEG \end{matrix} \right\rangle = \mu \pm 3\,\sigma \qquad (10.2)$$

μ = *Mittelwert der Grundgesamtheit*

σ = Standardabweichung der Grundgesamtheit

$$\sigma_{\bar{x}} = \frac{\sigma}{\sqrt{n}} \qquad \sigma_{\tilde{x}} = c_n \cdot \sigma_{\bar{x}} = \frac{c_n}{\sqrt{n}} \cdot \sigma \qquad (10.3)$$

$\sigma_{\bar{x}}$ = Standardabweichung der Mittelwerte $\bar{x}$

$\sigma_{\tilde{x}}$ = Standardabweichung der Mediane $\tilde{x}$

n = Stichprobenumfang

c_n = vom Stichprobenumfang abhängiger Parameter

Der Mittelwert μ und die Standardabweichung σ sind Größen der *Grundgesamtheit* und müssen geschätzt werden.
Dies geschieht mit Hilfe der aus den Stichproben gewonnenen Werte.
Schätzwerte werden zur Unterscheidung der Schreibweise mit einem Dach versehen.

Schätzungen für μ **:**

$$\hat{\mu} = \bar{\bar{x}} \quad \textit{bei Spur } \bar{x}$$

$$\hat{\mu} = \bar{\tilde{X}} \quad \textit{bei Spur } \tilde{X}$$

Schätzungen für σ **:**

$$\hat{\sigma} = \sqrt{\bar{s^2}} = \sqrt{\frac{s_1^2 + s_2^2 + s_3^2 + .. s_k^2}{k}} \qquad (10.4)$$

$$\hat{\sigma} = \frac{\bar{s}}{c_4\ *} \qquad (10.5)$$

$$\hat{\sigma} = \frac{\bar{R}}{d_2\ *} \qquad (10.6)$$

* .. sind vom Stichprobenumfang abhängige Parameter.

Überwachung der Prozeßlage: $\overline{X}$

$\overline{x}$ - Spur

$$\left\langle \begin{matrix} OEG \\ UEG \end{matrix} \right\rangle_{\overline{x}} = \overline{\overline{X}} \pm \frac{3}{\sqrt{n}} \cdot \sqrt{\overline{s^2}} \tag{10.7}$$

$$\left\langle \begin{matrix} OEG \\ UEG \end{matrix} \right\rangle_{\overline{x}} = \overline{\overline{X}} \pm \frac{3}{\sqrt{n \cdot c_4^*}} \cdot \overline{s} \tag{10.8}$$

$$\left\langle \begin{matrix} OEG \\ UEG \end{matrix} \right\rangle_{\overline{x}} = \overline{\overline{X}} \pm A_3 \cdot \overline{s} \tag{10.9}$$

$$\left\langle \begin{matrix} OEG \\ UEG \end{matrix} \right\rangle_{\overline{x}} = \overline{\overline{X}} \pm \frac{3}{\sqrt{n \cdot d_2^*}} \cdot \overline{R} \tag{10.10}$$

$$\left\langle \begin{matrix} OEG \\ UEG \end{matrix} \right\rangle_{\overline{x}} = \overline{\overline{X}} \pm A_2^* \cdot \overline{R} \tag{10.11}$$

* .. sind vom Stichprobenumfang abhängige Parameter

Eingriffsgrenzen von QRK zur Überwachung der Prozeßstreuung

Eingriffsgrenzen:

S - Spur

$OEG_s = B_4{}^* \cdot \overline{S}$	(10.12)
$UEG_s = B_3{}^* \cdot \overline{S}$	(10.13)

R - Spur

$OEG_R = D_4{}^* \cdot \overline{R}$	(10.14)
$UEG_R = D_3{}^* \cdot \overline{R}$	(10.15)

* ... sind vom Stichprobenumfang abhängige tabellierte Parameter.

8 Stichproben ergaben einen Spannweiten-Mittelwert $\overline{R}$ von 7 mm.

Wie groß ist die OEG und die UEG ?

Wir rechnen über die R-Spur:

Aus der **Tabelle 10.6:** $D_4 = 1{,}864$; $D_3 = 0{,}136$

$$OEG_R = D_4{}^* \cdot \overline{R} = 1{,}864 \cdot 7\text{ mm} = \boxed{13{,}048\text{ mm}}$$

$$UEG_R = D_3{}^* \cdot \overline{R} = 0{,}136 \cdot 7\text{ mm} = \boxed{0{,}952\text{ mm}}$$

Für die Berechnung der *Eingriffsgrenzen von QRK zur Überwachung der* ***Prozeßlage*** $\bar{x}$ werden vom *Stichprobenumfang* abhängige *tabellierte Parameter* benötigt.

Tabelle 10.6 Parameter zur Berechnung der Prozeßlage

n	d_n	c_4	c_n	A_2	A_3
2	*1,128*	*0,7979*	*1,000*	*1,880*	*2,659*
3	1,693	0,8862	1,160	1,023	1,954
4	*2,059*	*0,9213*	*1,092*	*0,729*	*1,628*
5	2,326	0,9400	1,198	0,577	1,427
6	*2,534*	*0,9515*	*1,135*	*0,483*	*1,287*
7	2,704	0,9594	1,214	0,419	1,182
8	*2,847*	*0,9650*	*1,160*	*0,373*	*1,099*
9	2,970	0,9693	1,223	0,337	1,032
10	*3,078*	*0,9727*	*1,176*	*0,308*	*0,975*

Für die Berechnung der *Eingriffsgrenzen von QRK zur Überwachung der* ***Prozeßstreuung s, R*** werden vom *Stichprobenumfang* abhängige *tabellierte Parameter* benötigt.

Tabelle 10.7 Parameter zur Berechnung der Prozeßstreuung

n	B_3	B_4	D_3	D_4
2	-	*3,267*	-	*3,267*
3	-	2,568	-	2,574
4	-	*2,266*	-	*2,282*
5	-	2,089	-	2,114
6	*0,030*	*1,970*	-	*2,004*
7	0,118	1,882	0,076	1,924
8	*0,185*	*1,815*	*0,136*	*1,864*
9	0,239	1,761	0,184	1,816
10	*0,284*	*1,716*	*0,223*	*1,777*

10.15 Bestimmung der Prozeßlage $\bar{x}$

Die Eingriffsgrenzen von QRK zur Überwachung der Prozeßlage nach $\bar{x}$ beurteilen und berechnen.
Wir bestimmen die Werte über die Formeln :

Mittel aller arithmetischen Mittel:

$$\bar{\bar{x}} = \frac{1}{n} \cdot \sum_{i=1}^{k} (\bar{x}) \qquad (10.16)$$

$$\bar{\bar{x}} = \frac{1}{n} \cdot \sum (\bar{x}_{1.St} + \bar{x}_{2.St} + \bar{x}_{3.St}) \qquad (10.17)$$

Überwachung der Prozeßlage: $\bar{X}$

$$\left\langle \begin{matrix} OEG \\ UEG \end{matrix} \right\rangle_{\bar{x}} = \bar{\bar{X}} \pm A_2 \cdot \bar{R} \qquad (10.18)$$

Mittelwert aller Spannweiten: $\bar{R}$

$$\bar{R} = R_1 + R_2 + R_3 \qquad (10.19)$$

$$R = x_{max} - x_{min} \qquad (10.20)$$

Für die Stichprobenwerte ist die Prozeßlage zu bestimmen:

Tabelle 10.8 Drei Stichproben mit n = 5

i	1. Stichprobe x_{i1} (mm)	2. Stichprobe x_{i2} (mm)	3. Stichprobe x_{i3} (mm)
1	44	40	38
2	42	38	42
3	46	42	44
4	46	42	40
5	40	44	40
Σ	***218***	***206***	***204***

1. Stichprobe:

Arithmetisches Mittel:

$$\overline{x_1} = \frac{1}{n} \cdot \sum_{i=1}^{n} (x_i) = \frac{1}{5} \cdot \sum (44 + 42 + 46 + 46 + 40) = \frac{1}{5} 218 = \boxed{43{,}6 \text{ mm}}$$

Spannweite:

$$R_1 = x_{max} - x_{min} = 46 \text{ mm} - 40 \text{ mm} = \boxed{6 \text{ mm}}$$

2. Stichprobe:

Arithmetisches Mittel

$$\overline{x_1} = \frac{1}{n} \cdot \sum_{i=1}^{n} (x_i) = \frac{1}{5} \cdot \sum (40 + 38 + 42 + 42 + 44) = \frac{1}{5} 206 = \boxed{41{,}2 \text{ mm}}$$

Spannweite:

$$R_1 = x_{max} - x_{min} = 44 \text{ mm} - 38 \text{ mm} = \boxed{6 \text{ mm}}$$

3. Stichprobe:

Arithmetisches Mittel

$$\bar{x}_1 = \frac{1}{n} \cdot \sum_{i=1}^{n} (x_i) = \frac{1}{5} \cdot \sum (38 + 42 + 44 + 40 + 40) = \frac{1}{5} 204 = \boxed{40{,}8 \text{ mm}}$$

Spannweite:

$$R_1 = x_{max} - x_{min} = 44 \text{ mm} - 38 \text{ mm} = \boxed{6 \text{ mm}}$$

Mittel $\bar{\bar{x}}$ der arithmetischen Mittel $\bar{x}$:

$$\bar{\bar{x}} = \frac{1}{n} \cdot \sum (\bar{x}_{1.St} + \bar{x}_{2.St} + \bar{x}_{3.St})$$

$$\bar{\bar{x}} = \frac{1}{n} \cdot \sum (43{,}6 + 41{,}2 + 40{,}8) = \frac{1}{3} 125{,}6 = \boxed{41{,}87 \text{ mm}}$$

Überwachung der Prozeßlage: $\bar{X}$

$$\boxed{\left\langle \begin{matrix} OEG \\ UEG \end{matrix} \right\rangle_{\bar{x}} = \bar{\bar{X}} \pm A_2 \cdot \bar{R}} \qquad (10.21)$$

Mittelwert aller Spannweiten: $\bar{R}$

$$\bar{R} = \frac{1}{n} \cdot \sum (R_1 + R_2 + R_3) = \frac{1}{3} \cdot \sum (6 + 6 + 6) = \frac{1}{3} 18 = \boxed{6 \text{ mm}}$$

$$\left\langle \begin{matrix} OEG \\ \\ UEG \end{matrix} \right\rangle_{\bar{x}} = \bar{\bar{X}} \pm A_2 \cdot \bar{R} \qquad (10.22)$$

Obere Eingriffsgrenze: OEG

OEG = 41,87 mm + 0,577 · 6 mm = 41,87 mm + 3,462 mm = **45,332 mm**

Untere Eingriffsgrenze: UEG

UEG = 41,87 mm - 0,577 · 6 mm = 41,87 mm - 3,462 mm = **38,408 mm**

Qualitätsregelkarte $\bar{x}$ - QRK

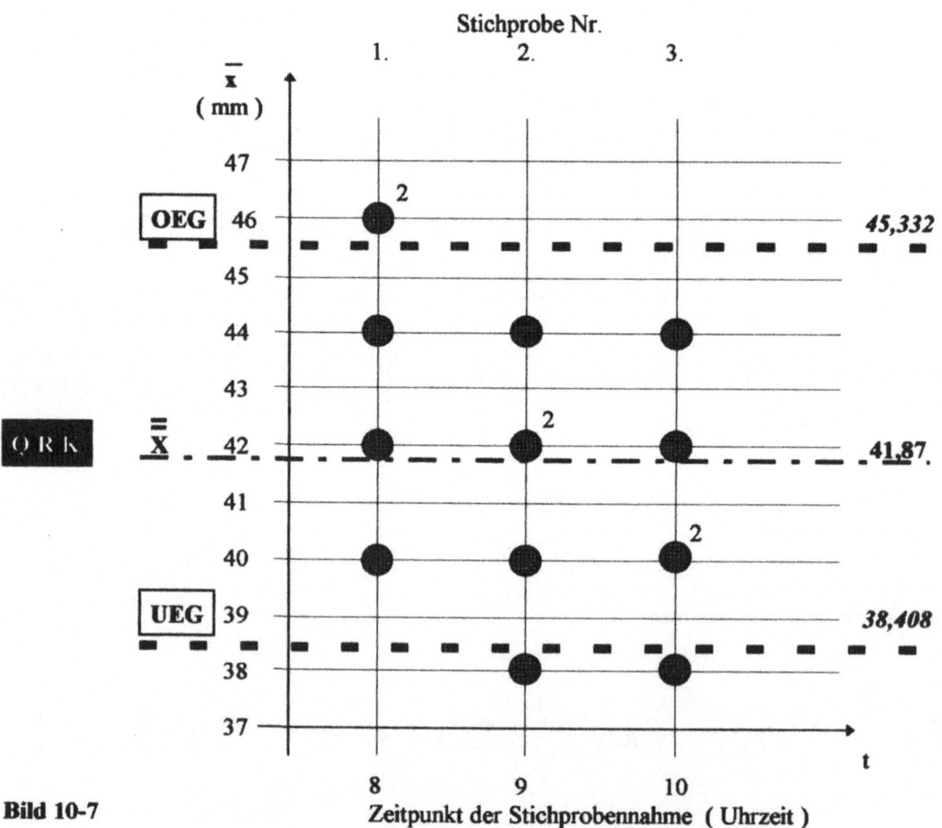

Bild 10-7

10.16 Bestimmung der Prozeßstreuung „ s „

Die ***Eingriffsgrenzen*** von QRK zur Überwachung der ***Prozeßstreuung*** nach „ *s* „ berechnen und beurteilen.

Wir bestimmen die Werte aus der uns bekannten ***Tabelle 10.8*** und übernehmen die errechneten Werte „$\bar{x}$“ und „ R“.

Tabelle 10.9 Drei Stichproben mit n = 5

x (mm)	1. Stichprobe x_{i1}	$(x_i - \bar{x})$	$(x_i - \bar{x})^2$	2. Stichprobe x_{i2}	$(x_i - \bar{x})$	$(x_i - \bar{x})^2$	3. Stichprobe x_{i3}	$(x_i - \bar{x})$	$(x_i - \bar{x})$
1	44	0,4	0,16	40	-1,2	1,44	38	-2,8	7,84
2	42	-1,6	2,56	38	-3,2	10,24	42	1,2	1,44
3	46	2,4	5,76	42	0,8	0,64	44	3,2	10,24
4	46	2,4	5,76	42	0,8	0,64	40	-0,8	0,64
5	40	-3,6	12,96	44	2,8	7,64	40	-0,8	0,64
Σ	***218***	***0***	***27,2***	***206***	***0***	***20,8***	***204***	***0***	***20,8***

1. Stichprobe: Arithmetisches Mittel $\bar{x}$ ***= 43,6 mm ; Spannweite R = 6 mm***

Standardabweichung s

$$s_1 = \sqrt{\frac{1}{n-1} \cdot \sum_{i=1}^{n} (x_i - \bar{x})^2} = \sqrt{\frac{1}{4} \cdot \sum (27,2)} = \boxed{2,60 \text{ mm}}$$

2. Stichprobe: Arithmetsiches Mittel $\bar{x}$ ***= 41,2 mm ; Spanweite R = 6 mm***

Standardabweichung s

$$s_2 = \sqrt{\frac{1}{n-1} \cdot \sum_{i=1}^{n} (x_i - \bar{x})^2} = \sqrt{\frac{1}{4} \cdot \sum (20,8)} = \boxed{2,28 \text{ mm}}$$

3. Stichprobe: Arithmetisches Mittel $\overline{x}$ = 40,8 mm ; Spannweite R = 6 mm

Standardabweichung s

$$s_3 = \sqrt{\frac{1}{n-1} \cdot \sum_{i=1}^{n} (x_i - \overline{x})^2} = \sqrt{\frac{1}{4} \cdot \sum (20{,}8\ )\ mm^2} = \boxed{2{,}28\ mm}$$

Mittel aller Standardabweichungen: $\overline{s}$

$$\overline{s} = \frac{1}{3} \cdot \sum_{i=1}^{k} (s_k) = \frac{1}{3} \cdot \sum (s_1 + s_2 + s_3) = \frac{1}{3}\ (7{,}16\ mm) = \boxed{2{,}39\ mm}$$

***Eingriffsgrenzen:* OEG und UEG** ($\overline{s}$ - Spur)

B4 aus *Tabelle 10.7* bei n = 5

$$OEG_s = B_4{}^* \cdot \overline{S} = 2{,}089 \cdot 2{,}39\ mm = \boxed{4{,}99\ mm}$$

B3 aus Tabelle 10.7 bei n = 5 (noch Null)

$$UEG_s = B_3{}^* \cdot \overline{S} = 0 \cdot 2{,}39\ mm = \boxed{0\ mm}$$

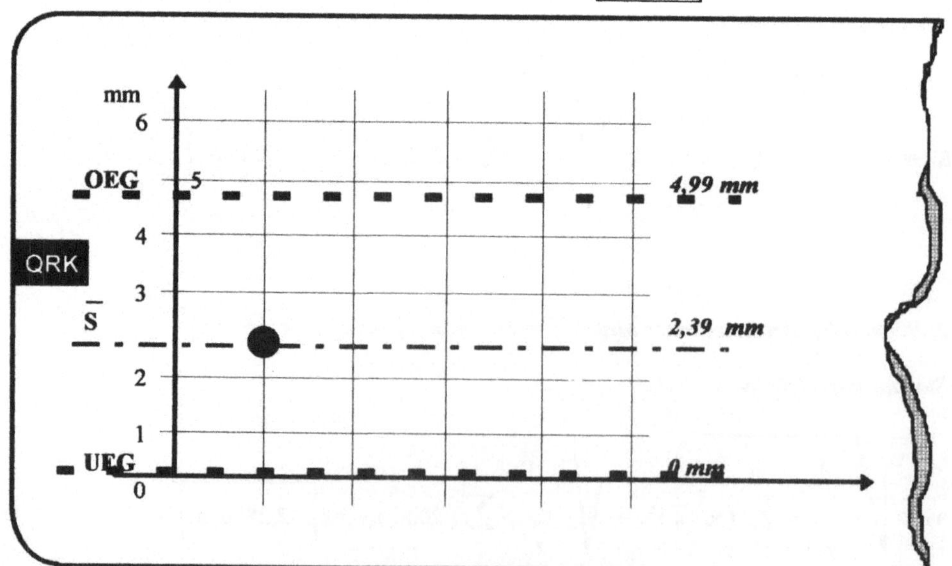

Bild 10-8

10.17 Beispiele

Beispiel 10.1

An einem Automaten werden Schraubenrohlinge, für M 8 x 30 Schrauben, gefertigt. Aus der laufenden Produktion wird in gleichmäßigen Zeitabständen eine Stichprobe von $n = 10$ entnommen.

Ø 8

Die Prozeßlage und die Prozeßstreuung soll fortlaufend, für $x_o = 8$ mm, überwacht und geregelt werden.

Bestimmen Sie die *OEG* und die *UEG* für $\bar{\bar{x}}$ und $\bar{s}$.

Urkarte: Schraubenrohlinge für M 8 x 30 ; n = 10

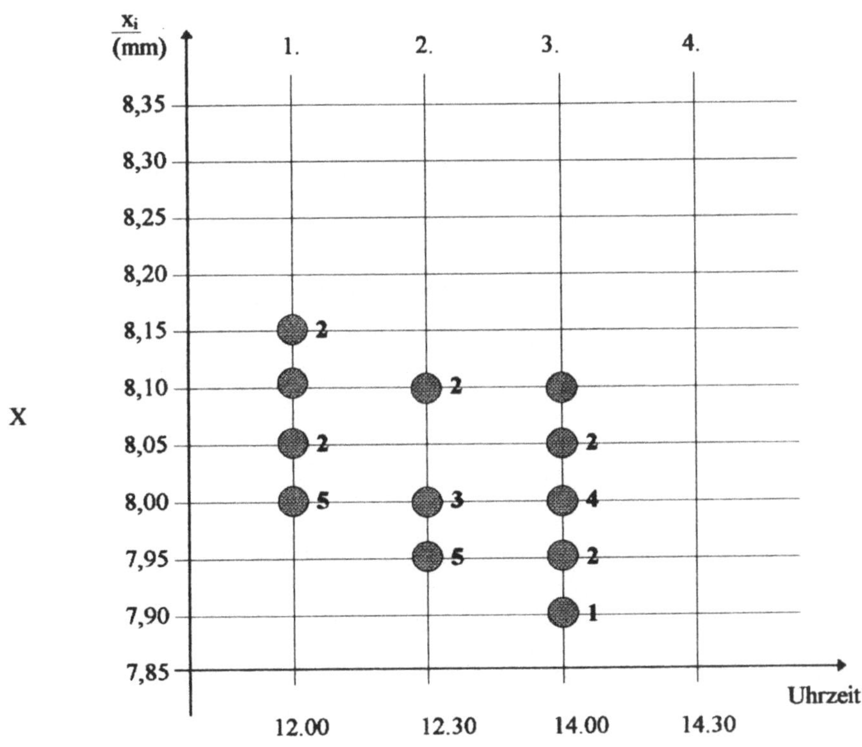

Bild 10-9

Zeichnen Sie QRK für $\bar{\bar{x}}$ und $\bar{s}$ mit ihren OEG und UEG.

Tabelle 10.10 Urwerte für die Berechnung in QRK

	Stichproben (mm)								
i	1. x_i	2. (mm) x_i	3. x_i	1.	2. (mm) $(x_i - \bar{x})$	3.	1.	2. $(mm)^2$ $(x_i - \bar{x})^2$	3.
1	8,15	8,10	8,10	,10	,105	,10	0,01	0,011	0,01
2	8,15	8,10	8,05	,10	,105	,05	0,01	0,0025	0,0025
3	8,10	8,00	8,05	,05	,005	,05	0,0025	0,000025	0,0025
4	8,05	8,00	8,00	0	,005	0	0	0,000025	0
5	8,05	8,00	8,00	0	,005	0	0	0,000025	0
6	8,00	7,95	8,00	-,05	-,045	0	0,0025	0,00203	0
7	8,00	7,95	8,00	-,05	-,045	0	0,0025	0,00203	0
8	8,00	7,95	7,95	-,05	-,045	-,05	0,0025	0,00203	0,0025
9	8,00	7,95	7,95	-,05	-,045	-,05	0,0025	0,00203	0,0025
10	8,00	7,95	7,90	-,05	-,045	-,10	0,0025	0,00203	0,0025
Σ	80,5	79,95	80,0	0	0	0	0,185	0,024	0,023

Arithmetische Mittelwerte:

1. Stichprobe

$$\bar{x} = \frac{1}{n} \cdot \sum_{i=1}^{n} (x_i) = \frac{1}{10} \cdot (80{,}5)\,\text{mm} = \boxed{8{,}05\ \text{mm}}$$

2. Stichprobe

$$\bar{x} = \frac{1}{n} \cdot \sum_{i=1}^{n} (x_i) = \frac{1}{10} \cdot (79{,}95)\,\text{mm} = \boxed{7{,}995\ \text{mm}}$$

3. Stichprobe

$$\bar{x} = \frac{1}{n} \cdot \sum_{i=1}^{n} (x_i) = \frac{1}{10} (80{,}0)\,\text{mm} = \boxed{8{,}0\ \text{mm}}$$

Mittel $\bar{\bar{x}}$ der Stichproben 1 - 3

$$\bar{\bar{x}} = \frac{1}{3} \cdot \sum (\bar{x}_1 + \bar{x}_2 + \bar{x}_3) = \frac{1}{3} \cdot (8{,}05 + 7{,}995 + 8{,}0)\,\text{mm} = \boxed{8{,}015\ \text{mm}}$$

Standardabweichung: s

$$s = \sqrt{\frac{1}{n-1} \cdot \sum_{i=1}^{n} (x_i - \bar{x})^2}$$

1. Stichprobe

$$s_1 = \sqrt{\frac{1}{10-1} \cdot \sum (0{,}185)\,\text{mm}^2} = \boxed{0{,}143\ \text{mm}}$$

2. Stichprobe

$$s_2 = \sqrt{\frac{1}{10-1} \cdot \sum (0{,}024)\,\text{mm}^2} = \boxed{0{,}052\ \text{mm}}$$

3. Stichprobe

$$s_3 = \sqrt{\frac{1}{10-1} \cdot \sum (0{,}023)\,\text{mm}^2} = \boxed{0{,}051\ \text{mm}}$$

Mittel aller Standardabweichungen $s_1 - s_3$

$$\bar{s} = \frac{1}{3} \cdot \sum (s_1 + s_2 + s_3) = \frac{1}{3} \cdot (0{,}143 + 0{,}052 + 0{,}051) = \boxed{0{,}082 \text{ mm}}$$

OEG und UEG für die Überwachung der Prozeßlage: $\bar{\bar{x}}$

$$\left\langle \begin{matrix} OEG \\ UEG \end{matrix} \right\rangle_{\bar{x}} = \bar{\bar{X}} \pm \frac{3}{\sqrt{n \cdot c_{4*}}} \cdot \bar{s} \qquad (10.23)$$

nach **Tabelle im Anhang** $c_{4*} = 0{,}9727$

$$\textbf{OEG} = \bar{\bar{X}} + \frac{3}{\sqrt{10 \cdot 0{,}9727}} \cdot 0{,}082$$

Obere Eingriffsgrenze

$$\textbf{OEG} = \bar{\bar{X}} + 0{,}0799 \text{ mm}$$

$$\textbf{OEG} = 8{,}015 \text{ mm} + 0{,}0799 \text{ mm} = \boxed{8{,}0949 \text{ mm}}$$

Untere Eingriffsgrenze

$$\textbf{UEG} = \bar{\bar{X}} - \frac{3}{\sqrt{10 \cdot 0{,}9727}} \cdot 0{,}082$$

$$\textbf{UEG} = 8{,}015 \text{ mm} - 0{,}0799 \text{ mm} = \boxed{7{,}9351 \text{ mm}}$$

OEG und UEG zur Überwachung der Prozeßstreuung $\overline{s}$

Obere Eingriffsgrenze

$$\mathbf{OEG_s} = B_4{}^* \cdot \overline{S} \qquad (10.24)$$

nach **Tabelle im Anhang** B4 = 1,716

OEG = 1,716 · 0,082 mm = 0,1407 mm

Untere Eingriffsgrenze

$$\mathbf{UEG_s} = B_3{}^* \cdot \overline{S} \qquad (10.25)$$

nach **Tabelle im Anhang** B3 = 0,284

UEG = 0,284 · 0,082 mm = 0,0234 mm

Wir übertragen die OEG und UEG für die Prozeßlage in die QRK.

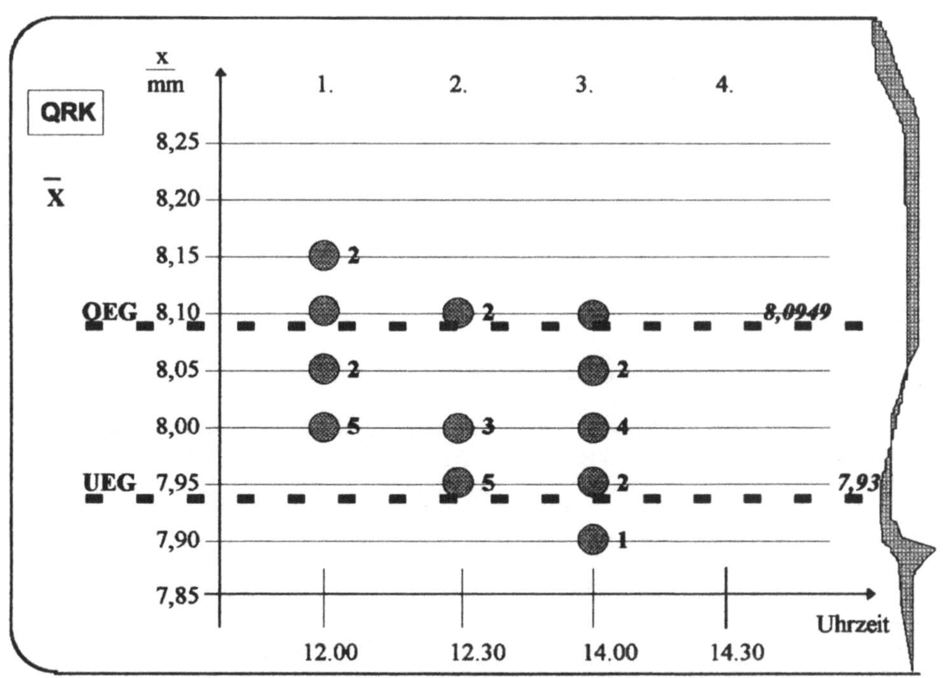

Bild 10-10

Wir übertragen die OEG und UEG für die Prozeßstreuung in die QRK.

QRK ***mit OEG und UEG der Prozeßstreuung mit „ s „.***

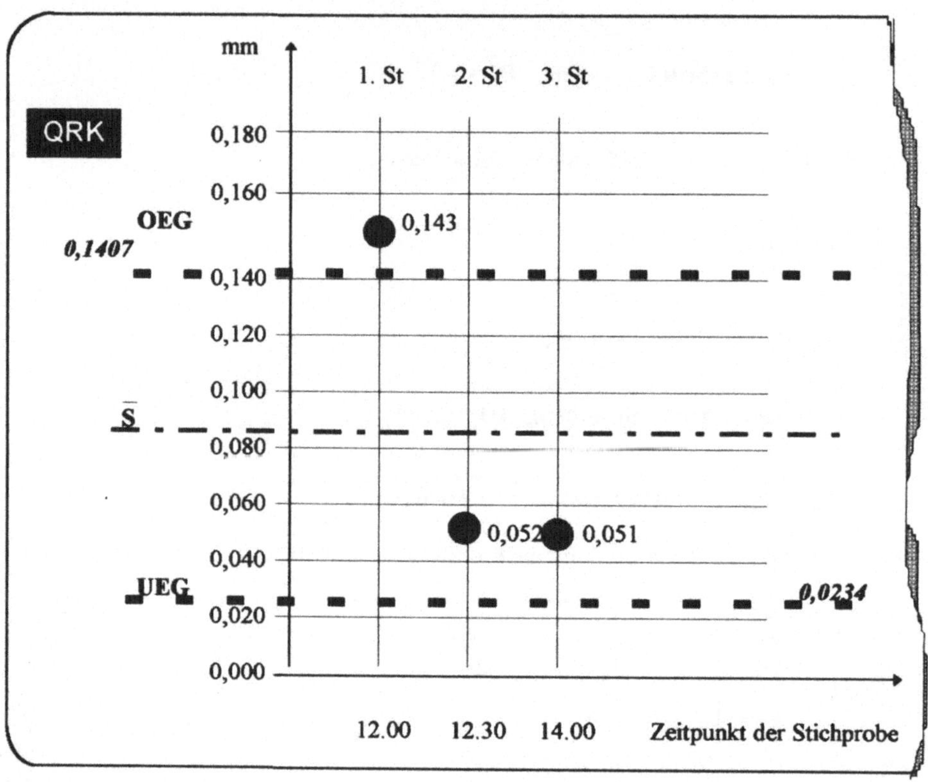

Bild 10-11

Beispiel 10.2

Prozeßstreuung über die Standardabweichung „ s „ der Mittelwerte

Die *Überwachung einer Fertigungsstreuung,* über die *Standardabweichung* „ s „ der *Mittelwerte einer Stichprobe*, ist notwendig.
In der Regel erarbeitet ein *Prozeßrechner* die notwendigen *s - Werte* für die *Streuung.*

Unter dieser *statistischen Kontrolle* wird der *Fertigungsprozeß*, ohne Werte, die in der *Eingriffsgrenze* liegen, beherrscht.

Die *Meßwerte* werden innerhalb *der Qualitätslenkung* durch *Meß-und Steuer-Einrichtungen* ermittelt, vom *Prozeßrechner* ausgerechnet und auf dem *Monitor* dargestellt.

Es liegen Meßdaten vor, die vom Prozeßrechner gestützt ausgewertet werden. Jetzt spricht man von *rechnergestützter Qualitätssicherung* .
Gegeben sind die Daten der Stichproben 1 - 10.

Wir rechnen und tragen das arithmetische Mittel, die Standardabweichung " s " in die Tabelle ein, danach bestimmen wir die Eingriffsgrenzen der QRK für alle 10 Stichproben.

Tabelle 10.11 Meßwerte n = 7, Breiten-Sollmaß: 50 ± 0,1 mm

Merkmale	1. Stichprobe	2. Stichprobe	3. Stichprobe	4. Stichprobe	5. Stichprobe	6. Stichprobe	7. Stichprobe	8. Stichprobe	9. Stichprobe	10. Stichprobe
x_1	50.03	50.03	50.08	50.07	49.97	50.09	49.99	50.01	50.01	50.03
x_2	50.02	50.03	50.04	50.07	50,00	50.08	50.01	50,10	49.98	50.03
x_3	50.09	50.05	50.05	50.02	50,00	50.08	49.98	50.09	50.01	50.04
x_4	50.07	50.02	50.02	50.03	50,00	50.04	49.98	50.09	50.01	50.04
x_5	50.05	49.98	49.97	49.99	49.94	50.04	50.01	50.08	50.02	50.05
x_6	50.07	50.01	49.96	50,00	49.94	50.04	50.08	50.05	49.98	49.99
x_7	50.02	50.06	50.04	50,00	50.01	50.01	50.02	50.05	49.99	49.99
Summe	350.350	350,18	350,16	350,18	349,86	350,38	350,07	350,47	350.000	350,17
Zentralwert Z	50,05	50,03	50,04	50,02	50,00	50,04	50,01	50,08	50,01	50,04
Mittelwert $\bar{X}$	50.05	50,02	50,02	50,02	49,98	50,05	50.01	50,07	50	50,02
Standardabweichung vom Mittelwert: s	0,0277	0,0161	0,0138	0,0286	0,0289	0,0289	0,0346	0,0321	0,0163	0,024

Tabelle 10.12 Abweichung vom Mittelwert

	$(x_i - \bar{x})$									
mm	1. St	2. St	3. St	4. St	5. St	6. St	7. St	8. St	9. St	10. St
x_1	-0.02	0	0,06	0,04	- 0,01	0,036	- 0,02	- 0,06	0,01	0,006
x_2	-0.03	0	0,02	0,04	0,02	0,026	0	0,03	- 0,02	0,006
x_3	0.04	0,02	0,03	0	0,02	0,026	- 0,03	0,02	0,01	0,016
x_4	0.02	0	0	0	0,02	- 0,014	- 0,03	0,02	0,01	0,016
x_5	0	-0,04	-0,05	- 0,03	- 0,04	- 0,014	0	0,01	0,02	0,026
x_6	0.02	-0,01	- 0,06	- 0,02	- 0,04	- 0,014	0,07	- 0,02	- 0,02	- 0,034
x_7	-0.03	0,03	0,02	- 0,02	0,03	- 0,044	0,01	- 0,02	- 0,01	- 0,034
Summe	0	0	0	0	0	0	0	0	0	0

Tabelle 10.13 Quadratische Abweichungen vom Mittlewert

	$(x - \bar{x})^2$									
mm^2	1. St	2. St	3. St	4. St	5. St	6. St	7. St	8. St	9. St	10. St
x_1	0.0004	0,00016	0,0036	0,0016	0,0001	0,0016	0,0004	0,0036	0,0001	0,000036
x_2	0.0009	0	0,0004	0,0016	0,0002	0,0009	0	0,0009	0,0004	0,000036
x_3	0.0016	0,0004	0,0009	0	0,0002	0,0009	0,0009	0,0004	0,0001	0,00026
x_4	0.0004	0	0	0	0,0004	0,0002	0,0009	0,0004	0,0001	0,00026
x_5	0	0,0016	0,0025	0,0009	0,0016	0,0002	0	0,0001	0,0004	0,00068
x_6	0.0004	0,0001	0,0036	0,0004	0,0016	0,0002	0,0049	0,0004	0,0004	0,0012
x_7	0.0009	0,0009	0,0004	0,0004	0,0009	0,002	0,0001	0,0004	0,0001	0,0012
Summe	0,0046	0,00156	0,00114	0,0049	0,0050	0,005	0,0072	0,0062	0,0016	0,0037

QRK - $\bar{x}$ und s für die Prozeßlage und Streuung.

Liegen alle $\bar{x}$ - Werte einer Stichprobe bei $x_o = 50$ mm, so ist die Standardabweichung gleich " 0 ".

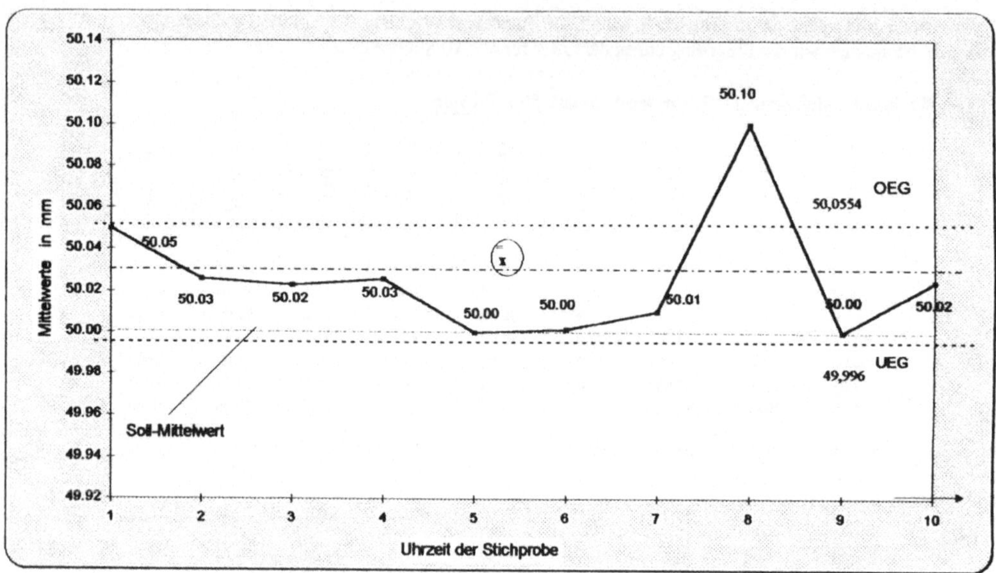

Bild 10-12 $\bar{x}$ - Karte: Mittelwerte der Stichprobe

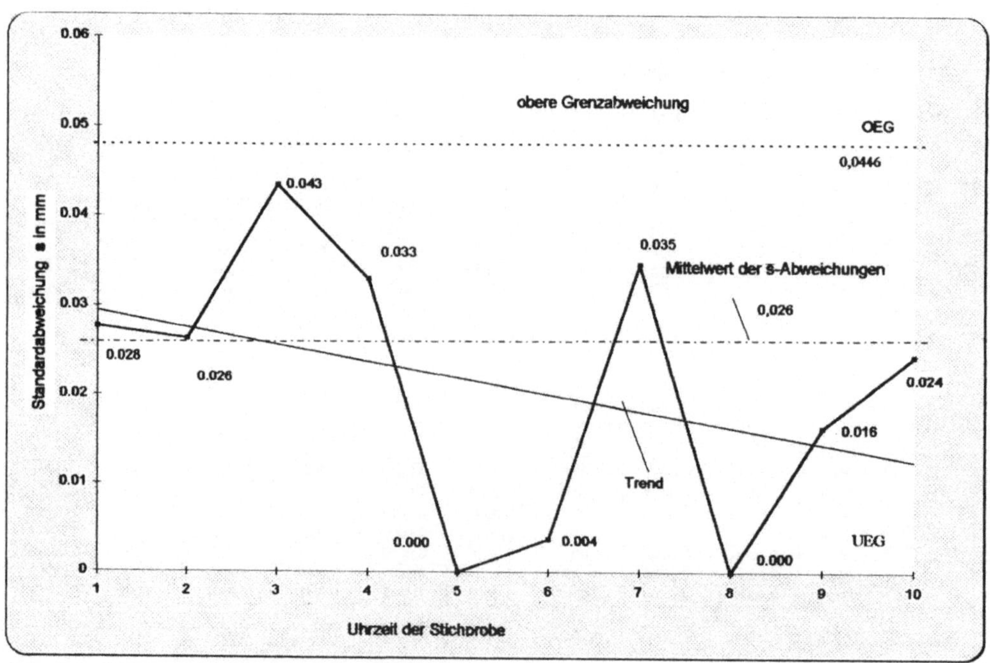

Bild 10-13 $\bar{s}$ - Karte: Standardabweichung vom Mittelwert

Berechnung des arithmetischen Mittels:

Stichproben 1 - 10

$$\bar{x} = \frac{1}{n} \cdot \sum_{i=1}^{n} (x_i) \qquad (10.26)$$

$$\bar{x}_1 = \frac{1}{7} \cdot \sum (50{,}03 + 50{,}02 + 50{,}09 + 50{,}07 + 50{,}05 + 50{,}07 + 50{,}02)\ \text{mm}$$

$$\bar{x}_1 = \frac{1}{7} \cdot \sum (350{,}35) = \boxed{50{,}05\ \text{mm}}$$

$$\bar{x}_2 = \frac{1}{7} \cdot \sum (50{,}03 + 50{,}03 + 50{,}05 + 50{,}02 + 49{,}98 + 50{,}01 + 50{,}06)\ \text{mm}$$

$$\bar{x}_2 = \frac{1}{7}\, f \sum (350{,}18) = \boxed{50{,}03\ \text{mm}}$$

$$\bar{x}_3 = \frac{1}{7} \cdot \sum (50{,}08 + 50{,}04 + 50{,}05 + 50{,}02 + 49{,}97 + 49{,}96 + 50{,}04)\ \text{mm}$$

$$\bar{x}_3 = \frac{1}{7} \cdot \sum (350{,}18) = \boxed{50{,}02\ \text{mm}}$$

$$\bar{x}_4 = \frac{1}{7} \cdot \sum (50{,}07 + 50{,}07 + 50{,}02 + 50{,}03 + 49{,}99 + 50{,}00 + 50{,}00)\ \text{mm}$$

$$\overline{x}_4 = \frac{1}{7} \cdot \sum (350{,}19) = \boxed{50{,}02\ \text{mm}}$$

$$\overline{x}_5 = \frac{1}{7} \cdot \sum (49{,}97 + 50{,}00 + 50{,}00 + 50{,}00 + 49{,}94 + 49{,}94 + 50{,}01)\ \text{mm}$$

$$\overline{x}_5 = \frac{1}{7} \cdot \sum (349{,}86) = \boxed{49{,}98\ \text{mm}}$$

$$\overline{x}_6 = \frac{1}{7} \cdot \sum (50{,}09 + 50{,}08 + 50{,}08 + 50{,}04 + 50{,}04 + 50{,}04 + 50{,}01)\ \text{mm}$$

$$\overline{x}_6 = \frac{1}{7} \cdot \sum (350{,}38) = \boxed{50{,}05\ \text{mm}}$$

$$\overline{x}_7 = \frac{1}{7} \cdot \sum (49{,}99 + 50{,}01 + 49{,}98 + 49{,}98 + 50{,}01 + 50{,}08 + 50{,}02)\ \text{mm}$$

$$\overline{x}_7 = \frac{1}{7} \cdot \sum (350{,}07) = \boxed{50{,}01\ \text{mm}}$$

$$\overline{x}_8 = \frac{1}{7} \cdot \sum (50{,}01 + 50{,}10 + 50{,}09 + 50{,}09 + 50{,}08 + 50{,}05 + 50{,}05)\ \text{mm}$$

$$\overline{x}_8 = \frac{1}{7} \cdot \sum (350{,}47) = \boxed{50{,}07\ \text{mm}}$$

$$\bar{x}_9 = \frac{1}{7} \cdot \sum (50{,}01 + 49{,}98 + 50{,}01 + 50{,}01 + 50{,}02 + 49{,}98 + 49{,}99)\ \text{mm}$$

$$\bar{x}_9 = \frac{1}{7} \cdot \sum (350{,}00) = \boxed{50{,}00\ \text{mm}}$$

$$\bar{x}_{10} = \frac{1}{7} \cdot \sum (50{,}03 + 50{,}03 + 50{,}04 + 50{,}04 + 50{,}05 + 49{,}99 + 49{,}99)\ \text{mm}$$

$$\bar{x}_{10} = \frac{1}{7} \cdot \sum (350{,}17) = \boxed{50{,}024\ \text{mm}}$$

Standardabweichung vom Mittelwert:

Stichproben 1 - 10

$$\boxed{s = \sqrt{\frac{1}{n-1} \cdot \sum_{i=1}^{n} (x_i - \bar{x})^2}} \qquad (10.27)$$

$$s_1 = \sqrt{\frac{1}{7-1} \cdot \sum (0{,}0046)\ \text{mm}^2} = \boxed{0{,}0277\ \text{mm}}$$

$$s_2 = \sqrt{\frac{1}{7-1} \cdot \sum (0{,}00156)\ \text{mm}^2} = \boxed{0{,}0161\text{mm}}$$

$$s_3 = \sqrt{\frac{1}{7-1} \cdot \sum (0{,}00114)\,\text{mm}^2} = \boxed{0{,}0138\ \text{mm}}$$

$$s_4 = \sqrt{\frac{1}{7-1} \cdot \sum (0{,}0049)\,\text{mm}^2} = \boxed{0{,}0286\ \text{mm}}$$

$$s_5 = \sqrt{\frac{1}{7-1} \cdot \sum (0{,}005)\,\text{mm}^2} = \boxed{0{,}0289\ \text{mm}}$$

$$s_6 = \sqrt{\frac{1}{7-1} \cdot \sum (0{,}005)\,\text{mm}^2} = \boxed{0{,}0289\ \text{mm}}$$

$$s_7 = \sqrt{\frac{1}{7-1} \cdot \sum (0{,}0072)\,\text{mm}^2} = \boxed{0{,}0346\ \text{mm}}$$

$$s_8 = \sqrt{\frac{1}{7-1} \cdot \sum (0{,}0062)\,\text{mm}^2} = \boxed{0{,}0321\ \text{mm}}$$

$$s_9 = \sqrt{\frac{1}{7-1} \cdot \sum (0{,}0016)\,\text{mm}^2} = \boxed{0{,}0163\ \text{mm}}$$

$$s_{10} = \sqrt{\frac{1}{7-1} \cdot \sum (0{,}0037)\,\text{mm}^2} = \boxed{0{,}0248\ \text{mm}}$$

Mittel aller arithmetischen Mittel: $\bar{\bar{x}}$

Stichprobe 1 - 10

$$\bar{\bar{x}} = \frac{1}{n} \cdot \sum (\bar{x}_1 + \bar{x}_2 + \bar{x}_3 + \ldots + \bar{x}_n) \qquad (10.28)$$

$$\bar{\bar{x}} = \frac{1}{n} \cdot \sum (50{,}05 + 50{,}03 + 50{,}02 + 50{,}02 + 49{,}98 + 50{,}054 + 50{,}01 + 50{,}07 + 50 + 50.024)$$

$$\bar{\bar{x}} = \frac{1}{10} \cdot \sum (500{,}258) = \boxed{50{,}0258 \text{ mm}}$$

Mittel aller Standardabweichungen $\bar{s}$

$$\bar{s} = \frac{1}{n} \cdot \sum (s_1 + s_2 + s_3 + \ldots + s_n) \qquad (10.29)$$

$$\bar{s} = \frac{1}{10} \cdot \sum (0{,}027 + 0{,}0161 + 0{,}0435 + 0{,}0286 + 0{,}02989 + 0{,}0289 + 0{,}0346 + 0{,}0321 + 0{,}0163 + 0{,}0248)$$

$$\bar{s} = \frac{1}{10} \cdot \sum (0{,}260)$$

$$\bar{s} = \boxed{0{,}026 \text{ mm}}$$

OEG und UEG für die Prozeßlage und Prozeßstreuung $\bar{\bar{x}}$ **und** $\bar{s}$**:**

Prozeßlage

$$\begin{pmatrix} OEG \\ UEG \end{pmatrix}_{\bar{x}} = \bar{\bar{x}} \pm \frac{3}{\sqrt{n}} \cdot \sqrt{\bar{s^2}} \qquad (10.30)$$

Obere Eingriffsgrenze: **OEG**

$$\mathbf{OEG}_{\bar{x}} = 50{,}0258 + \frac{3}{\sqrt{7}} \cdot \sqrt{0{,}0006816 \text{ mm}^2}$$

$$\mathbf{OEG} = 50{,}0258 + \frac{3}{2{,}6457} \cdot 0{,}0261$$

$$\mathbf{OEG} = 50{,}0258 + 0{,}096$$

$$\mathbf{OEG} = \boxed{50{,}554 \text{ mm}}$$

Untere Eingriffsgrenze: **UEG**

$$\mathbf{UEG}_{\bar{x}} = 50{,}0258\text{mm} - \frac{3}{\sqrt{7}} \cdot \sqrt{0{,}0006816 \text{ mm}^2}$$

$$\mathbf{UEG}_{\bar{x}} = 50{,}0258\text{mm} - 0{,}296 \text{ mm} = \boxed{49{,}0062 \text{ mm}}$$

Prozeßstreuung : $\bar{s}$

$$\mathbf{OEG} = B_4 \cdot \bar{s} = 1.882 \cdot 0{,}026 = \boxed{0{,}049 \text{ mm}}$$

$$\mathbf{UEG} = B_3 \cdot \bar{s} = 0{,}118 \cdot 0{,}026 = \boxed{0{,}003 \text{ mm}}$$

Beispiel 10.3
Es werden mit einer CNC- Fräsmaschine Formteile hergestellt.
Aus laufender Produktion wird jede 1/2 Stunde eine Stichprobe mit n = 5 entnommen

Es haben sich Werte für die „ Ur-Karte oder X - Karte „ ergeben:

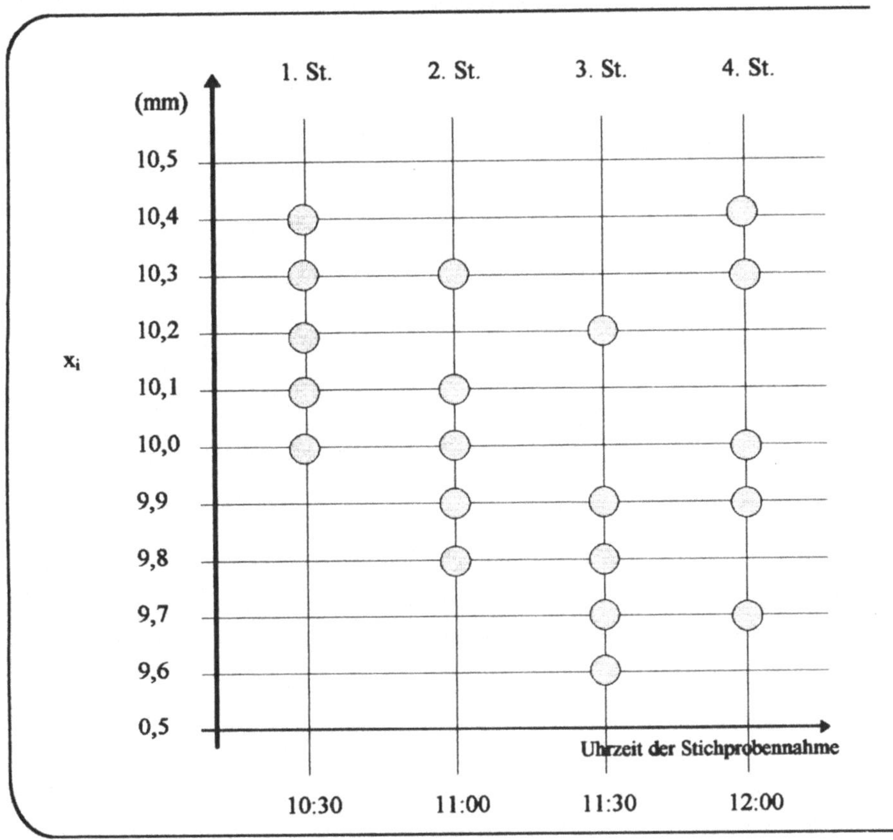

Bild 10-14

Tabelle 10.14

i	1. x_i (mm)	2. x_i (mm)	3. x_i (mm)	4. x_i (mm)
1	10,4	10,3	10,2	10,4
2	10,3	10,1	9,9	10,3
3	10,2	10,0	9,8	10,0
4	10,1	9,9	9,7	9,9
5	10,0	9,8	9,6	9,7

Für x - Werte aus der Urkarte soll die Prozeßlage und die Prozeßstreuung ermittelt werden. Nach der Berechnung aller Werte, ist die QRK für die Prozeßlage und QRK für die Streuung, zu zeichnen.
Die Festlegung der QRK soll nicht über $\overline{R}$ erfolgen!

Wir erstellen zuerst eine Wertetabelle, um $\overline{x}$ und s berechnen zu können.

Tabelle 10.15 Werte für die Merkmalsausprägung bei n = 5

	1. Stichprobe			2. Stichprobe		
i	x_i	$x_i - x$	$(x_i - x)^2$	x_i	$x_i - x$	$(x_i - x)^2$
1	10,4	0,22	0,0484	10,3	0,28	0,0784
2	10,3	0,12	0,0144	10,1	0,08	0,0064
3	10,2	0,02	0,0004	10,0	-0,02	0,004
4	10,0	-0,18	0,0324	9,9	-0,12	0,0144
5	10,0	-0,18	0,0324	9,8	-0,22	0,0484
Σ *5*	*50,9*	*0*	*0,128*	*50,1*	*0*	*0,148*

	3. Stichprobe			4. Stichprobe		
i	x_i	$x_i - x$	$(x_i - x)^2$	x_i	$x_i - x$	$(x_i - x)^2$
1	10,2	0,36	0,1296	10,4	0,34	0,1156
2	9,9	0,06	0,0036	10,3	0,24	0,0576
3	9,8	-0,04	0,0016	10,0	-0,06	0,0036
4	9,7	-0,14	0,0296	9,9	-0,16	0,0256
5	9,6	-0,24	0,0576	9,7	-0,36	0,1296
Σ *5*	*49,2*	*0*	*0,212*	*50,3*	*0*	*0,332*

Arithmetisches Mittel der Stichproben 1 - 4

$$\bar{x} = \frac{1}{n} \cdot \sum_{i=1}^{n} (x_{i1} + x_{i2} + \ldots + x_n) \qquad (10.31)$$

$$\bar{x}_1 = \frac{1}{5} \cdot \sum (10{,}4 + 10{,}3 + 10{,}2 + 10 + 10) = \boxed{10{,}18 \text{ mm}}$$

$$\bar{x}_2 = \frac{1}{5} \cdot \sum (10{,}3 + 10{,}1 + 10{,}0 + 9{,}9 + 9{,}8) = \boxed{10{,}02 \text{ mm}}$$

$$\bar{x}_3 = \frac{1}{5} \cdot \sum (10{,}2 + 9{,}9 + 9{,}8 + 9{,}7 + 9{,}6) = \boxed{9{,}84 \text{ mm}}$$

$$\bar{x}_4 = \frac{1}{5} \cdot \sum (10{,}4 + 10{,}3 + 10{,}0 + 9{,}9\ 9{,}7) = \boxed{10{,}06 \text{ mm}}$$

Mittel aller arithmetischen Mittelwerte $\bar{\bar{x}}$

$$\bar{\bar{x}} = \frac{1}{4} \cdot \sum (\bar{x}_1 + \bar{x}_2 + \bar{x}_3 + \bar{x}_4) \qquad (10.32)$$

$$\bar{\bar{x}} = \frac{1}{4} \cdot \sum (10{,}18 + 10{,}02 + 9{,}84 + 10{,}06)$$

$$\bar{\bar{x}} = \boxed{10{,}025 \text{ mm}}$$

Varianz der Stichprobe:

$$\mathrm{Var}_{(x)} = s^2 = \frac{1}{n-1} \cdot \sum_{i=1}^{n} (x_i - \bar{x})^2 \qquad (10.33)$$

$$s^2 = \frac{1}{n-1} \cdot \sum (x_1 - \bar{x})^2 + (x_2 - \bar{x})^2 + \ldots\ldots + (x_n - \bar{x})^2 \qquad (10.34)$$

$$s^2{}_1 = \frac{1}{5-1} \cdot 0{,}128 \text{ mm}^2 = \boxed{0{,}032 \text{ mm}^2}$$

$$s^2_2 = \frac{1}{5-1} \cdot 0{,}148 \text{ mm}^2 = \boxed{0{,}037 \text{ mm}^2}$$

$$s^2_3 = \frac{1}{5-1} \cdot 0{,}212 \text{ mm}^2 = \boxed{0{,}053 \text{ mm}^2}$$

$$s^2_4 = \frac{1}{5-1} \cdot 0{,}332 \text{ mm}^2 = \boxed{0{,}083 \text{ mm}^2}$$

Mittel aller Varianzen $\overline{s^2}$

$$\overline{s^2} = \tfrac{1}{4} \cdot (0{,}032 + 0{,}037 + 0{,}053 + 0{,}083) = \tfrac{1}{4}\ 0{,}205 = \boxed{0{,}05125 \text{ mm}^2}$$

Standardabweichung s

$$s = \sqrt{\overline{s^2}} \qquad (10.35)$$

$$s_1 = \sqrt{s^2} = \sqrt{0{,}032} = \boxed{0{,}179 \text{ mm}} \qquad s_2 = \sqrt{s^2} = \sqrt{0{,}037} = \boxed{0{,}192 \text{ mm}}$$

$$s_3 = \sqrt{s^2} = \sqrt{0{,}053} = \boxed{0{,}23 \text{ mm}} \qquad s_4 = \sqrt{s^2} = \sqrt{0{,}083} = \boxed{0{,}288 \text{ mm}}$$

Mittel der Standardabweichungen: $\bar{s}$

$$\bar{s} = \frac{1}{4} \cdot \sum (s_1 + s_2 + s_3 + s_4)$$

$$\bar{s} = \frac{1}{4} \cdot \sum (0{,}179 + 0{,}192 + 0{,}23 + 0{,}288) = \boxed{0{,}22225 \text{ mm}}$$

OEG und UEG für die Prozeßlage und Prozeßstreuung : $\bar{\bar{x}}$ $\bar{s}$

Prozeßlage

$$\binom{OEG}{UEG}_{\bar{x}} = \bar{\bar{x}} \pm \frac{3}{\sqrt{n}} \cdot \sqrt{\bar{s^2}} \qquad (10.36)$$

Obere Eingriffsgrenze: OEG für die Prozeßlage $\bar{x}$

$$OEG_{\bar{x}} = 10{,}025 \text{ mm} + \frac{3}{\sqrt{5}} \cdot \sqrt{0{,}05125 \text{ mm}^2}$$

$$\mathbf{OEG} = 10{,}025 \text{ mm} + \frac{3}{2{,}236} \cdot 0{,}2263 \text{ mm}$$

$$\mathbf{OEG} = 10{,}025 + 0{,}0229$$

$$\mathbf{OEG} = \boxed{10{,}0479 \text{ mm}}$$

***Untere Eingriffsgrenze*: *UEG für die Prozeßlage* $\bar{x}$**

$$\mathbf{UEG}_{\bar{x}} = 10{,}025\ \text{mm} - \frac{3}{\sqrt{5}} \cdot \sqrt{0{,}05125\ \text{mm}^2}$$

$$\mathbf{UEG}_{\bar{x}}\ \ 10{,}025\ \text{mm} - 0{,}0229\ \text{mm} = \boxed{10{,}002\ \text{mm}}$$

OEG und UEG für die Prozeßstreuung $\bar{s}$

$$\boxed{\mathbf{OEG} = B_4 \cdot \bar{s}} \qquad (10.37)$$

$$= 2{,}089 \cdot 0{,}22225\ \text{mm} = \boxed{0{,}4642\ \text{mm}}$$

$$\boxed{\mathbf{UEG} = B_3 \cdot \bar{s}} \qquad (10.38)$$

$$= 0 \cdot 0{,}22225 = \boxed{0\ \text{mm}}$$

Graphische Darstellung : QRK „ s „

Überwachung der Prozeßstreuung

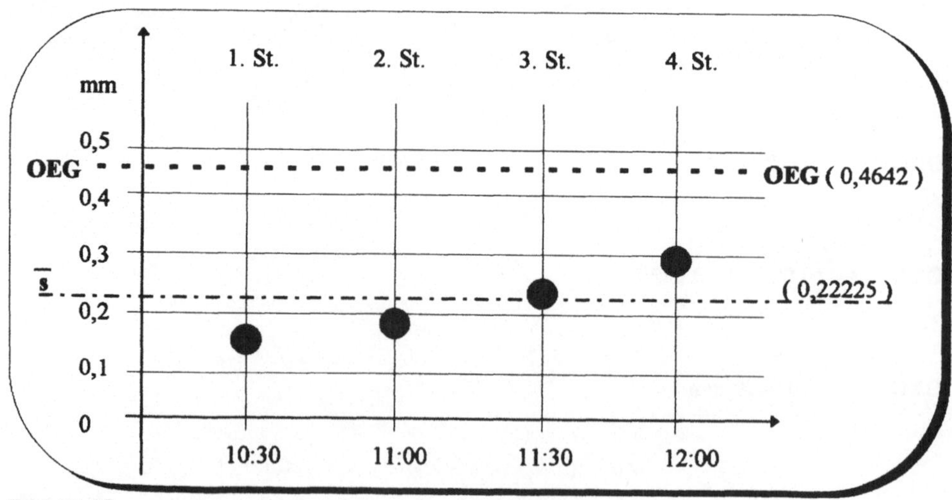

Bild 10-15

Alle Lösungsdaten auf einen Blick:

$\overline{x}_1$	= 10,18 mm	$\overline{x}_2$	10,02 mm
$\overline{x}_3$	= 9,84 mm	$\overline{x}_4$	= 10,06 mm
Mittelwert aller $\overline{x}$:		$\overline{\overline{x}}$	= 10,025 mm
$\overline{s^2}$	= 0,05125 mm²	$\overline{s}$	= 0,22225 mm
$OEG_{\overline{x}}$	= 10,0479 mm	$UEG_{\overline{x}}$	= 10,002 mm
$OEG_{\overline{s}}$	= 0,4642 mm	$UEG_{\overline{s}}$	= 0 mm

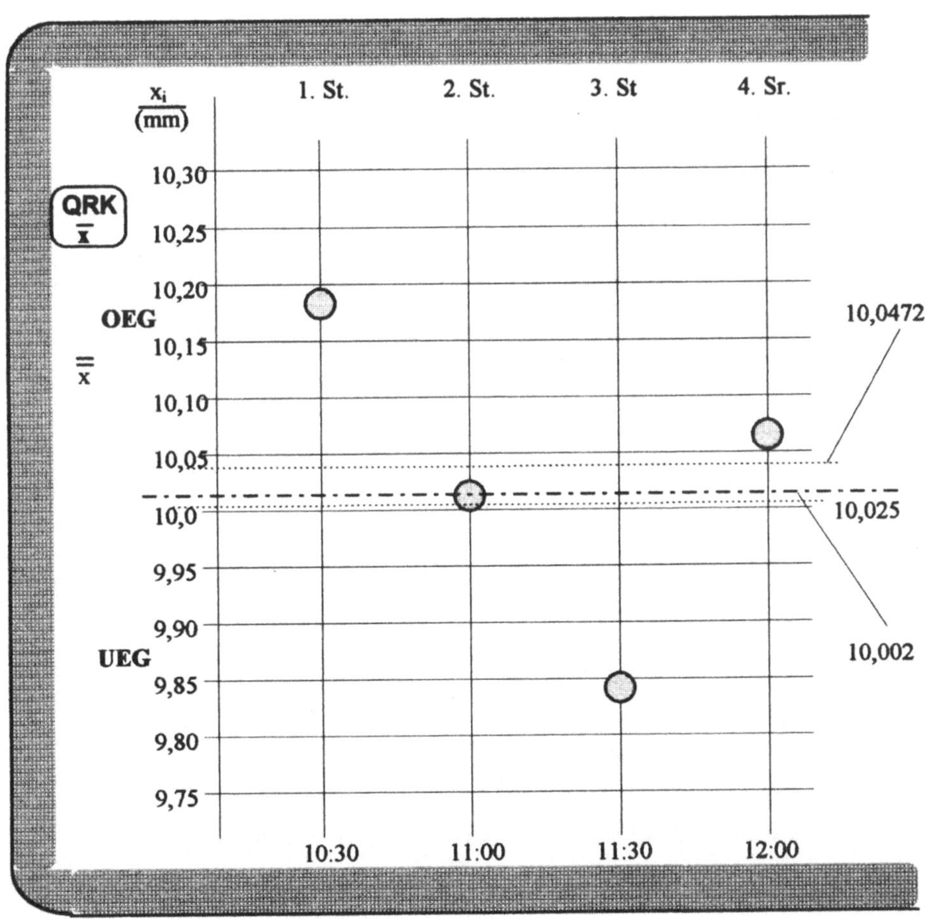

Bild 10-16 Graphische Darstellung der Prozeßlage $\overline{x}$

10.18 Übungen

10.1 15 Stichproben, n = 5, wurden einer qualitativen Prüfung unterzogen. 10 Qualitätspunkte *sauberes Entgraten* waren für jedes Werkstück möglich.

Die Auswertung hat 15 Qualitäts - Mittelwerte ergeben:

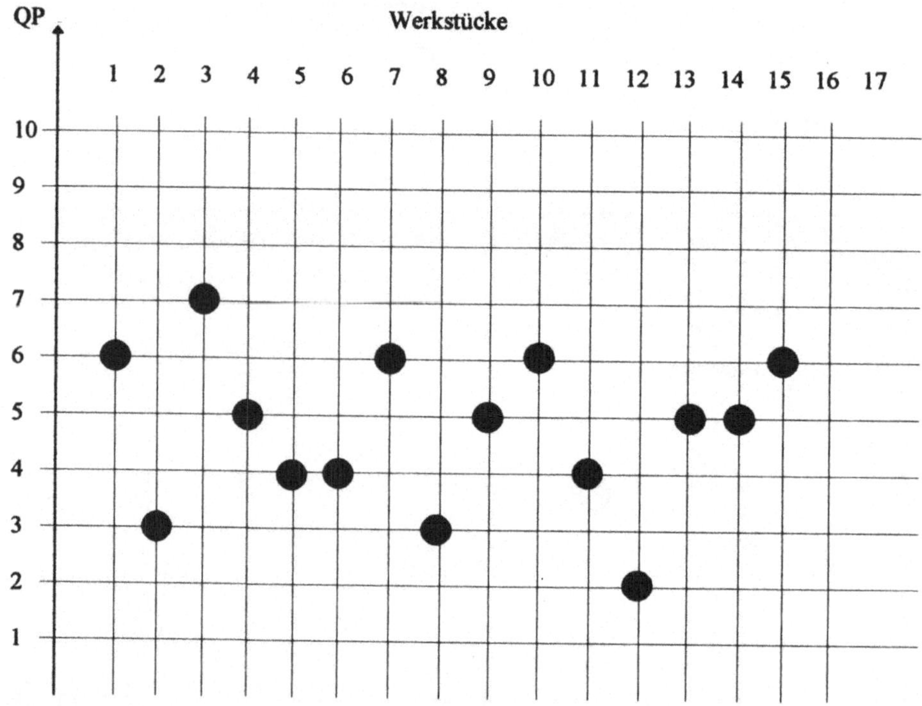

Bild 10-17

Bestimmen Sie:

a) Ordnen Sie alle Werte in Rangfolge.
b) Bestimmen Sie die Wertsumme.
c) Ordnen Sie die Häufigkeiten den QP zu.
d) Bestimmen Sie den Mittelwert und die Standardabweichung.
e) Bestimmen Sie, nach Ford, die Eingriffsgrenzen für die Prozeßlage $\overline{\overline{x}}$ mit 3 s.
f) Übertragen Sie Ihre errechneten Werte in die QRK $\overline{x}$.

10.2 Für die geplante Hydraulikanlage bieten drei Hersteller je eine Pumpengruppe an. Für welche Pumpengruppe entscheidet sich der Unternehmer?

Berechnen Sie alle notwendigen Daten. Bestimmen Sie die Pumpengruppe (PG) mit der größten Belastungsdauer (BE).
Ergänzen Sie zum Verständnis alle Diagramme.
Übertragen Sie Ihre Ergebnisse in die dafür vorgesehenen Felder.

PG = Pumpengruppe
BE = Belastungseinheit
Belastungsdauer

	PG 1	Abweichung vom Mittelwert	PG2	Abweichung vom Mittelwert	PG3	Abweichung vom Mittelwert
P1 / BE	21		32		19	
P2 / BE	18		20		17	
P3 / BE	24		12		17	
P4 / BE	16		22		18	
P5 / BE	32		26		19	
Kleinster Wert						
Größter Wert						
Summe aller BE						
Mittelwert *P1-P5*						
Standardabweichung vom Mittelwert						
Max-Wert $\bar{x} + 1\,s =$						
Min-Wert $\bar{x} - 1\,s =$						
Welche BE liegen innerhalb der Min- / Max-Werte ?						
Wieviel Pumpen umfaßt die Gruppe nach der Rechnung ? ($\bar{x}+1s$; bzw. $\bar{x}-1s$)						
Welche Pumpengruppe erfüllt die Forderung ?						
Wieviel Belastungseinheiten (BE) bringen die Pumpen? (nur innerhalb der Min-/Max-Werte)						

Mit dem Taschenrechner oder über PC

Die quadratische Abweichung vom Mittelwert !	PG1	PG2	PG3
P1			
P2			
P3			
P4			
P5			
Summe der quadratischen Abweichung			
Mittlere quadratische Abweichung			

10.3 a) Bestimmen Sie aus n = 40 Meßwerten die Häufigkeitsverteilung in %.

b) Bestimmen Sie, für die Stichproben 1 - 4, die Mittelwerte, die Abweichung vom Mittelwert, die Varianz, die Standardabweichung vom Mittelwert und die OEG bzw. UEG für die Stichproben 1-4. Rechnen Sie mit Spur $\bar{x}$ und s

c) Übertragen Sie alle Werte in die $\bar{x}$ - s - Regelkarte.

(Übernehmen Sie alle Tabellenvorgaben für Ihr Lösungsblatt !)

Tabelle 10.16

Verteilung	Qualitätsmerkmale										Mittelwerte
	1	2	3	4	5	6	7	8	9	10	↓
1. Stichprobe	7	4	6	2	5	5	8	3	6	6	
2. St	5	4	5	7	6	3	6	5	5	7	
3. St	5	3	6	8	6	3	5	7	4	3	
4. St	3	5	6	5	7	4	6	5	5	4	

Tabelle 10.17 Häufigkeitsverteilung

Q-Merkmale	1	2	3	4	5	6	7	8	9	10	
Wie oft sind von den 40 Werten die Meßwerte 1-10 verteilt ?											
Häufigkeit											
Die Häufigkeit der Meßwerte bei n = 40 Meßwerte, entspricht 100 %.											
%											

Tabelle 10.18

1. St	7	4	6	2	5	5	8	3	6	6	
										quadratischer Abweichungsbetrag →	

Tabelle 10.19

2. St	5	4	7	7	8	3	6	9	5	7	
										quadratischer Abweichungsbetrag →	

Tabelle 10.20

3. St	5	3	6	8	6	3	5	7	4	3	
										quadratischer Abweichungsbetrag →	

Tabelle 10.21

4. St	3	5	6	5	7	4	6	5	5	4	
										quadratische Abweichungsbetrag →	

10.4 **Aus dem Los von 1000 Stück - 8,2 M-Ohm - Widerstände, wurden 10 Stichproben mit n = 5 entnommen.**

Die Standardabweichung ± 1 s vom Mittelwert $\bar{x}$ wurde, als oberer und unterer Grenzwert, festgelegt.

(Xo = 8,2 ± 0,05 K-Ohm)

Errechnen Sie die OEG und UEG, Spur $\bar{\bar{x}}$ und $\bar{s}$, und vergleichen Sie mit der Lösung $\bar{x} \pm 1$ s .

Tabelle 10.22 Widerstands-Mittelwerte aus 10 Stichproben

Widerstands-Mittelwerte		Abweichung	quadratische
	K-Ohm	vom MW	Abw. v. MW
1. Stichprobe	8.191		
2. Stichprobe	8.190		
3. Stichprobe	8.191		
4. Stichprobe	8.228		
5. Stichprobe	8.200		
6. Stichprobe	8.217		
7. Stichprobe	8.198		
8. Stichprobe	8.216		
9. Stichprobe	8.194		
10. Stichprobe	8.195		
$\bar{\bar{x}}$			
		Summe	Summe

$\bar{s}$

OGW (+ 1s)

UGW (- 1 s)

Feststellung der Prozeßlage und Prozeßstreuung

OEG und **UEG** nach Spur $\bar{x}$

OEG UEG

10.5 **Kupferscheiben mit dem Soll-Durchmesser** 110 ± 0,2 mm **werden gestanzt und optisch vermessen.**

a) Übertragen Sie die Mittelwerte in die Qualitätsregelkarte.

b) Kennzeichnen Sie das Toleranzfeld und die Grenzwerte " OEG und UEG ".

c) Wieviel Mittelwerte liegen außerhalb der OEG und UEG ?

Tabelle 10.23 Sollwert-Mittel = Nennmaß 110,00 mm Toleranz ± 0,2 mm

$\bar{x}$	Scheibendurchmesser Mittelwerte		Uhrzeit der Stichprobennahme
1	109.84	mm	12:30
2	110.19	mm	14:00
3	109.86	mm	14:30
4	110.17	mm	15:00
5	109.89	mm	15:30
6	110.14	mm	16:00
7	109.92	mm	16:30
8	110.11	mm	17:00
9	109.95	mm	17:30
10	110.08	mm	18:00
11	109.97	mm	18:30
12	110.28	mm	19:00
13	109.99	mm	19:30
14	110.04	mm	20:00
15	110.02	mm	20:30

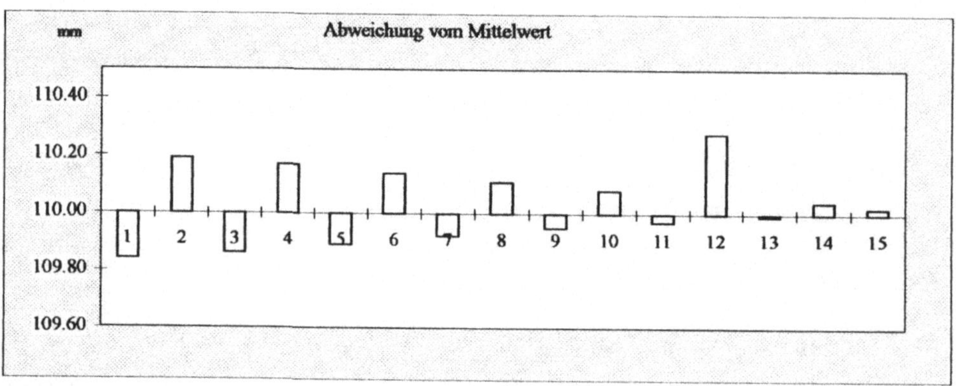

Bild 10-18

10.6 Die Mittelwerte x von Kunststoff-Rohlingen, einer vollautomatischen Preßmaschine, werden für die Prozeßlage " x " und die Produktionsstreuung " s ", untersucht.

a) Erstellen Sie eine Wertetabelle für die Stichproben A - E.
b) Vergleichen Sie die OEG und die UEG für die R - Spur.
c) Wieviel % der x_i - Werte liegen beim Sollwert 120 ± 2 mm außerhalb der Toleranz ?
d) Wieviel x_i - Werte liegen bei 3s noch außerhalb ?

Tabelle 10.24

	Stichproben-Mittelwerte (in mm)				
	A	B	C	D	E
1	119.50	122.10	118.60	120.00	122.20
2	121.08	120.00	121.80	122.00	120.00
3	118.80	122.40	122.48	120.46	123.40
4	123.80	123.44	117.90	118.4	120.04
5	120.00	120.46	121.39	120.80	119.84
6	120.00	122.00	118.20	118.40	122.60
7	122.05	118.60	119.45	120.00	119.46

Beispiel aus den Stichproben:
Stichprobenwerte mit Trend und Standardabweichung

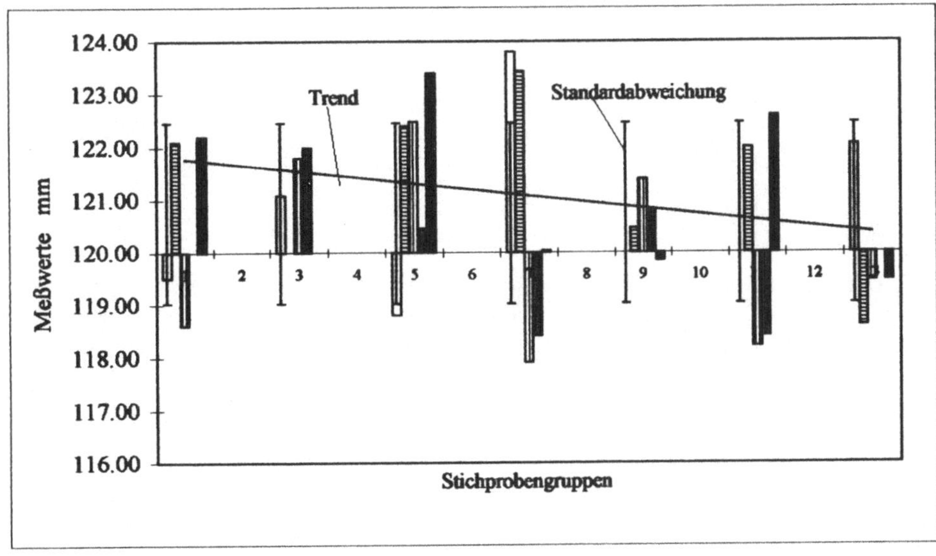

Bild 10-19

10.7 **Ein Vollautomat erstellt für die Industrie eine größere Menge Präzisionsscheiben. In einem Prüflos von N = 4000, liegt der Stichprobenumfang bei n = 110.**

Es wird nach Prüfplan eine Stichprobe entnommen. Die Stichprobenwerte werden in die Urkarte mit EG und WG eingetragen. Errechnen Sie die Tabellenwerte, das arithmetische Mittel und die Standardabweichung für diese Stichprobe.

Der Sollwert-Durchmesser beträgt 10 ± 0,2 mm.

Tabelle 10.25 **Es ergaben sich für Meßwerte in Klassenmitte, Häufigkeiten.**

	Klassenmitte x_{im} (mm)	Besetzung n_i	$x_{im} \cdot n_i$	Häufigkeiten h_i %	H_i %
	10.6	1			
	10.5	2			
	10.4	5			
	10.3	5			
OEG	10.2	7			
	10.1	11			
Sollwert	10	16			
	9.9	16			
UEG	9.8	16			
	9.7	11			
	9.6	8			
	9.5	6			
	9.4	4			
	9.3	2			

Tabelle 10.26 Urwert-Karte mit Warn- und Eingriffsgrenzen

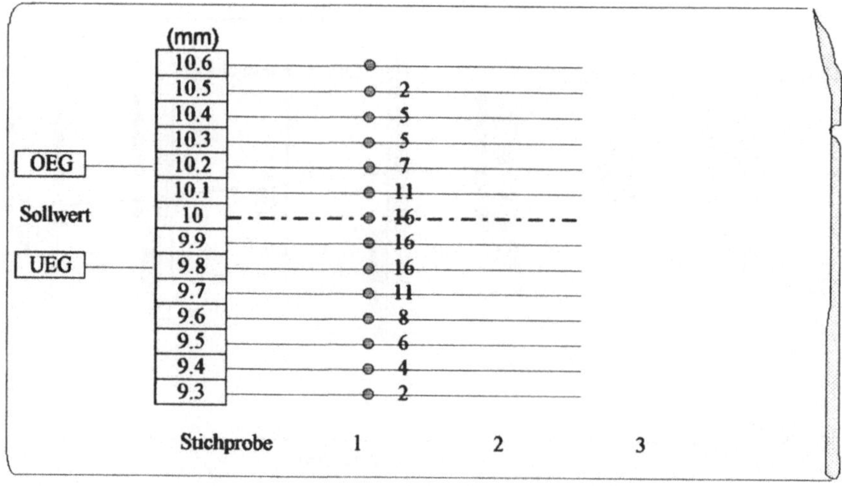

10.8 *Errechnen und übertragen* Sie alle Daten in die QRK. Berechnen Sie Ihre Werte, OEG und UEG über die Spur $\overline{R}$.

Tabelle 10.27 Meßwerte, Ohmsche Widerstände, aus 5 Stichproben mit n = 8

i	x_i (Ω) 1. St	2. St.	3. St	4. St	5. St
1	221	219	222	230	218
2	216	221	220	223	219
3	222	215	224	220	222
4	196	212	218	223	229
5	226	214	216	220	198
6	198	220	188	210	223
7	220	188	200	195	220
8	224	221	208	224	220

10.9 Berechnen Sie aus den Werten einer Stichprobe die Anzahl n = ? der Meßwerte und den Standardfehler für die Stichprobe.
Gegeben sind:

a) Die Summe der quadratischen Abweichungen mit 18 mm^2.

b) Die Varianz mit 4,5 mm^2

Nutzen Sie für Ihre Rechnung nachfolgende Formeln:

Varianz der Stichprobe:

$$Var_{(x)} = s^2 = \frac{1}{n-1} \cdot \sum_{i=1}^{n} (x_i - \bar{x})^2$$

$$s^2 = \frac{1}{n-1} \cdot \sum (x_1 - \bar{x})^2 + (x_2 - \bar{x})^2 + \ldots\ldots + (x_n - \bar{x})^2$$

$$s^2 = \frac{1}{n-1} \cdot \sum (x_1 - \bar{x})^2 + (x_2 - \bar{x})^2 + \ldots\ldots + (x_n - \bar{x})^2$$

Standardabweichung vom Mittelwert:

$$s = \sqrt{s^2}$$

$$s = \sqrt{\frac{1}{n-1} \cdot \sum_{i=1}^{n} (x_i - \bar{x})^2}$$

$$\text{Standardfehler:} = \frac{s}{\sqrt{n}}$$

10.10 Testfragen

1 ***Nach einem Prüfplan werden Prüfungsanweisungen und Prüfpläne festgelegt.***
Was gehört nicht zu einem Prüfplan ?

1 Prüfmerkmale
2 Prüfungsqualität
3 Prüfungsablauf
4 Prüfklasse

2 ***Wie wird die Produktionsqualität sichergestellt ?***

1 Die Anzahl der Produkte muß richtig gezählt werden.
2 Die statistische Berechnung zur Prozeßlenkung kommt zur Anwendung.
3 Die Stichproben müssen gezielt ausgewählt werden.
4 Die Produkte müssen für den Kunden ausgewählt werden.

3 ***Wodurch wird die Qualitätslenkung beeinflußt ?***

1 Durch die Logistik
2 Durch den Menschen
3 Durch den Preis
4 Durch die Maschine

4 ***Bei der Meßwerterfassung kommt es zu Streuungen von Merkmalswerten. Welche Einflüsse führen zu Streuungen ?***

1 Die Qualifikation des Menschen
2 Die Prüfbedingungen
3 Die Anzahl der Produkte
4 Die schlechte Lagerhaltung

5 ***Wieviel fehlerfreie Teile (in %) werden produziert, wenn sich für den Toleranzbereich = 1mm, s = 0,26 mm ergeben haben ?***

1	68,24 %	Bereich ± 1s
2	95,44 %	Bereich ± 2s
3	99,73	Bereich ± 3s
4	99,99	Bereich ± 4s

6 ***In welcher Regelkarte sind die Mittelwerte richtig eingetragen ?***

Tabelle n = 20

$\bar{X}$										
	8	8	7	5	9	7	6	6	8	5
	5	7	7	9	8	5	5	7	7	5

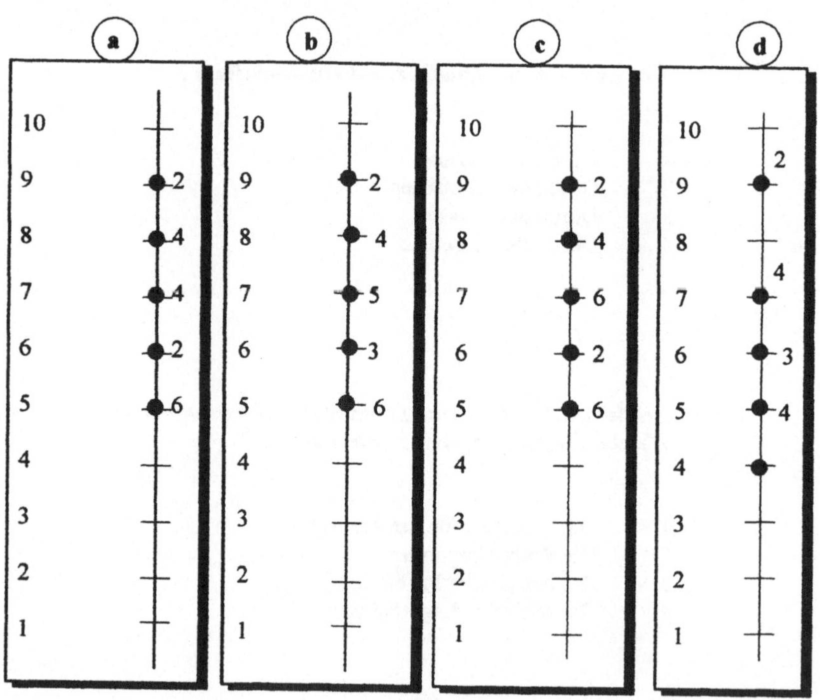

7 ***Wieviel fehlerfreie Produkte, in % ausgedrückt, ergeben sich, wenn der Wert 9 als fehlerhaft gilt ?***

Tabelle n = 20

$\bar{x}$										
	5	5	5	5	5	5	6	6	7	7
	7	7	7	7	8	8	8	8	9	9

1 60 %
2 70 %
3 80 %
4 90 %

8

Aus den Meßwerten der Stichproben ergeben sich Spannweiten.
Welcher Spannweitenwert ist in der Regelkarte falsch übertragen worden ?
(Kreuzen Sie den Wert in der Stichprobe an !)

Tabelle 10.28

	1. Stichprobe	2.	3.	4.	5.
x_1	3	3	8	7	3
x_2	2	6	4	7	0
x_3	9	5	5	2	0
x_4	7	2	2	3	2
x_5	5	1	4	0	5
R					

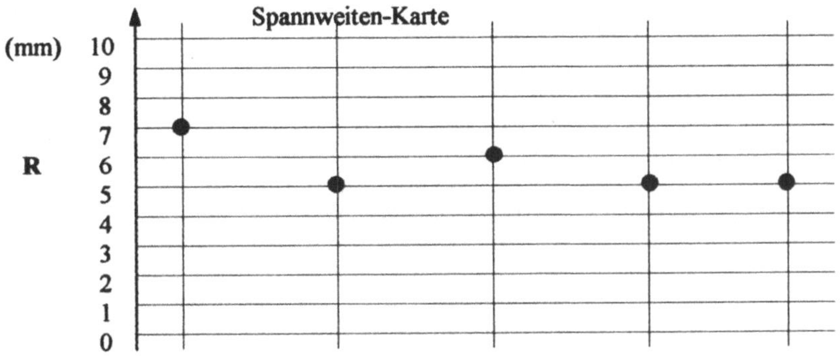

Spannweiten-Karte

(mm) R 10 9 8 7 6 5 4 3 2 1 0

9

Sie wollen für die Überwachung der Prozeßlage, $\bar{x}$, die obere Eingriffsgrenze OEG bestimmen.
Welche Werte benötigen Sie ?

1 $\bar{\bar{x}}$; $\bar{x}$; s

2 $\bar{\bar{x}}$; $\overline{s^2}$; n

3 $\bar{x}$, s , n^2

4 s , n ; x^2

10 ***Sie wollen die OEG und UEG zur Überwachung der Prozeßstreuung bestimmen. Welchen Wert müssen Sie errechnen ?***

1 $\bar{x}$

2 s^2

3 $\bar{\bar{x}}$

4 $\bar{s}$

11 ***Wie groß ist die Weite, in mm, zwischen der OEG und UEG, wenn für die Überwachung der Prozeßstreuung ein Spannweiten-Mittelwert von R = 7 mm vorliegt.***

Gegeben: ***n = 7 mm; D_4 = 1,924; D_3 = 0,076***

1 12,526 mm
2 12,946 mm
3 12,352 mm
4 12,558 mm

12 In der QRK sind die Eingriffsgrenzen OEG und UEG eingetragen. Welche Ziffer zeigt die UEG der Prozeßlage ?

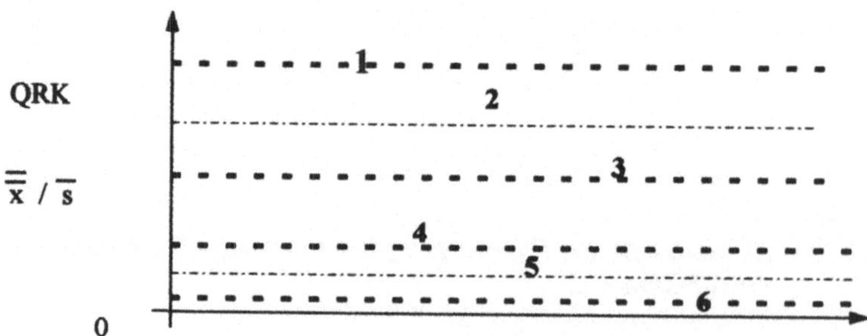

13 ***Überprüfen Sie die Formeln für die Prozeßlage $\bar{x}$.***
Was fehlt in dieser Formel ?

1 n^2
2 $\bar{\bar{x}}$
3 $\overline{s^2}$
4 D_4

$$\mathbf{OEG}_{\bar{x}} = \bar{x} + \frac{3}{\sqrt{n}} \sqrt{\bar{s}^2}$$

10.11 Stellen Sie fest, ob bei der Fertigungsprüfung die Rahmenbolzen ausgesondert werden müssen.
Beurteilen Sie die Prüfanweisung, den Prüfbericht und den Prüfplan. Erstellen Sie eine Wertetabelle.

Prüfungsanweisung

Teil - Nr. : 12 - 1301 Zeichnungsstand:

Änderungsstand: 01.10.1995

Teil - Name : Rahmenbolzen

Kunde : Friedrichsfelder Stahlbautechnik GmbH

Arbeitsgang : Längsdrehen

Maschinenkenndaten

Drehmaschine Nr. 25 Werkzeugmaschinen-Str.: 3

Maßprüfung

Pos.	Prüfmerkmal	Sollmaße	Prüfmittel	Häufigkeit
1	Durchmesser	40 ± 0,1	Meßschraube 0 - 50	5 Teile / pro Stunde

Sichtprüfung

1.	nicht zulässig:	- Flecken - Grad	5 Teile / pro Stunde

Besonderes

Bild 10-20

Prüfbericht

Lieferant :	X	Meßbericht	Ausstellungsdatum
Abnehmer :		Werkstoffbericht	

Benennung / Teile-Nr.

Rahmen-Bolzen; 12 - 1301

Pos.	Merkmal / Sollwert	Istwert (Lieferant)	Istwert (Abnehmer)
1	40 ± 01	40,06	
2		40,13	
3		39,96	
4		40,08	
5		40,02	

Anmerkung: Lieferant

Pos. 2 muß nachgearbeitet werden. Kosten der Nacharbeit ca. eine Maschinenstunde. Produktionsintervall muß unterbrochen werden, dies hat logistische Folgen.

Anmerkung: Abnehmer / Kunde

Lieferant

Datum: verantwortlich: Unterschrift:

Abnehmer / Kunde

Datum: verantwortlich: Unterschrift:

Bild 10-21

Prüfplan

Zeichnungs-Nr.: Z 011095	***Arbeitsplan-Nr.:*** 0488

Bezeichnung: **Rahmenbolzen**		
		Wareneingang
		Warenausgang
	X	Fertigung

Skizze / Bemerkungen:

Die Zeichnung wurde am 05.01.1996 geändert

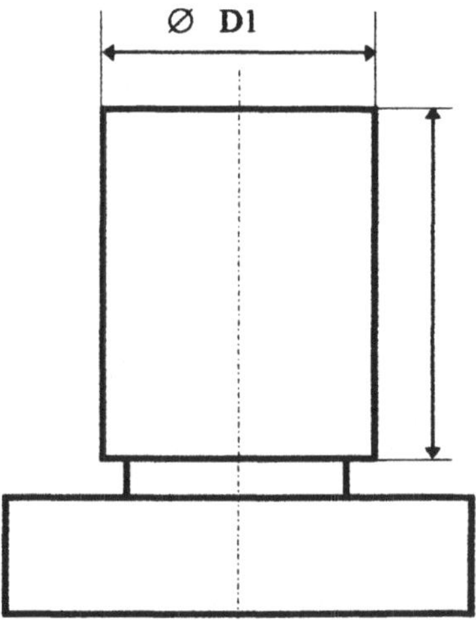

Lfd Nr	Prüfmerkmal	Maß	Prüfmittel
05	Durchmesser D1	40 ± 0,1	Meßschraube 0 - 50

Umfang der Prüfung	Verhalten bei Fehlern am Merkmal
normal	aussondern (oder es gilt die Vereinbarung)

Ersteller des Prüfplanes

Bild 10-22

Anhang

Formeln 1: Statistik

Arithmetisches Mittel

$$\bar{x} = \frac{1}{n} \cdot \sum_{i=1}^{n} (x_i) \qquad \bar{x} = \frac{1}{100\,\%} \cdot \sum_{i=1}^{n} (x_i \cdot h_i)$$

$$\bar{x} = \frac{1}{100\,\%} \cdot \sum (x_{i\,1} \cdot h_{i\,1}) + (x_{i\,2} \cdot h_{i\,2}) + (x_{i\,3} \cdot h_{i\,3}) + \ldots\ldots + (x_{i\,n} \cdot h_{i\,n})$$

$$\bar{x} = \frac{1}{n} \cdot \sum (x_1 + x_2 + x_3 + \ldots. + x_n) \qquad \bar{x} = \frac{1}{n} \cdot \sum_{i=1}^{k} (x_i \cdot n_i)$$

$$\bar{x} = \frac{1}{n} \cdot \sum (x_1 \cdot n_1) + (x_2 \cdot n_2) + (x_3 \cdot n_3) + \ldots\ldots + (x_n \cdot n_k)$$

$$\bar{x} = \frac{1}{n} \cdot \sum_{i=1}^{k} x_i \cdot f(x_i) = \frac{1}{n} \cdot \sum x_1 \cdot f(x_1) + x_2 \cdot f(x_2) + \ldots + x_n \cdot f(n_k)$$

Mittlerer Abweichungsbetrag

$$\bar{x} = \frac{1}{n} \cdot \sum_{i=1}^{n} \left| x_i - \bar{x} \right|$$

Häufigkeiten „ n „ des Stichprobenwertes „ x_i „.

$$\sum_{i=1}^{k} n_i = n_1 + n_2 + n_3 + \ldots\ldots\ldots n_k = n$$

Häufigkeiten f (x_i)

$$f(x_i) = \frac{x_i}{n}$$

Streuungsmaß der Abweichungsquadrate:

$$V_i^2 = (xi - \bar{x})^2$$

Varianz der Stichprobe:

$$Var_{(x)} = s^2 = \frac{1}{n-1} \cdot \sum_{i=1}^{n} (x_i - \bar{x})^2$$

Standardabweichung vom Mittelwert:

$$s = \sqrt{s^2}$$

$$s = \sqrt{\frac{1}{n-1} \cdot \sum_{i=1}^{n} (x_i - \bar{x})^2}$$

Relative Häufigkeit:

$$h_i = \frac{n_i}{n} \quad 100\,\%$$

Klassenbildung:

$$k = \sqrt{n}$$

Klassenbreite:

$$R = x_{max} - x_{min}$$

$$W = \frac{R}{\sqrt{n}} \quad (\Delta x) \qquad = \frac{x_{max} - x_{min}}{\sqrt{n}}$$

Abweichung vom Mittelwert „ zu 0 „

$$V_i = \sum_{i=1}^{n} (x_i - \bar{x})$$

$$V_i = \sum_{i=1}^{n} (x_i - n \cdot \bar{x})$$

Variationskoeffizient: (Variation s zu $\bar{x}$ ind %)

$$cv = \frac{s}{\bar{x}} \cdot 100\,\%$$

Standardfehler für die Stichprobe:

$$F(\sigma) = \frac{\sigma}{\sqrt{n}}$$ *(gilt für einfache Zufallsstichproben)*

$$F(s) = \frac{s}{\sqrt{n}} = \frac{\sqrt{\frac{1}{n-1} \cdot \sum_{i=1}^{n} (x_i - \bar{x})^2}}{\sqrt{n}}$$

Formeln 2: Qualitätssicherung

QRK - Eingriffsgrenzen

Methode der EG „ nach Ford „

OEG = Obere Eingriffsgrenze UEG = Untere Eingriffsgrenze

$$\begin{pmatrix} OEG \\ UEG \end{pmatrix} = \mu \pm 3\sigma$$

μ =Mittelwert der Grundgesamtheit
σ = Standardabweichung der Grundgesamtheit

$$\sigma_{\bar{x}} = \frac{\sigma}{\sqrt{n}}$$

$$\sigma_{\tilde{x}} = c_n \cdot \sigma_{\bar{x}} = \frac{c_n}{\sqrt{n}} \cdot \sigma$$

$\sigma_{\bar{x}}$ = Standardabweichung der Mittelwerte $\bar{x}$
$\sigma_{\tilde{x}}$ = Standardabweichung der Mediane $\tilde{x}$
n = Stichprobenumfang
c_n = vom Stichprobenumfang abhängiger Parameter

Überwachung der Prozeßlage: $\bar{X}$

$\bar{x}$ - Spur

$$\begin{pmatrix} OEG \\ UEG \end{pmatrix}_{\bar{x}} = \bar{\bar{X}} \pm \frac{3}{\sqrt{n}} \cdot \sqrt{\overline{s^2}}$$

$$\begin{pmatrix} OEG \\ UEG \end{pmatrix}_{\bar{x}} = \bar{\bar{X}} \pm \frac{3}{\sqrt{n} \cdot c_4*} \cdot \bar{s}$$

$$\begin{pmatrix} OEG \\ UEG \end{pmatrix}_{\bar{x}} = \bar{\bar{X}} \pm A_3 \cdot \bar{s}$$

$$\left\langle \begin{matrix} OEG \\ UEG \end{matrix} \right\rangle_{\bar{x}} = \bar{\bar{X}} \pm \frac{3}{\sqrt{n} \cdot d_2*} \cdot \bar{R}$$

$$\left\langle \begin{matrix} OEG \\ UEG \end{matrix} \right\rangle_{\bar{x}} = \bar{\bar{X}} \pm A_2* \cdot \bar{R}$$

Eingriffsgrenzen von QRK zur Überwachung der Prozeßsteuerung

Eingriffsgrenzen: OEG und UEG

S - Spur

$$OEG_S = B_4* \cdot \bar{S}$$

$$UEG_S = B_3* \cdot \bar{S}$$

R - Spur

$$OEG_R = D_4* \cdot \bar{R}$$

$$UEG_R = D_3* \cdot \bar{R}$$

* ... sind vom Stichprobenumfang abhängige tabellierte Parametr.

Tabellen 1 Statistik

Quadratwurzeln

	,0	,1	,2	,3	,4	,5	,6	,7	,8	,9
1	1,00	1,05	1,10	1,14	1,18	1,22	1,26	1,30	1,34	1.38
2	1,41	1,45	1,48	1,52	1,55	1,58	1,61	1,64	1,67	1,70
3	1,71	1,76	1,79	1,81	1,84	1,87	1,90	1,92	1,95	1,97
4	2,00	2,02	2,05	2,07	2,10	2,12	2,14	2,17	2,19	2,21
5	2,24	2,26	2,28	2,30	2,32	2,35	2,36	2,39	2,41	2,53
6	2,45	2,47	2,49	2,51	2,53	2,55	2,57	2,59	2,61	2,63
7	2,65	2,66	2,68	2,70	2,72	2,74	2,76	2,77	2,79	2,81
8	2,83	2,85	2,86	2,88	2,90	2,92	2,93	2,95	2,97	2,98
9	3,00	3,02	3,03	3,05	3,07	3,08	3,10	3,11	3,13	3,15

	0	1	2	3	4	5	6	7	8	9
10	3,16	3,32	3,47	3,60	3,74	3,87	4,00	4,12	4,24	4,36
20	4,47	4,58	4,69	4,80	4,90	5,00	5,10	5,20	5,29	5,39
30	5,48	5,57	5,66	5,74	5,83	5,92	6,00	6,08	6,16	6,25
40	6,32	6,40	6,48	6,56	6,63	6,71	6,78	6,86	6,93	7,00
50	7,07	7,14	7,21	7,28	7,35	7,42	7,48	7,55	7,62	7,68
60	7,75	7,81	7,87	7,94	8,00	8,06	8,12	8,18	8,25	8,31
70	8,37	8,43	8,49	8,54	8,60	8,66	8,72	8,77	8,83	8,89
80	8,94	9,00	9,06	9,11	9,17	9,22	9,27	9,33	9,38	9,43
90	9,49	9,54	9,59	9,64	9,70	9,75	9,80	9,85	9,90	9,95

Normalverteilung

Zweiseitig begrenzter Zufallsbereich	Anteil der Merkmalswerte, die im Zufallsbereich liegen, in %
± 1 s	68,27
± 2 s	95,45
± 3 s	99,73
± 4 s	99,994
± 5 s	99,9999

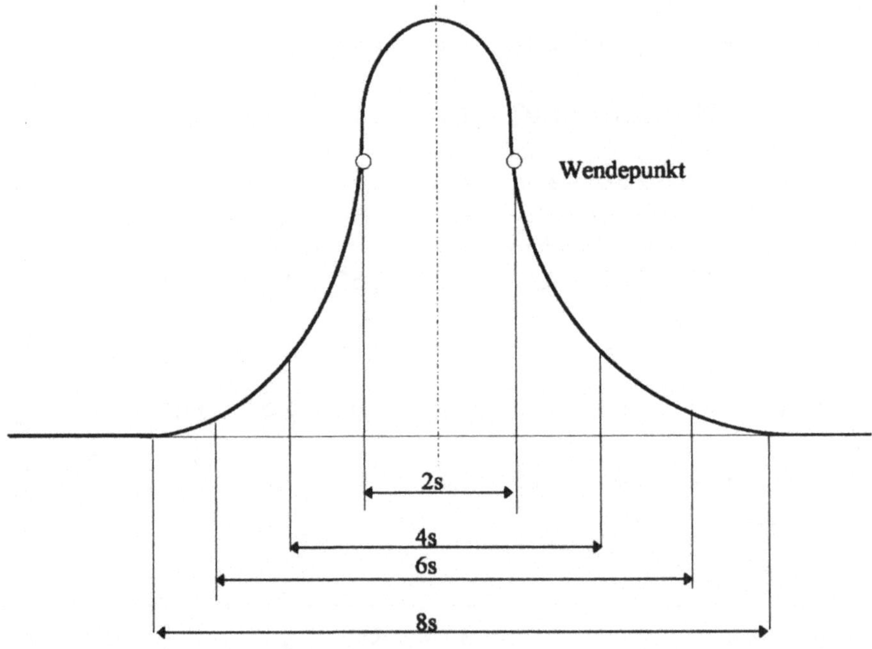

Prozentsatz der Meßwerte, die innerhalb eines Vielfachen der Standardabweichung „ s „ auf beiden Seiten von „ $\overline{x}$ „ liegen.

	0,0	0,1	0,2	0,3	0,4	0,5	0,6	0,7	0,8	0,9
0,0	0,0	8,0	15,8	23,6	31,1	38,3	45,2	51,2	57,6	63,2
1,0	68,3	72,9	77,0	80,6	83,9	86,6	89,2	91,1	92,8	94,3
2,0	95,4	96,4	97,2	97,9	98,4	98,8	99,1	99,3	99,5	99,6
3,0	99,7	99,8	99,9	99,9	99,9	99,95	99,97	99,98	99,99	99,96

Tabellen 2 Qualitätssicherung

Parameter für die Berechnung der Prozeßlage $\bar{x}$

n	d_n	c_4	c_n	A_2	A_3
2	*1,128*	*0,7979*	*1,000*	*1,880*	*2,659*
3	1,693	0,8862	1,160	1,023	1,954
4	*2,059*	*0,9213*	*1,092*	*0,729*	*1,628*
5	2,326	0,9400	1,198	0,577	1,427
6	*2,534*	*0,9515*	*1,135*	*0,483*	*1,287*
7	2,704	0,9594	1,214	0,419	1,182
8	*2,847*	*0,9650*	*1,160*	*0,373*	*1,099*
9	2,970	0,9693	1,223	0,337	1,032
10	*3,078*	*0,9727*	*1,176*	*0,308*	*0,975*

Parameter für die Berechnung der Prozeßstreuung s und R

n	B_3	B_4	D_3	D_4
2	-	*3,267*	-	*3,267*
3	-	2,568	-	2,574
4	-	*2,266*	-	*2,282*
5	-	2,089	-	2,114
6	*0,030*	*1,970*	-	*2,004*
7	0,118	1,882	0,076	1,924
8	*0,185*	*1,815*	*0,136*	*1,864*
9	0,239	1,761	0,184	1,816
10	*0,284*	*1,716*	*0,223*	*1,777*

Anhang B: Datenträger

Qualitätsregelkarte

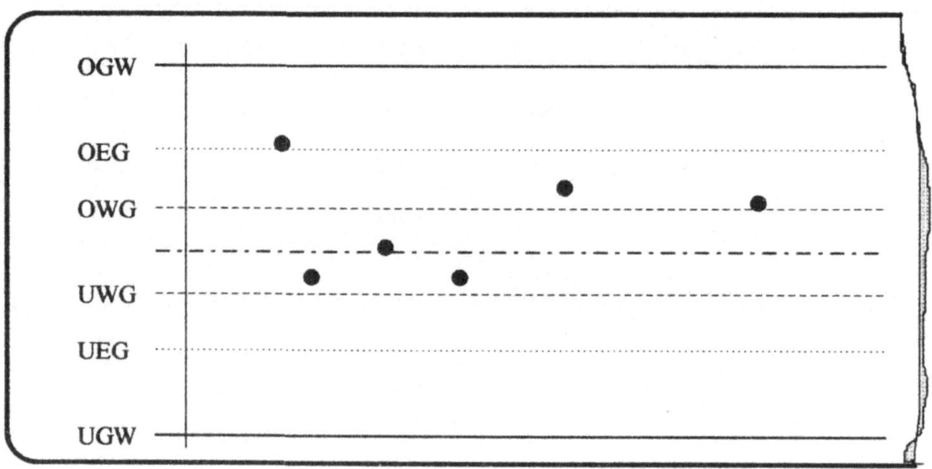

		Stichprobenwerte				
		1. St	2. St	3. St	4. St	5. St
Meßwerte	X1					
	X2					
	X3					
	X4					
	X5					
Spannweite	R					

Die Median-Spannweiten-Karte X - R - Karte

Stichprobenwerte											
		1. St-P	2. St-P	3. St-P	4. St-P	5. St-P	6. St-P	7. St-P	8. St-P	9. St-P	10. St
Meßwerte	*X1*										
	X2										
	X3										
	X4										
	X5										
	X6										
	X7										
Spannweite	**R**										

Medianwerte $\tilde{X}$											
	10										
	9										
	8										
	7										
	6										
	5										
	4										
	3										
	2										
	1										

Spannweite "R"											
	10										
	9										
	8										
	7										
	6										
	5										
	4										
	3										
	2										
	1										
	0										
	Prüfzeit										

$\bar{x}$ - s - Qualitätsregelkarte

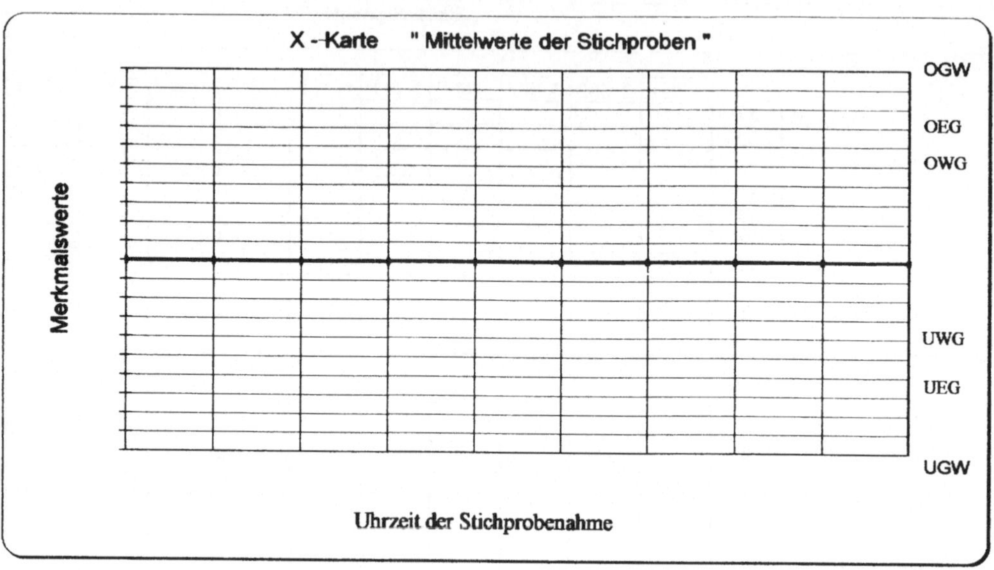

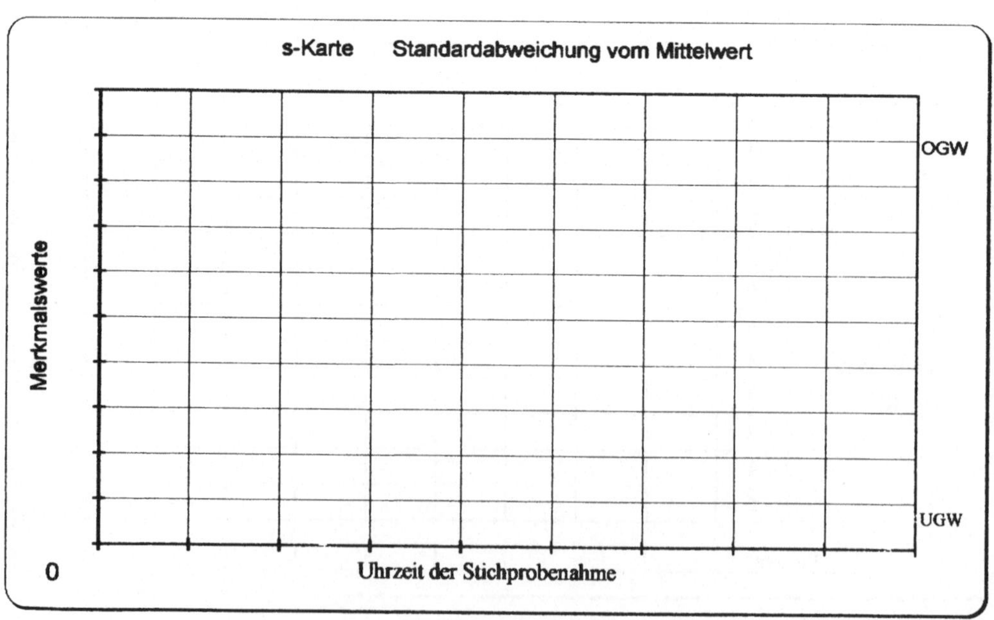

Anhang Teil C

Lösungen der Übungsaufgaben

Anhang C

Lösungen der Übungsaufgaben

Kapitel 2

2.1 Arithmetisches Mittel

1. Stichprobe

$$\bar{x} = \frac{1}{n} \cdot \sum_{i=1}^{k} (x_i \cdot n_i)$$

$$\bar{x} = \frac{1}{n} \cdot \sum (x_1 \cdot n_1) + (x_2 \cdot n_2) + (x_3 \cdot n_3) + \ldots\ldots + (x_n \cdot n_k)$$

$$\bar{x} = \frac{1}{60} \cdot \sum (219{,}8 \cdot 3 + 220 \cdot 6 + 220{,}1 \cdot 15 + 220{,}2 \cdot 4 + 220{,}3 \cdot 10 + 220{,}5 \cdot 3 + 220{,}6 \cdot 12 + 220{,}7 \cdot 1 + 220{,}8 \cdot 2 + 220{,}9 \cdot 4)\ \Omega$$

$$\bar{x} = \frac{1}{60} \cdot \sum (659{,}4 + 1320 + 3301{,}5 + 880{,}8 + 2203 + 661{,}5 + 2647{,}2 + 220{,}7 + 441{,}6 + 883{,}6)\ \Omega$$

$$\bar{x} = \frac{1}{60} \cdot \sum (13219{,}3)\ \Omega$$

$$\bar{x} = \boxed{220{,}32\ \Omega}$$

Arithmetisches Mittel

2. Stichprobe

$$\bar{x} = \frac{1}{n} \cdot \sum_{i=1}^{k} (x_i \cdot n_i)$$

$$\bar{x} = \frac{1}{60} \cdot \sum (219{,}7 \cdot 2 + 219{,}9 \cdot 8 + 220 \cdot 3 + 220{,}1 \cdot 6 + 220{,}2 \cdot 4 + 220{,}3 \cdot 14 + 220{,}4 \cdot 16 + 220{,}7 \cdot 4 + 220{,}8 \cdot 3)\ \Omega$$

$$\bar{x} = \frac{1}{60} \cdot \sum (439{,}4 + 1759{,}2 + 660 + 1320{,}6 + 880{,}8 + 3084{,}2 + 3526{,}4 + 882{,}8 + 662{,}4)\ \Omega$$

$$\bar{x} = \frac{1}{60} \cdot \sum (13215{,}8)\ \Omega$$

$$\bar{x}_2 = \boxed{220{,}263\ \Omega}$$

Mittelwert beider Stichproben

$$\bar{\bar{x}} = \frac{1}{2} \cdot \sum (x_1 + x_2)$$

$$\bar{\bar{x}} = \frac{1}{2} \cdot \sum (220{,}32 + 220{,}252)\ \Omega$$

$$\bar{\bar{x}} = \boxed{220{,}286\ \Omega}$$

Kapitel 4

4.1

Tabelle 4

i	1	2	3	4	5	Σ
x_i	5,095	6,019	6,009	6,014	6,017	
n_i	1	8	16	4	1	30
h_i	*3,33*	*26,66*	*53,33*	*13,33*	*3,33*	*100*
H_i	*3,33*	*29,99*	*83,32*	*96,65*	*100*	

Arithmetisches Mittel für die Stichprobe „ Steuerkolben „ mit n = 5

$$\bar{x} = \frac{1}{n} \cdot \sum_{i=1}^{k} (x_{im} \cdot n_i)$$

$$\bar{x} = \frac{1}{n} \cdot \sum (x_1 \cdot n_1) + (x_2 \cdot n_2) + (x_3 \cdot n_3) + (x_4 \cdot n_4) + (x_5 \cdot n_5)$$

$$\bar{x} = \frac{1}{30} \cdot \sum (5{,}095 \cdot 1 + 6{,}019 \cdot 8 + 6{,}009 \cdot 16 + 6{,}014 \cdot 4 + 6{,}017 \cdot 1)$$

$$\bar{x} = \frac{1}{30} \cdot \sum 5{,}095 + 48{,}152 + 96{,}144 + 24{,}056 + 6{,}017)$$

$$\bar{x} = \frac{1}{30} \cdot \sum (179{,}464) = \boxed{5{,}982 \text{ mm}}$$

Der mittlere Kolbendurchmesser liegt, wie alle Stichprobenwerte, innerhalb der Toleranz von ± 0,02 mm.

Wert-und Summenhäufigkeit in %

	1	2	3	4	5
h_i (%)	3.33	26.66	53.33	13.33	3.33
H_i (%)	3.33	29.99	83.32	96.65	100

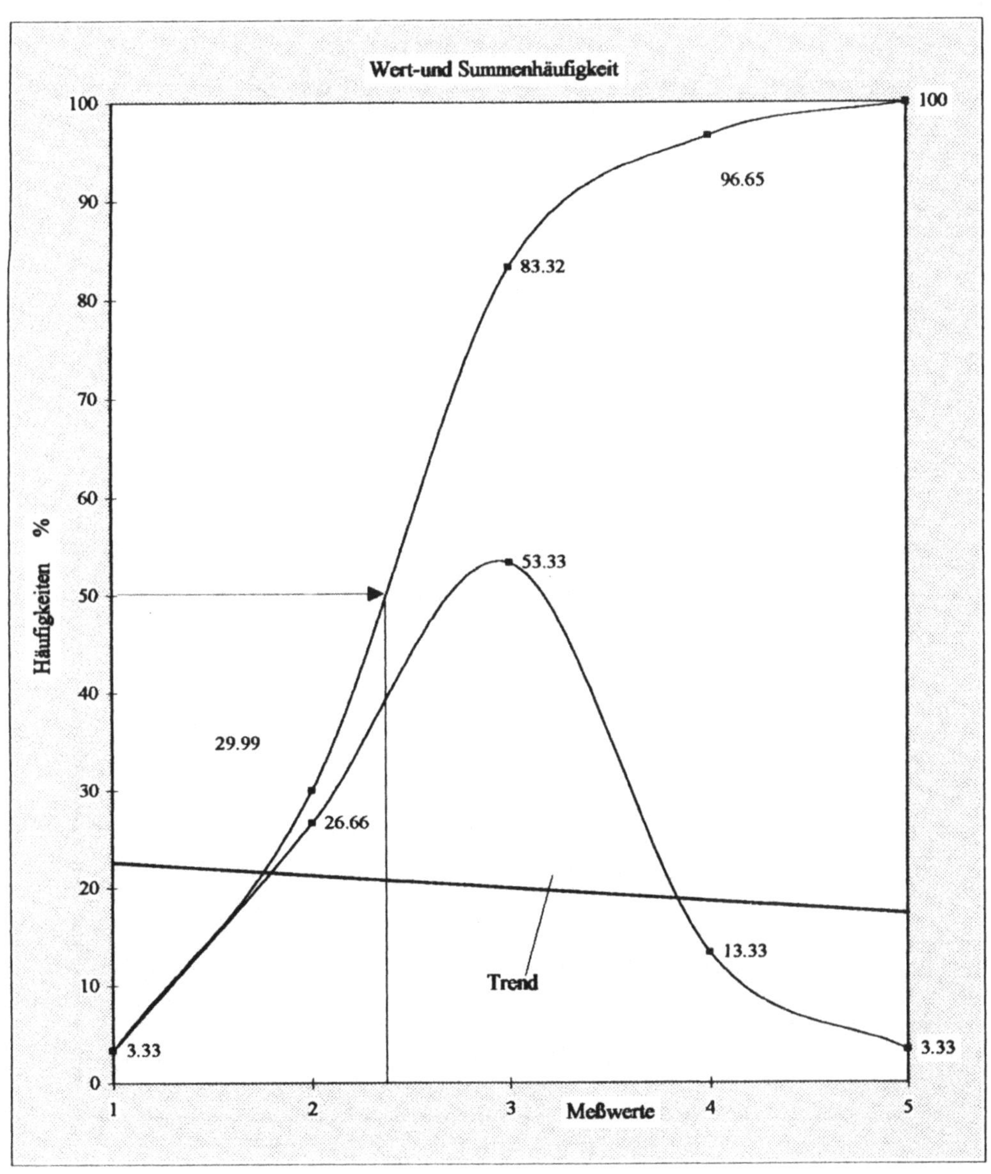

4.2 *Gegeben:* $n = 80$; $x_{max} = 20{,}5$ mm; $x_{min} = 16{,}5$ mm

Klassenbildung: $k = \sqrt{80} = 8{,}944$

Wir wählen *8* Klassen

Klassenweite: $W = \dfrac{R}{8} = \dfrac{4\ \Omega}{8} = \boxed{0{,}5\ \Omega}$

Intervall = 0,5 Ω

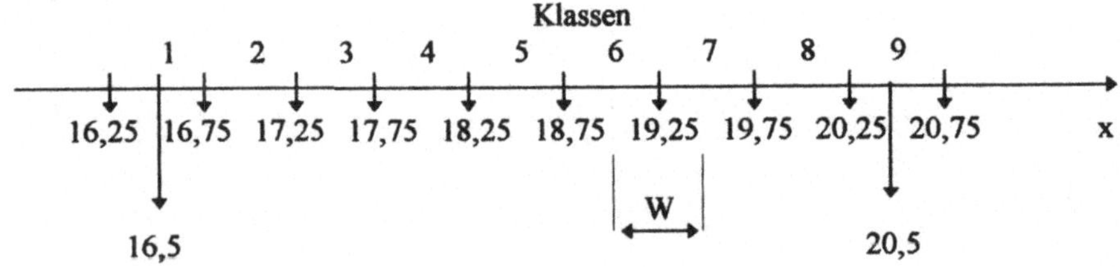

4.3 Gegeben: Tabelle 4.33 Klassengrenzen und Häufigkeiten

Kl-Nr	Klasse von - bis	x_i^m	n_i	$(x_{im} \cdot n_i)$	h_i (%)	H_i (%)
1	68,5 - 69,5	69	1	69	1,56	1,56
2	69,5 - 70,5	70	4	280	6,25	7,81
3	70,5 - 71,5	71	10	710	15,63	23,44
4	71,5 - 72,5	72	21	1512	32,81	56,25
5	72,5 - 73,5	73	13	949	20,31	76,56
6	73,5 - 74,5	74	11	814	17,19	93,75
7	74,5 - 75,5	75	3	225	4,68	98,43
8	75,5 - 76,5	76	1	76	1,56	100
Σ			64	4635	100	

$$\bar{x} = \frac{1}{n} \cdot \sum (x_{im} \cdot n_i) = \frac{1}{64} \cdot (46535) = \boxed{72{,}42}$$

Werthäufigkeit in % (aus der erweiterten Tabelle 4,33)

1.56	6.25	15.63	32.81	20.31	17.19	4.68	1.56

Häufigkeitssummen in %

1.56	8.81	23.44	56.25	76.56	93.75	98.43	100

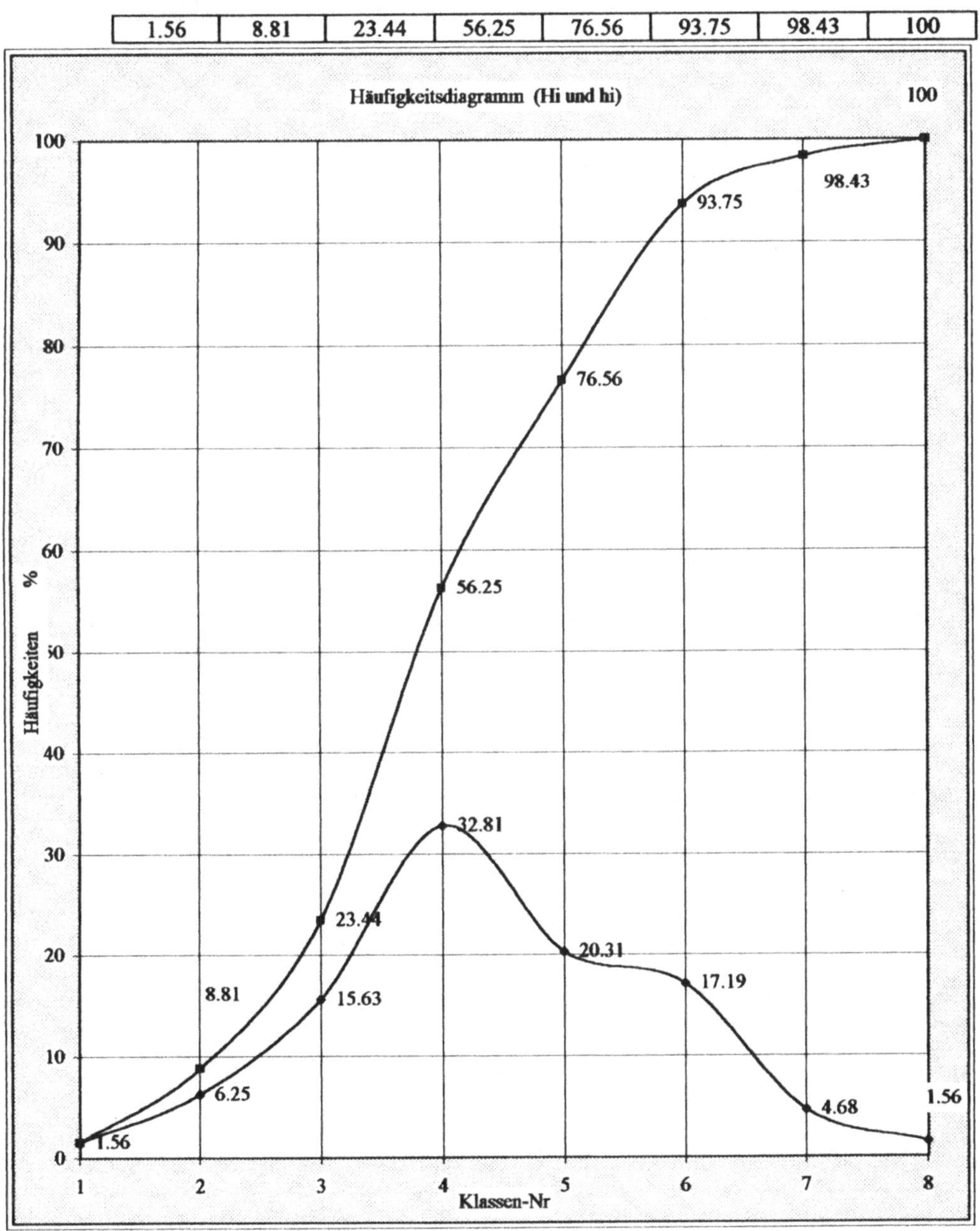

4.4

i	x_i	$(x_i - \bar{x})$	h_i (%)	H_i (%)	xi * hi
1	246	-4	2	2	492
2	248	-2	28	30	6944
3	250	0	52	82	13000
4	252	2	14	96	3528
5	254	4	4	100	1016
	1250	0	100		24980

Arithmetisches Mittel

$$\bar{x} = \frac{1}{n} \cdot \sum (x_i \cdot h_i) \quad (g \cdot \%)$$

$$\bar{x} = \frac{1}{5} \cdot \sum (492 + 6944 + 13000 + 3528 + 1016) = \frac{24980 \text{ g } \%}{100 \%} = \boxed{249{,}80 \text{ g}}$$

Mittlerer Abweichungsbetrag

$$\bar{x} = \frac{1}{n} \cdot \sum_{i=1}^{n} | x_i - \bar{x} | = \frac{12}{5} = \boxed{2{,}4 \text{ Gramm}}$$

Stichprobe einer Flaschenabfüllanlage

x_i (cm³)	246	248	250	252	254

Wert- und Summenhäufigkeit in %

h_i	2	28	52	14	4
H_i	2	30	82	96	100

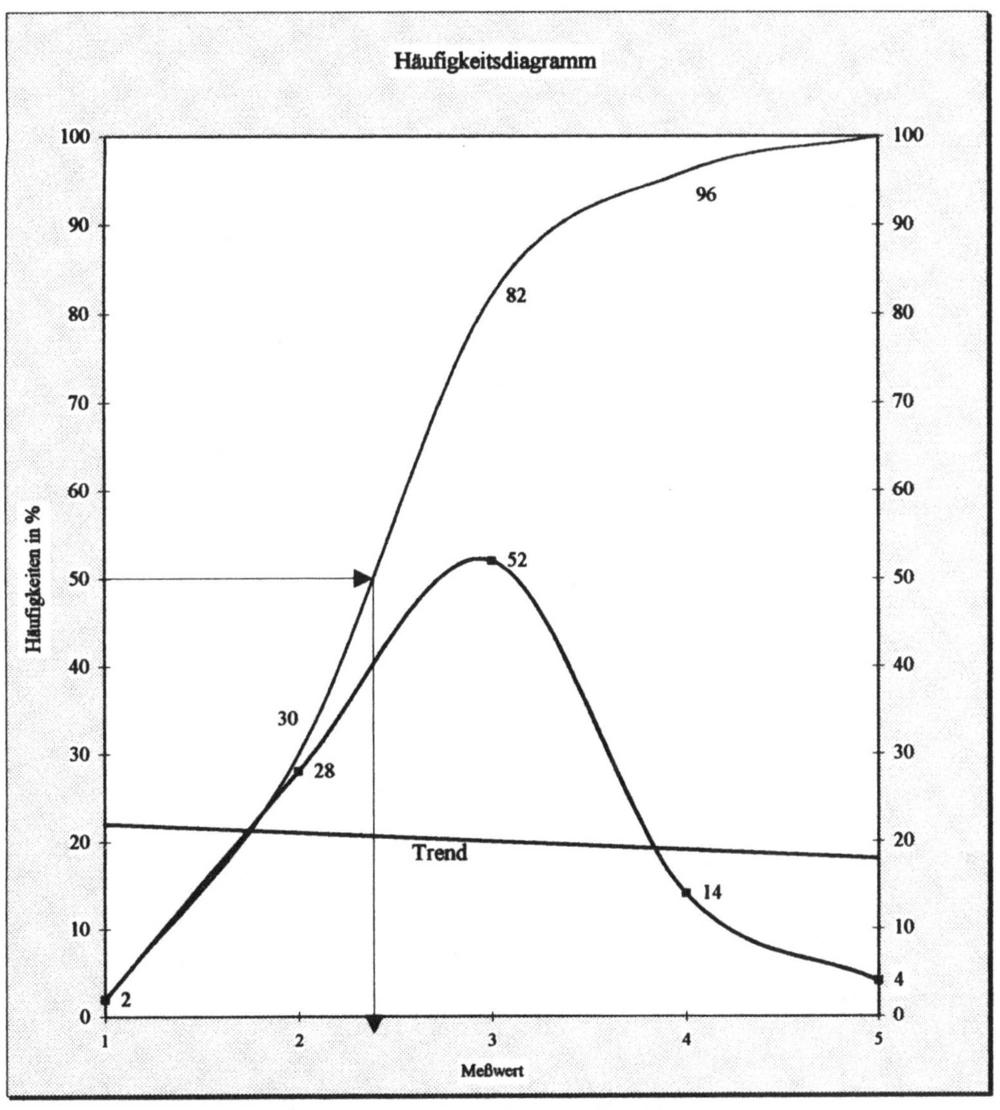

Trend der Abfüllanlage: Es wird weniger Flüssigkeit abgefüllt.

Kapitel 5

5.1 Lösung: **1** -3; **2** -2; **3** -3;

zu **4** Tabelle

x_i	55	61	87	69	82	87
n_i	6	3	1	4	5	1

5.2 Lösung: **c** ; Zentralwert 24

i	x_i	$x_i - \bar{x}$	$(x_i - \bar{x})^2$	$\lvert x_i - \bar{x} \rvert$
1	8	-12,6	158,76	12,6
2	12	-8,6	73,96	8,6
3	24	3,4	11,56	3,4
4	25	4,4	19,36	4,4
5	34	13,4	179,56	13,4
Σ	103	0	443,2	42,4

Arithmetisches Mittel

$$\bar{x} = \frac{1}{n} \cdot \sum (x_1 + x_2 + x_3 + \ldots\ldots + x_n)$$

$$\bar{x} = \frac{1}{5} \cdot \sum (8 + 12 + 24 + 25 + 34)$$

$$\bar{x} = \frac{1}{5} \cdot (103) = \boxed{20{,}6}$$

Mittlerer Abweichungsbetrag

$$\bar{x} = \frac{1}{n} \cdot \sum_{i=1}^{n} \lvert x_i - \bar{x} \rvert = \frac{1}{5}\, 42{,}4 = \boxed{8{,}48}$$

Standardabweichung vom Mittelwert:

$$s = \sqrt{\frac{1}{n-1} \cdot \sum_{i=1}^{n} (x_i - \bar{x})^2} = \sqrt{\frac{443{,}2}{4}} = \boxed{10{,}53}$$

Grenzwerte für ± 1s: $OG = \bar{x} + 1s = 20{,}6 + 10{,}53 = \boxed{31{,}13}$

$UG = \bar{x} - 1s = 20{,}6 - 10{,}53 = \boxed{10{,}07}$

Die Meßwerte 8 und 34 liegen bei ± 1s außerhalb der Grenzen. Bei ± 2s liegen alle Werte in den Grenzen.

5.3

Wir bilden zuerst die Klassen und die Klassenweite.

$k = \sqrt{n} = \sqrt{50} = 7{,}07$; Wir bilden **8 Klassen.**

Die Klassenweite: w

$$w = \frac{R}{\sqrt{n}}$$ für $R = x_{max} - x = 103{,}1 - 27{,}1 = \boxed{76}$

$$w = \frac{76}{8} = 9{,}5$$ Wir wählen eine Klassenweite von $\boxed{10}$

Kl-Nr	Klasse	x_{im}	n_i	$x_{im} \cdot n_i$	h_i (%)	H_i (%)
1	20-30	25	13	325	10,25	10,25
2	30-40	35	0	0	0	10,25
3	40-50	45	0	0	0	10,25
4	50-60	55	4	220	6,94	17.195
5	60-70	65	10	650	20,5	37,69
6	70-80	75	9	675	21,29	58,98
7	80-90	85	7	595	18,77	77,75
8	90-100	95	3	285	8,99	86,74
9	100-110	105	4	420	13,25	100
			50	3170	100	

Arithmetisches Mittel

$$\bar{x} = \frac{1}{n} \cdot \sum_{i=1}^{n} (x_{im} \cdot n_i) = \frac{3170}{50} = \boxed{63{,}4}$$

5.4

Datenerhebung: Merkmalswert, Längenmaße in cm, $n = 22$

184	180	186	176	174	172	185	186	180	184	176
180	175	172	175	185	182	185	174	172	175	178

i	x_i (cm)	n_i	$(x_i \cdot n_i)$	h_i (%)	H_i (%)
1	172	3	516	13,1	13,1
2	174	2	348	8,84	21,94
3	175	3	525	13,34	35,28
4	176	2	352	8,94	44,22
5	178	1	178	4,52	48,74
6	180	3	540	13,72	62,46
7	182	1	182	4,62	67,08
8	184	2	368	9,35	76,43
9	185	3	555	14,1	90,53
10	186	2	372	9,44	99,99
		22	3936	99,99	

Arithmetisches Mittel

$$\bar{x} = \frac{1}{n} \cdot \sum_{i=1}^{n} (x_{im} \cdot n_i)$$

$$\bar{x} = \frac{1}{22} \cdot (3936)\text{cm} = \frac{3936}{22} = \boxed{178{,}909 \text{ cm}}$$

Varianz der Stichprobe: var

$$Var_{(x)} = s^2 = \frac{1}{n-1} \cdot \sum_{i=1}^{n} (x_i - \bar{x})^2$$

$$s^2 = \frac{1}{10-1} (220{,}5)\ (cm^2)$$

$$s^2 = \boxed{24{,}5\ cm^2}$$

Standardabweichung: s

$$s = \sqrt{s^2} = \sqrt{24{,}5\ cm^2} = \boxed{4{,}95\ cm}$$

Grenzwerte $\bar{x} = \pm\ 1s$

Oberer Grenzwert $\bar{x} + 1s = 178{,}9\ cm + 4{,}95\ cm = \boxed{183{,}85\ cm}$

Unterer Grenzwerte $\bar{x} - 1s = 178{,}9\ cm - 4{,}95\ cm = \boxed{173{,}95\ cm}$

Bei ± 1 s liegen die Werte 172; 184; 185; 186 (cm) außerhalb.

Bei ± 2 s liegen alle Werte innerhalb Grenzen.

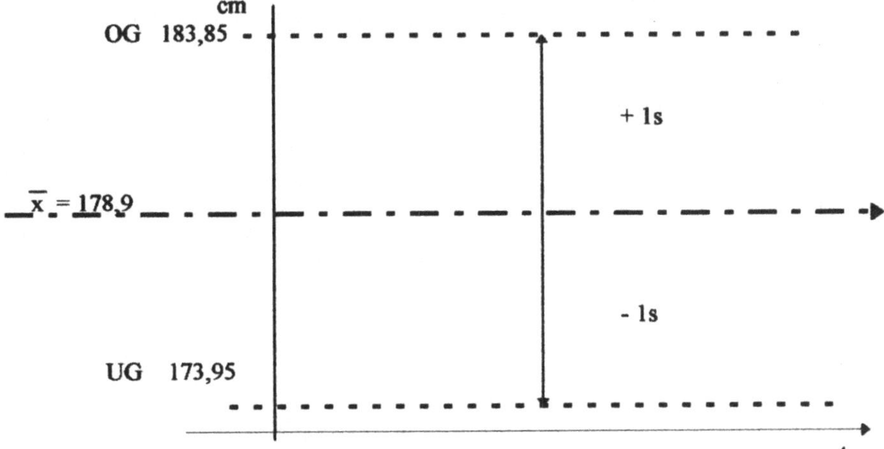

5.5 Ein Produkt soll mit der Verpackung zusammen 80 Gramm wiegen.
Der Kunde billigt für die Stichprobe von n=22 eine Standardabweichung von ± 4 Gramm zu.

Bestimmen Sie aus den Meßwerten: Gewichte (g) und n = 22

Die Produkte > 4 Gramm aber < 1s werden mit 50 % Preisnachlaß weitergegeben.
Bei 95,5 % innerhalb 1s wird die Produktion angenommen.

Meßwerte aus der Stichprobe

82	79	82	84	82	82	72	89	80	82	80
85	82	83	79	83	83	80	82	78	84	85

Summe aller Meßwerte: **1798** Arithmetisches Mittel: $\overline{X}$ = **81.727** Gramm

Quadratische Abweichung vom Mittelwert: **222.36**

Standardabweichung vom Mittelwert: **3.254** Gramm

Abweichung: oA $\overline{X}$ + 1 s = 79.91 + 9.481 = **89.391** Gramm

uA $\overline{X}$ - 1 s = 79.91 - 9.481 = **70.429** Gramm

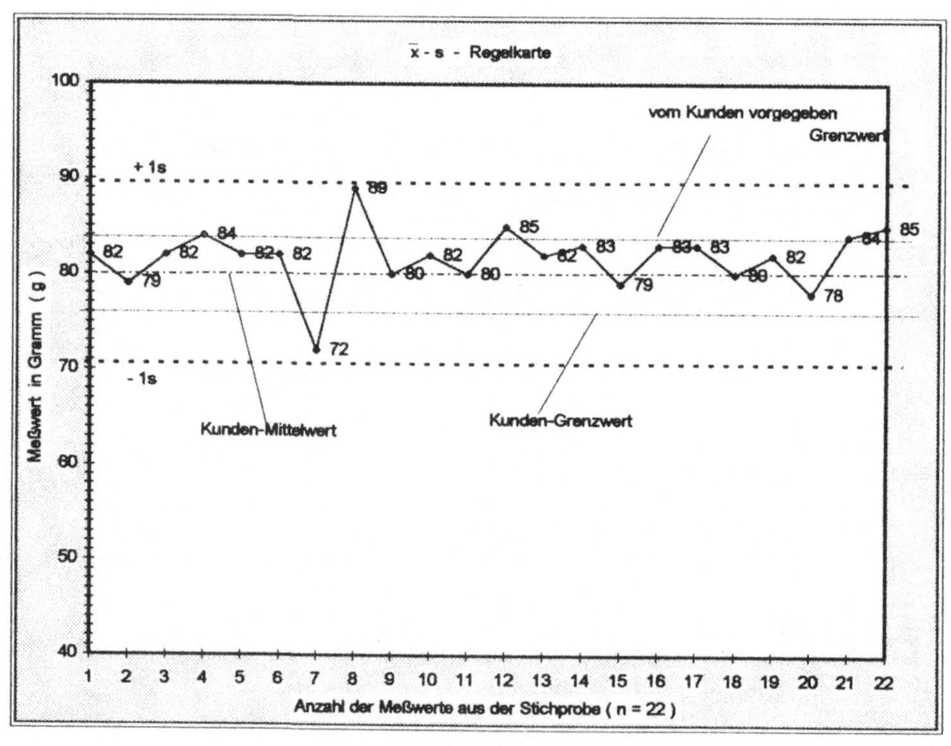

Ein Produkt soll mit der Verpackung zusammen 80 Gramm wiegen.

Der Kunde billigt für die Stichprobe von n = 22 eine Standardabweichung von ± 4 Gramm zu.

Bestimmen Sie aus den Meßwerten: **Gewichte (g) und n = 22**

Meßwerte aus der Stichprobe

82	79	82	84	82	82	72	89	80	82	80
85	82	83	79	83	83	80	82	78	84	85

Summe aller Meßwerte: 1798

Meßwerte für die Häufigkeitstabelle geordnet.

x_i	40	72	78	79	80	82	83	84	85	89
n_i	1	1	1	2	2	7	3	2	2	1
$x_i \cdot n_i$	40	72	78	158	160	574	249	168	170	89
h_i %	2.18	4.09	4.44	8.99	9.12	32.65	14.2	9.5	9.67	5.06
H_i %	2.28	6.37	10.81	19.8	28.92	61.57	75.77	85.27	94.94	100

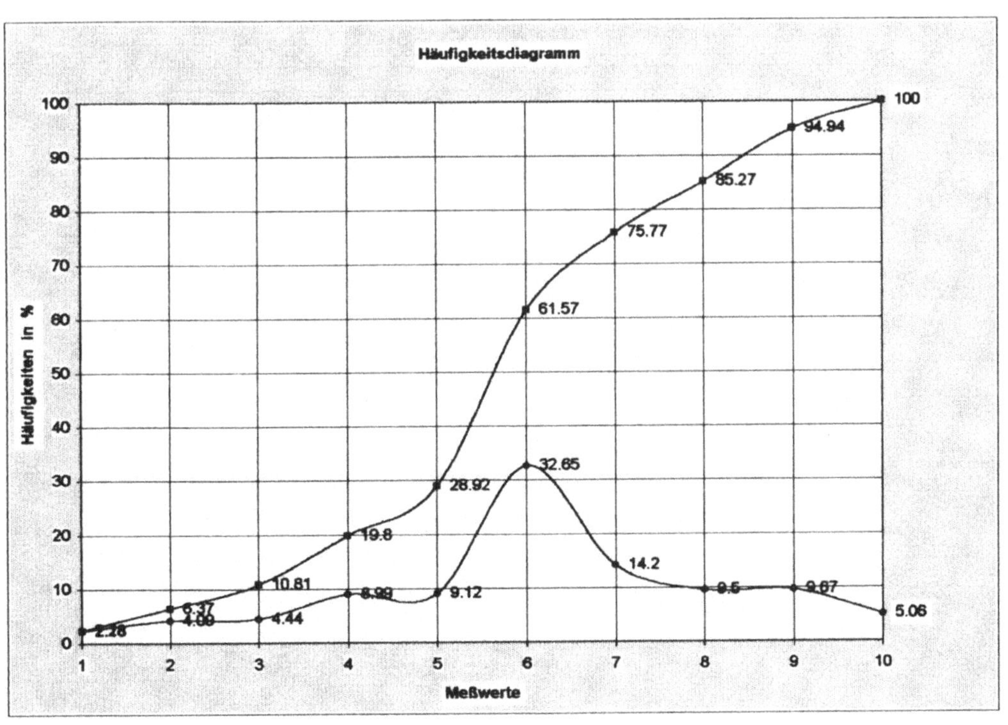

5.6 Es haben sich folgende Meßwerte in einer Datenmenge ergeben.

10	2	5	2	6

$(n = 5)$

X_{max} 10 X_{min} 2

Den Zentralwert Z 5 2 2 (5) 6 10

Die Spannweite R 8

Mittelwert $\bar{X}$ 5 $\bar{X} = 1/5\,(10 + 2 + 5 + 2 + 6) =$

Die einfache und quadrierte Abweichung vom Mittelwert.

	einfache Abweichung	quadrierte Abweichung
x_i	$(x_i - \bar{x})$	$(x_i - \bar{x})^2$
2	- 3	9
2	- 3	9
5	0	0
6	+ 1	1
10	+ 5	25

Summe 25 Summe 44

Standardabweichung vom Mittelwert ?

$$s = \sqrt{\frac{\Sigma(x - \bar{x})^2}{n-1}} \qquad s = \sqrt{\frac{44}{4}} = \boxed{3{,}3}$$

Grenzwerte $\bar{X} \pm 1\,s$ um den Mittelwert.

$\bar{X} + 1s = 5 + 3{,}3 = 8{,}3$ $\qquad$ $\bar{X} - 1s = 5 - 3{,}3 = 1{,}7$

Werte in der Karte.

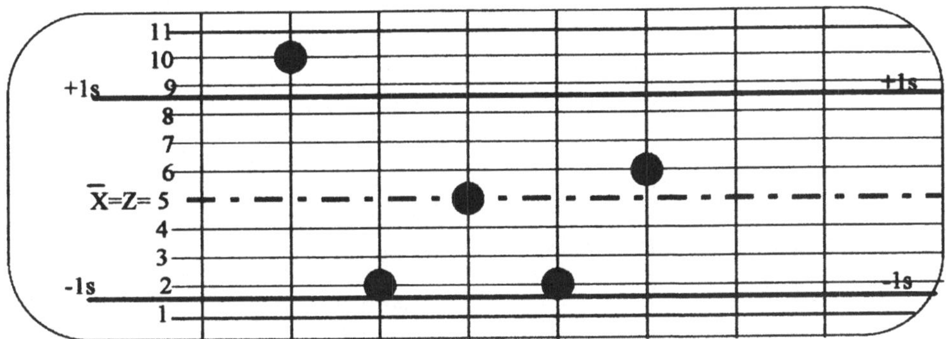

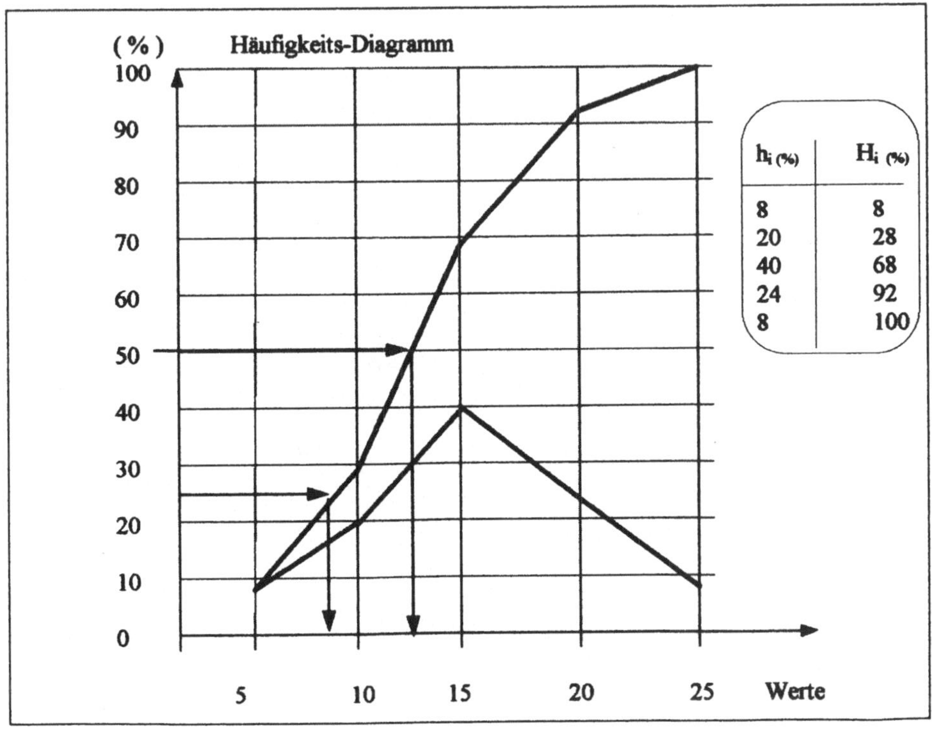

5.7

a) Wertetabelle
b) Das arithmetische Mittel und die Standardabweichung vom Mittelwert
c) Gewichtswerte (g) im Intervall 1s bzw. 2s

Probe mit Zink

	x_i g	Zink g	$\lvert x_i - \bar{x} \rvert$	$(x_i - \bar{x})^2$
1	7.8	1.8	-0.57	0.3249
2	8.2	2.2	-0.17	0.0289
3	8	2	-0.37	0.1369
4	7.9	1.9	-0.47	0.2209
5	7.8	1.8	-0.57	0.2209
6	8.4	2.4	0.03	0.0009
7	9	3	0.63	0.3969
8	8.6	2.6	0.23	0.0529
9	9.2	2.2	0.83	0.005
10	8.8	2.8	0.43	0.1849
Summe	83.7	22.7	0	1.5731

Zinkauflage: $\bar{x}$ 2.27
(g) $\bar{s}$ = 0.42177

Probe: $\bar{x}$ = 8.37
(g) s = 0.51218

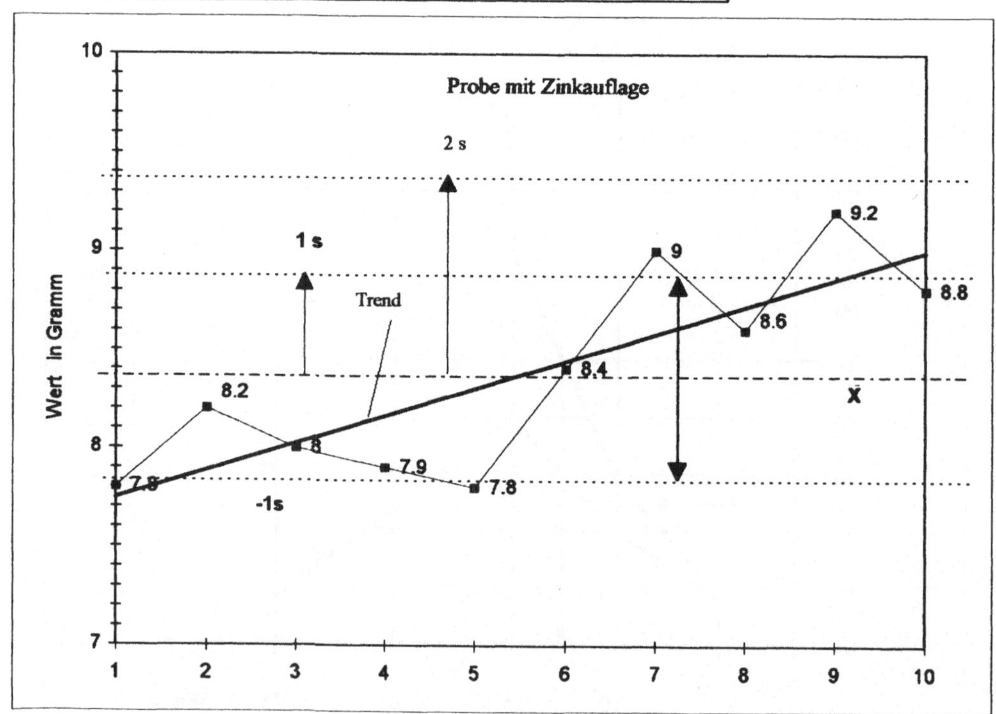

5.8

Betrieb mit n = 90 Arbeitnehmern

Tabelle mit Einkommensklassen und Arbeitnehmer

Abweichungen aller einzelnen Merkmalswerte, die von ihrem arithmetischen Mittel gleich Null sind.

Einkommensklasse DM	Klassenmitte DM x_{im}	absolute Häufigkeiten n_i	$x_{im} \bullet n_i$	relative Häufigkeiten h_i %	Häufigkeitssumme H_i %
1200 - 1600	1400	12	16800	8,99	8,99
1600 - 2000	1800	52	93600	50,1	59,09
2400 - 2800	2600	16	41600	22,27	81,36
3200 - 3600	3400	8	27200	14,57	95,93
3600 - 4000	3800	2	7600	4,07	100
Summen		90	186800	100	

Arithmetisches Mittel

$$\bar{x} = \frac{1}{n} \cdot \sum_{i=1}^{5} (x_{im} \cdot n_i)$$

daraus ergibt sich : $\bar{X} = \frac{186800}{90} = \boxed{2075,5}$

Abweichung vom Mittelwert:

$x_i \cdot n_i$	$\bar{x}$ (5 Klassen)	$(x_i \cdot n_i) - \bar{x}$
16800	$\frac{186800}{5} = 37360$	- 20560
93600		+ 56240
41600		+ 4240
27200		- 10160
7600		- 29760
		Summe 0

5.9

n = 5 ; Toleranz 2 % ; x_0 = 220 Ω

i	x_i	n_i	$x_i \cdot n_i$	$(x_i - \overline{x})$	$(x_i - \overline{x})^2$
1	218	2	436	-2	4
2	219	10	2190	-1	1
3	220	24	5280	0	0
4	221	12	2652	1	1
5	222	2	444	2	4
		50	11002	0	10

Arithmetisches Mittel

$$\overline{x} = \frac{1}{n} \cdot \sum (x_i \cdot x_n)$$

Grenzwerte ergeben sich aus der Toleranz ± 2,2 Ohm.

OGW: 222,2 Ohm
UGW: 117.8 Ohm

$$\overline{x} = \frac{1}{50} \cdot \sum (11002)\ \Omega = \boxed{220{,}04\ \Omega}$$

Varianz $s^2 = \frac{1}{n-1} \cdot \sum (x_i - \overline{x})\ \Omega^2 = \frac{10}{4} = \boxed{2{,}5\ \Omega^2}$

Standardabweichung $s = \sqrt{2{,}5\ \Omega^2} = \boxed{1{,}58\ \Omega}$

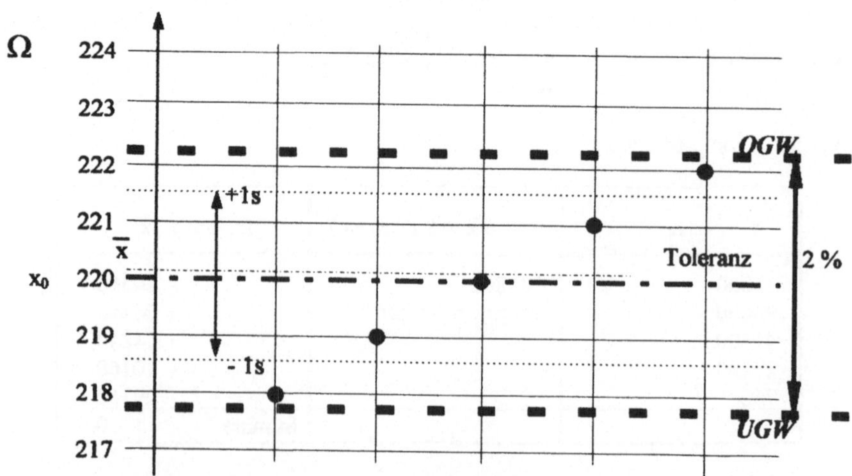

Kapitel 6

6.1

Qualitätspunkte x_i	10	11	12	13	14	15	16	17	18	19	20	21	22	23	24	25	Summe
absolute Häufigkeiten n_i	1	1	1	1	2	2	2	3	4	4	3	2	1	1	1	1	30
$x_i \cdot n_i$	10	11	12	13	28	30	32	51	72	76	60	42	22	23	24	25	531
Abweichungen vom Mittelwert	-23.2	-22.2	-21.2	-20.2	-5.2	-3.2	-1.2	17.8	38.8	42.8	26.8	8.8	-11.2	-10.2	-9.2	-8.2	-0.2
Relative Werthäufigkeit (%)	1.9	2.1	2.2	2.5	5.3	5.6	6.0	9.6	13.6	14.3	11.3	7.9	4.1	4.3	4.5	4.7	100.0
Summenhäufigkeit (%)	1.9	4.0	6.2	8.7	13.9	19.6	25.6	35.2	48.8	63.1	74.4	82.3	86.4	90.8	95.3	100.0	

Quadratische Abweichungen vom Mittelwert: 6758.4375

Arithmetische Mittel: 33.2

$$\bar{X} = \frac{1}{16} \quad 10 + 11 + 12 + 13 + 28 + 30 + 32 + 51 + 72 + 76 + 60 + 42 + 22 + 23 + 24 + 25$$

$$\bar{X} = \frac{531}{16} = \boxed{33.19}$$

Klassenbreite:

$$w = \frac{R}{n} = \frac{66}{30} = \boxed{2}$$

Spannweite:

$$R = 76 - 10 = \boxed{66}$$

Klasse		x_{im}	n_i	$x_{im} \cdot n_i$
10 -	15	12.5	6	75
15 -	20	17.5	15	262.5
20 -	25	22.5	9	202.5
			30	540

Varianz: 450.6

Standardabweichung:

$$s = \sqrt{\frac{\text{Summe}\,(x - \bar{x})^2}{n-1}} = \sqrt{\frac{6758.4375}{16-1}} = \boxed{21.22645755}$$

Standardfehler:

$$F = \frac{s}{\sqrt{n}} = \frac{21.23}{5,48} = \boxed{3,86}$$

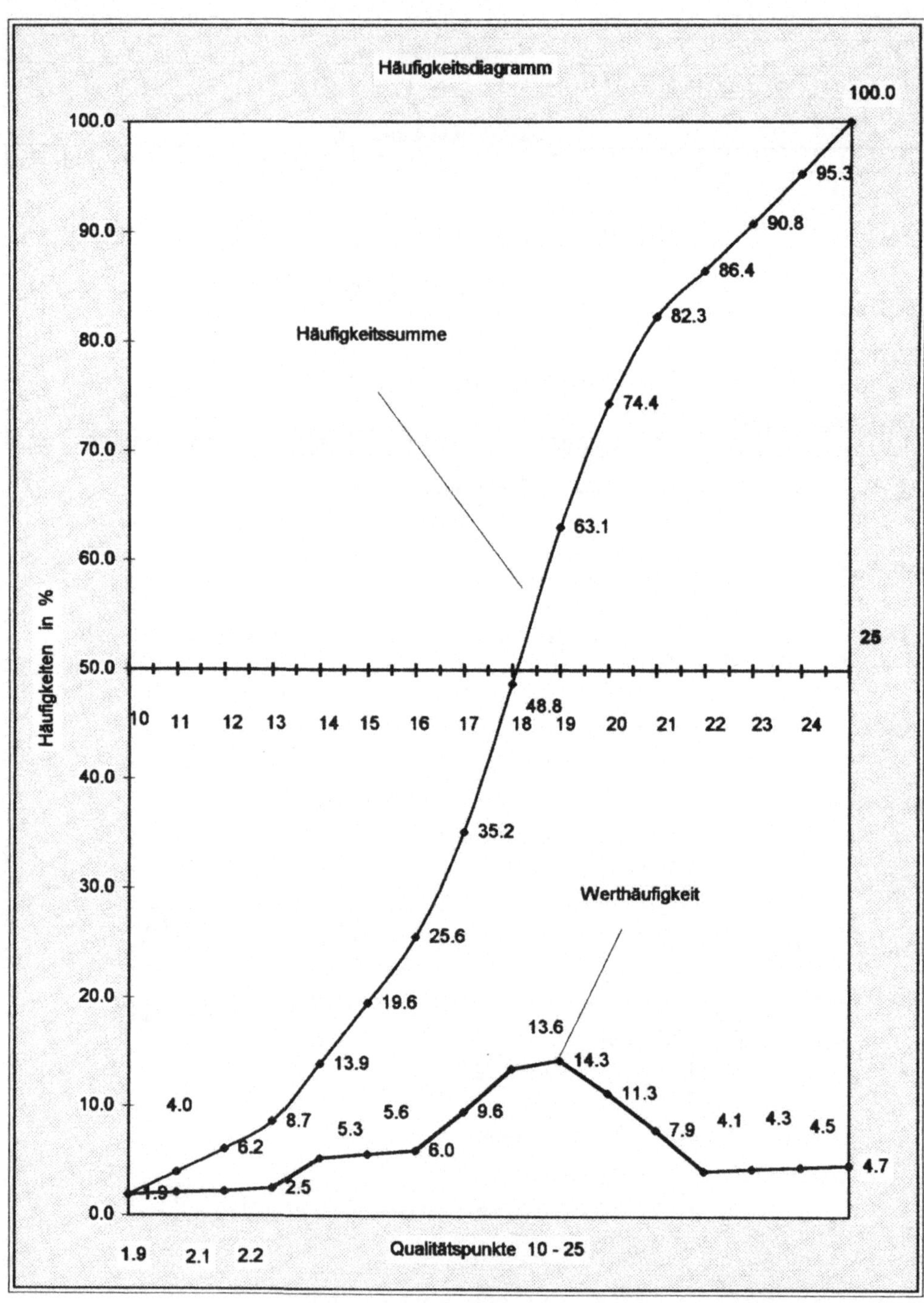

Häufigkeitsdiagramm
Häufigkeiten in %
100.0
90.0
80.0
70.0
60.0
50.0
40.0
30.0
20.0
10.0
0.0
Häufigkeitssumme
Werthäufigkeit
100.0
95.3
90.8
86.4
82.3
74.4
63.1
48.8
35.2
25.6
19.6
13.9
8.7
6.2
4.0
1.9
2.1
2.2
2.5
5.3
5.6
6.0
9.6
13.6
14.3
11.3
7.9
4.1
4.3
4.5
4.7
10 11 12 13 14 15 16 17 18 19 20 21 22 23 24 25
Qualitätspunkte 10 - 25

6.2 Die Verteilung der Schmelzleistung (t) in einem Stahlwerk soll dargestellt werden.

a) Häufigkeit der Besetzungszahl in %
b) Häufigkeitssumme mit ihren Besetzungszahlen und in %
c) Häufigkeitsdiagramm " Schmelzleistung "
d) Schmelzleistung in (t) bei 30%, 50% und 75%
e) Häufigkeitsverteilung im Diagramm

Für die Errechnung und Darstellung nehmen wir an, daß alle Besetzungszahlen sich an der Klassen-Obergrenze befinden.

Schmelzleistung t von		bis unter	Besetzungs-Zahl n_i	Häufigkeit der Besetzungszahl n_i (%)	Häufigkeitssumme Wert H_i	%
4	-	4.5	1	0.1	1	0.1
4.5	-	5	2	0.3	3	0.4
5	-	5.5	6	0.8	9	1.2
5.5	-	6	15	1.9	24	3.1
6	-	6.5	60	7.7	84	10.8
6.5	-	7	115	14.7	199	25.5
7	-	7.5	201	25.7	400	51.2
7.5	-	8	188	24	588	75.2
8	-	8.5	118	15.1	706	90.3
8.5	-	9	52	6.6	758	96.9
9	-	9.5	19	2.4	777	99.3
9.5	-	10	3	0.4	780	99.7
10	-	10.5	2	0.3	782	100
				100		

Häufigkeitsdiagramm: Werte an der Klassenobergrenze

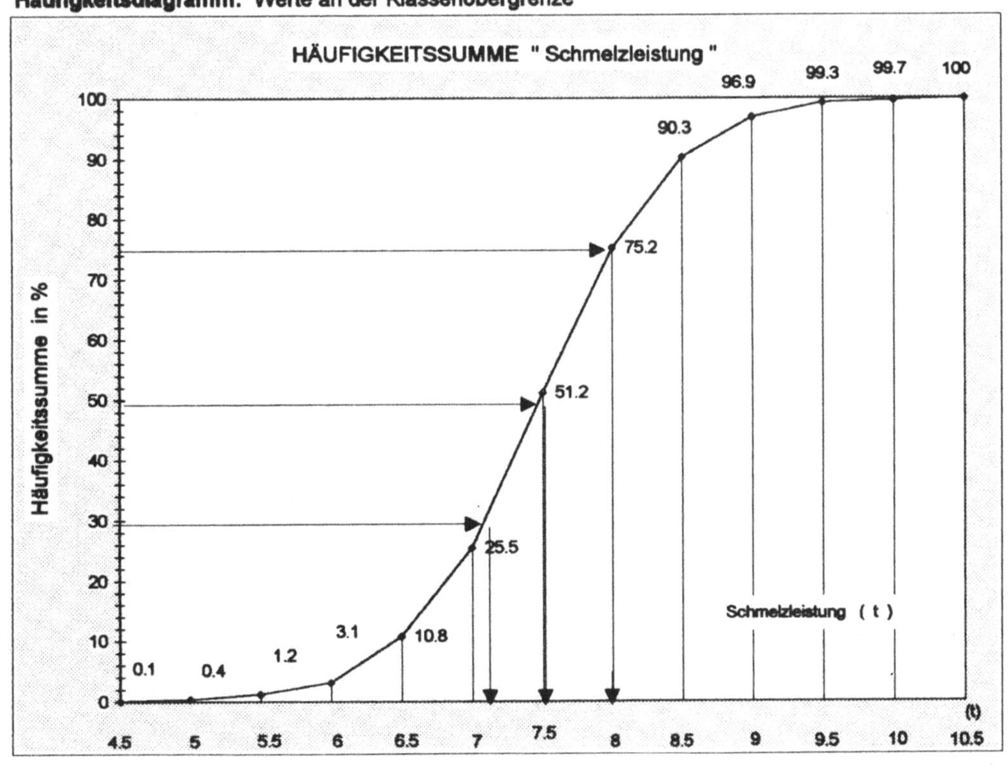

Für die Errechnung und Darstellung nehmen wir an, daß alle Besetzungszahlen sich an der Klassen-Obergrenze befinden.

	Schmelzleistung in Klassen x (t)			Besetzungs-Zahl n_i	Häufigkeit der Besetzungszahl n_i (%)	
1	4	-	4.5	1	0.1	4.5
2	4.5	-	5	2	0.3	5
3	5	-	5.5	6	0.8	5.5
4	5.5	-	6	15	1.9	6
5	6	-	6.5	60	7.7	6.5
6	6.5	-	7	115	14.7	7
7	7	-	7.5	201	25.7	7.5
8	7.5	-	8	188	24	8
9	8	-	8.5	118	15.1	8.5
10	8.5	-	9	52	6.6	9
11	9	-	9.5	19	2.4	9.5
12	9.5	-	10	3	0.4	10
13	10	-	10.5	2	0.3	10.5
					100	

Relative Häufigkeiten in den Klassen

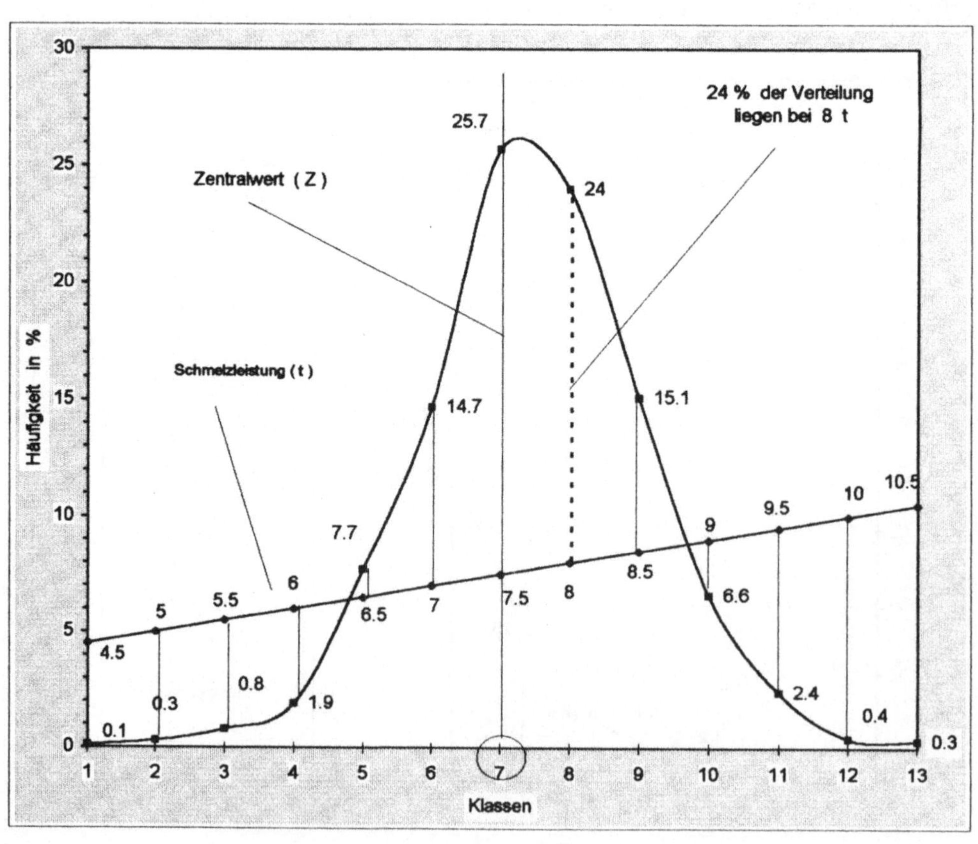

Kapitel 8

8.1 a) Anzahl der Klassen

$$k = \sqrt{n} = 10$$

$$\text{Klassenweite } w = \frac{R}{k} = \frac{52\text{ mm} - 48\text{ mm}}{10} = \frac{4\text{ mm}}{10}$$

$$w = \boxed{0{,}4\text{ mm}}$$

b) $k = \sqrt{70} = 8{,}36$

$$w = \frac{R}{k} = \frac{28\text{ mm} - 25\text{ mm}}{8{,}36} = \frac{3\text{ mm}}{8{,}36} = 0{,}3588\text{ mm}$$

Wir runden auf: $\boxed{w = 0{,}4\text{ mm}}$

8.2

$k = \sqrt{60} = 7{,}7459$ $R = 26\ \Omega$

$$w = \frac{26\ \Omega}{7{,}7459} = 3{,}3566\ \Omega$$ Wir wählen: $\boxed{4\ \Omega}$

Kl-Nr	Klassenweite von Ω	bis unter Ω	x_{im} Ω	n_i
1	196	200	198	9
2	200	204	202	5
3	204	208	206	0
4	208	212	210	0
5	212	216	214	0
6	216	220	218	2
7	220	224	222	39
8	224	228	226	5
			13056	60

Arithmetisches Mittel

$$\bar{x} = \frac{1}{n} \cdot \sum_{i=1}^{k} (x_{im} \cdot n_i)$$

$$\bar{x} = \frac{1}{60} \cdot \sum (198 \cdot 9) + (202 \cdot 5) + (218 \cdot 2) + (222 \cdot 39) + (226 \cdot 5)$$

$$\bar{x} = \frac{1}{60} \cdot 13016 = \boxed{216{,}93 \ \Omega}$$

Das arithmetische Mittel weicht um 3,07 Ohm vom Sollwert ab.

Tabelle: Häufigkeiten

x_{im} (Ω)	n_i	$x_{im} \cdot n_i$ (Ω)	h_i (%)	H_i (%)
198	9	1782	13,69	13,69
202	5	1010	7,76	21,45
206	0	0	0	21,45
210	0	0	0	21,45
214	0	0	0	21,45
218	2	436	3,35	24,8
222	39	8658	66,52	91,32
226	5	1130	8,65	100
	60	13016	100	

Alle Werte liegen in der Klassenmitte.

	1	2	3	4	5	6	7	8
h_i (%)	13.69	7.76	0	0	0	3.35	66.52	8.68
H_i (%)	13.69	21.45	21.45	21.45	21.45	24.8	91.32	100

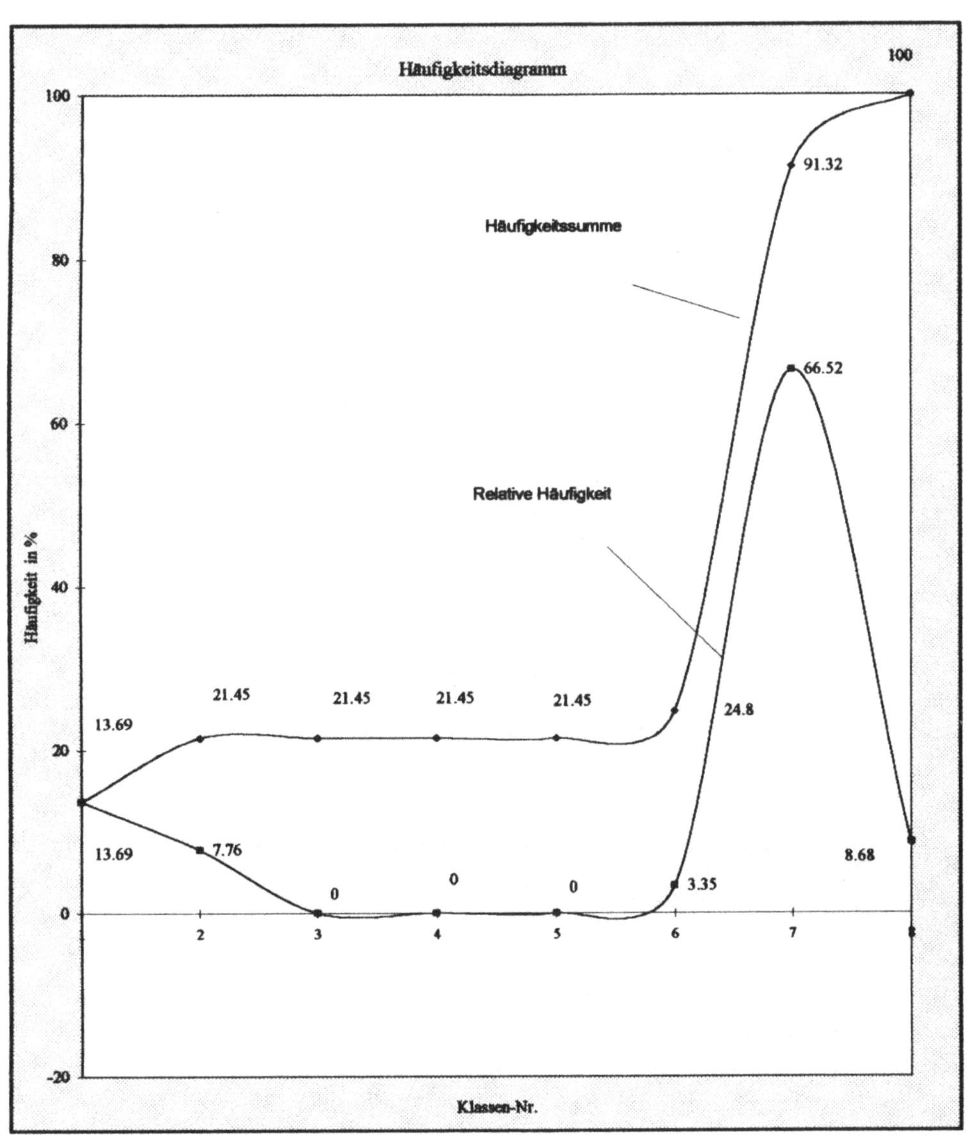

Kapitel 9

9.1 *Woraus besteht die Stichprobe?*

a) Aus mehreren Einheiten, die gezielt ausgewählt werden
b) Aus gelieferten Rohmaterialien in großem Umfang
x c) Aus einer oder mehreren Einheiten, die zufällig ausgewählt werden
d) Aus der zu beurteilenden Gesamtheit einer Qualitätsprüfung

9.2 *Was verstehen Sie unter einem Prüflos ?*

a) Die Einheit aus dem Teillos zufällig ausgewählt
x b) Das Los, das als zu beurteilende Gesamtheit einer Qualitätsprüfung unterzogen wird
c) Nicht erfüllte Forderungen in der Qualitätsprüfung
d) Eine Zusammenstellung von Stichprobenanweisungen

9.3 *Wo wird die Stichprobenprüfung eingesetzt ?*

a) Bei der Fehlersuche von größeren Produktionsabläufen
x b) Bei der Feststellung, ob die Kriterien des Prüfloses erfüllt sind
c) Bei der Annahmeprüfung während der Herstellung
d) Bei der niedrigsten Anzahl fehlerhafter Einheiten

9.4 *Bei der Herstellung von Produkten werden vorgegebene Forderungen nicht erfüllt, es sind Fehler entstanden.*
Was verstehen Sie unter „ kritische Fehler „ ?

a) Die Einstufung nach einer Bewertung ohne Folgen
b) Ein klare Forderung nach erneuter Nachbesserung
x c) Die Schaffung von gefährlichen und unsicheren Situationen für Personen
d) Eine genaue Zusammenstellung von Stichprobenanweisungen

9.5 *Die Qualitätsregelkarte dient zur grafischen Darstellung von Werten zum Zweck der Qualitätssicherung.*
Womit werden die Werte auf der Qualitätsregelkarte verglichen?

a) Mit der Anzahl der fehlerhaften Einheiten
b) Mit dem Stichprobenplan und der Qualitätsgrenzlage
c) Mit den Werten der Annahmeprüfung
x d) Mit den Warn- und Eingriffsgrenzen

Kapitel 10

10.1 15 Werkstücke (n =15) wurden einer Sichtprüfung unterzogen.

10 Qualitäts-Punkte waren für jedes Werkstück möglich.
Es hat sich folgende Punktverteilung ergeben:

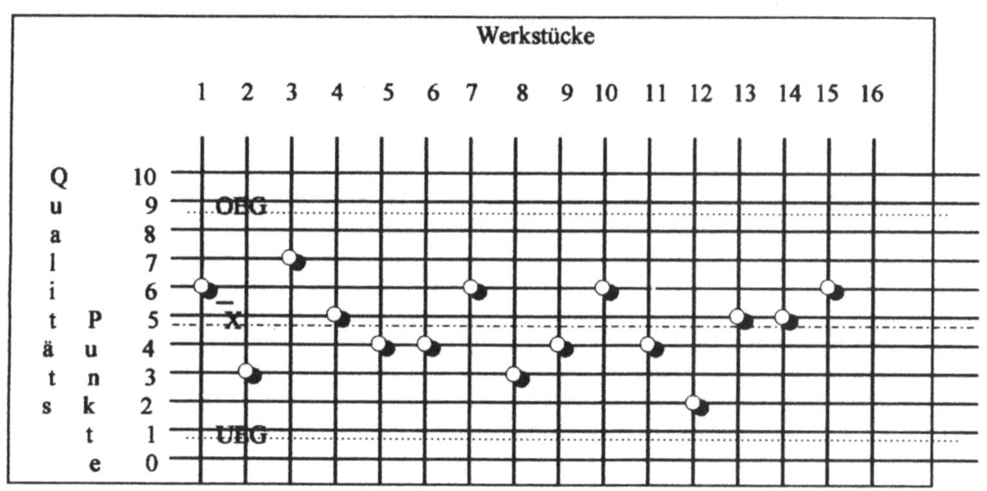

$$s = \sqrt{\frac{1}{14}\,(26{,}935)} = 1{,}387$$

$$\text{OEG} = \bar{x} + 3s$$
$$= 4{,}73 + 4{,}161 = 8{,}891$$
$$\text{UEG} = 4{,}73 - 4{,}16 = 0{,}569$$

a) geordnete Werte: **2; 3; 3; 4; 4; 4; 5; 5; 5; 5; 6; 6; 6; 6; 7;** **n = 15**

b) Wertsumme: **71** **f)** Arithmetisches Mittel: $\bar{x}$ = **4,73** Z = **5**

d) Tabelle

e)

Qualitäts-Wert-Punkte											
x_i	1	2	3	4	5	6	7	8	9	10	
absolute Häufigkeit n_i	0	1	2	3	4	4	1	0	0	0	15
relative Häufigkeit h_i in %	0	6,7	13,2	20	26,7	26,7	6,7	0	0	0	100

10.2 ***Gesucht:*** Die leistungsstärkste Pumpengruppe (PG).

	PG 1	Abweichung vom Mittelwert	PG2	Abweichung vom Mittelwert	PG3	Abweichung vom Mittelwert
P1 / BE	21	-1.2	32	9.6	19	1
P2 / BE	18	-4.2	20	-2.4	17	-1
P3 / BE	24	1.8	12	-10.4	17	-1
P4 / BE	16	-6.2	22	-0.4	18	0
P5 / BE	32	9.8	26	3.6	19	1
Kleinste Wert	16		12		17	
Größte Wert	32		32		19	
Summe aller BE	111		112		90	
Mittelwerte P1-P5	*22.2*		*22.4*		*18*	
Standardabw. v. Mittelwert	*6.261*		*7.4003*		*1*	
OGW $\overline{X} + 1\,s =$	28.46		29.8		19	
UGW $\overline{X} - 1\,s =$	15.94		14.99		17	
Welche BE liegen innerhalb der Min-/ Max-Werte ?	24		26		19	
	21		20		19	
	18		22		18	
	16				17	
					17	
Wieviel Pumpen umfaßt die Gruppe nach der Rechnung ? (x + 1 s; bzw. x - 1 s)	4		3		5	
Welche Pumpengruppe erfüllt die Forderung ?					x	
Wieviel Belastungseinheiten (BE) bringen die Pumpen (nur innerhalb der Min-/Max-Werte) ?	79		68		90	

Mit dem Taschenrechner oder PC

Die quadratische Abweichung vom Mittelwert !

	PG1	PG2	PG3
P1	1.44	92.16	1
P2	17.64	5.76	1
P3	3.24	108.16	1
P4	38.44	0.16	0
P5	96.04	12.96	1
Summe der quadratischen Abweichung	156.8	219.2	4
Mittlere quadratische Abweichung	31.36	43.84	0.8

	Pumpe (BE)					erfüllt die Anforderungen
	1	2	3	4	5	
PG 1	16	18	32	21	24	nicht
PG 2	12	20	32	26	22	nicht
PG 3	17	17	19	19	18	ja

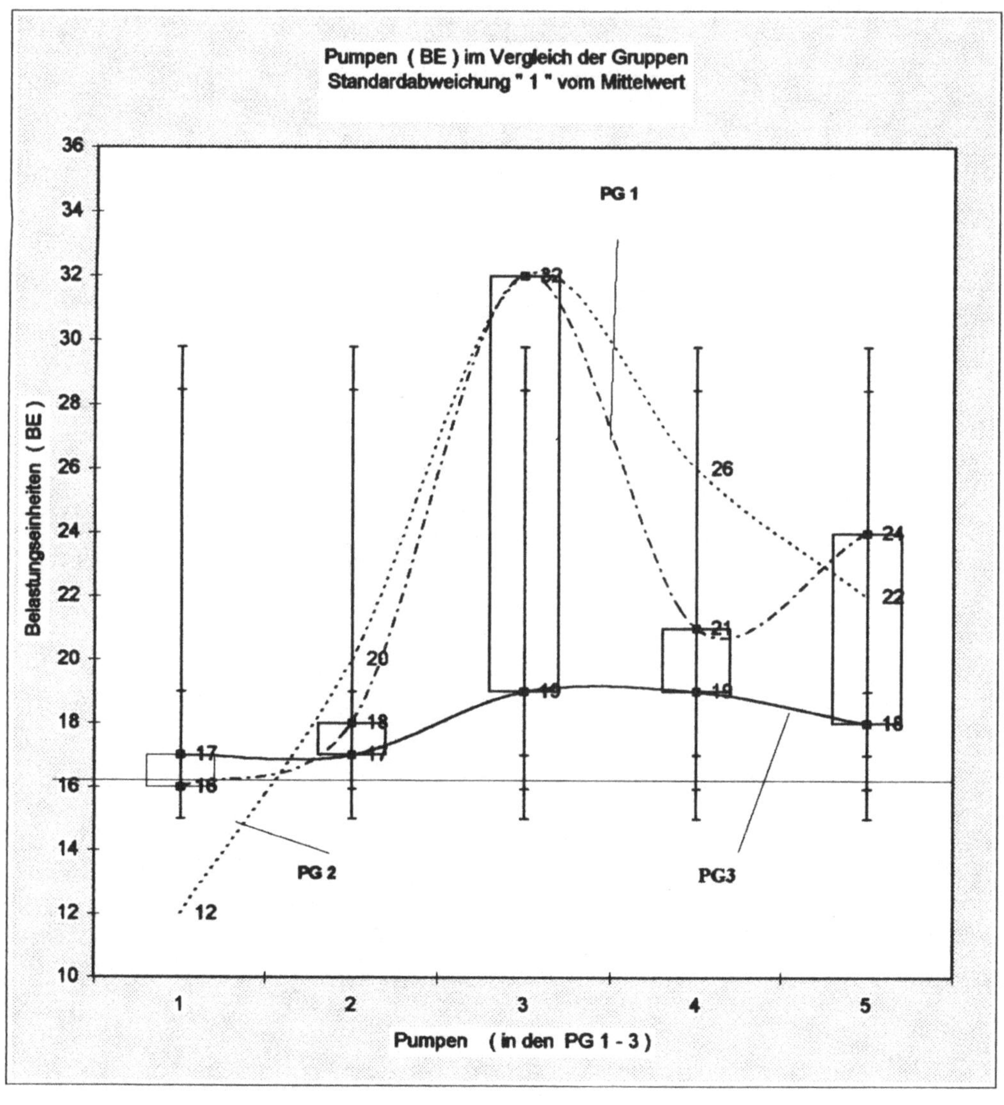

Die PG 3 erfüllt mit einer BE Standardabweichung vom Mittelwert, die Leistungsanforderungen. Alle Werte liegen in der mittleren quadratischen Abweichung bei 0,8 < 1.

10.3 **5 Stichproben mit n = 10 Bauteilen**
Qualitätspunkte (1 - max. 10 QP) für die " Oberflächengüte ".

n = 10

Stichproben-nahme Uhrzeit	1	2	3	4	5	6	7	8	9	10
	Qualitätsmerkmale									
1. St. 12.50	7	4	6	2	5	5	8	3	6	6
2. St. 13.10	5	4	5	7	4	3	6	5	5	7
3. St. 13.30	5	4	6	8	6	7	5	7	4	3
3. St. 13.50	3	5	6	5	7	4	6	5	5	4

Bestimmung des arithmetischen Mittels
Quadratischer Abweichungsbetrag vom Mittelwert
Standardabweichung vom Mittelwert

1. Stichprobe

										Mittelwert
7	4	6	2	5	5	8	3	6	6	*5.2*
1.80	-1.2	0.8	-3.2	-0.2	-0.2	2.8	-2.2	0.8	0.8	0

quadratischer Abweichungsbetrag vom Mittelwert $\sum(x-\overline{x})^2$ → 29.6

Standardabweichung 1s 1.814

2. Stichprobe

5	4	5	7	4	3	6	5	5	7	*5.1*
-0.1	-1.1	-0.1	1.9	-1.1	-2.1	0.9	-0.1	-0.1	1.9	0

quadratischer Abweichungsbetrag vom Mittelwert $\sum(x-\overline{x})^2$ → 14.9

Standardabweichung 1s 1.287

3. Stichprobe

5	4	6	8	6	7	5	7	4	3	*5.5*
-0.5	-1.5	0.5	2.5	0.5	1.5	-0.5	1.5	-1.5	-2.5	0

quadratischer Abweichungsbetrag vom Mittelwert $\sum(x-\overline{x})^2$ → 22.5

Standardabweichung 1s 1.581

4. Stichprobe

3	5	6	5	7	4	6	5	5	4	*5*
-2	0	1	0	2	-1	1	0	0	-1	0

quadratische Abweichungsbetrag vom Mittelwert $\sum(x-\overline{x})^2$ → 12

Standardabweichung 1s 1.155

Arithmetisches Mittel und Standardabweichung für alle Merkmale

	Stichprobenwerte Qualitätsmerkmale									
1	7	4	6	2	5	5	8	3	6	6
2	5	4	5	7	4	3	6	5	5	7
3	5	4	6	8	6	7	5	7	4	3
4	3	5	6	5	7	4	6	5	5	4

Aritmetisches Mittel: (1-4) $\bar{x}$ = 5.2

Standardabweichung vom Mittelwert: (1-4) s = 1.435806

Zusammenfassung der Häufigkeiten aller 40 Stichprobenwerte im Verhältnis

Darstellung eines geforderten Soll-Diagrammes: Gewinnzone ab 8,5 QP im arithmetischen Mittel

	Qualitätspunkte (QP) " Oberflächengüte "									
	1	2	3	4	5	6	7	8	9	10
absolute Häufigkeit	0	1	4	7	12	8	6	2	0	0
relative Häufigkeit (%)	0	2.5	10	17.5	30	20	15	5	0	0
Häufigkeits-summe (%)	0	2.5	12.5	30	60	80	95	100	100	100

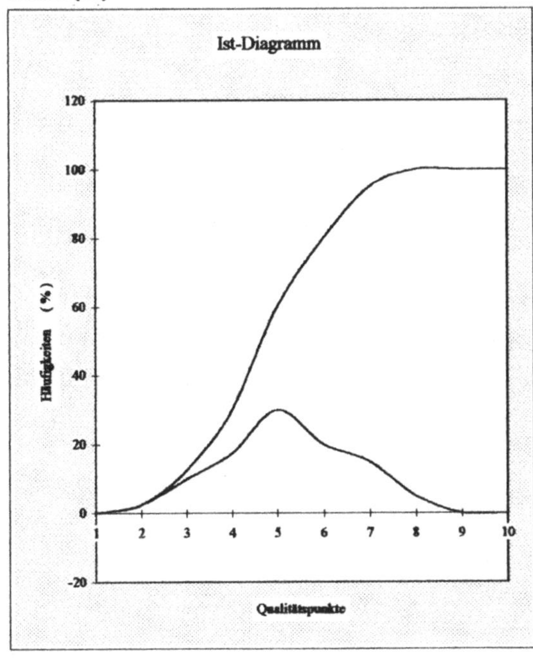

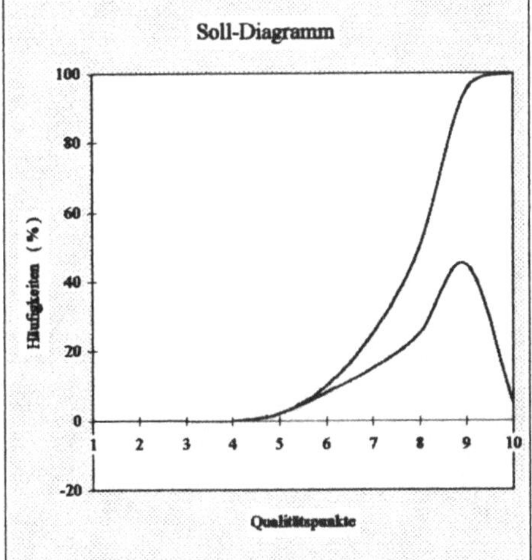

Das arithmetische Mittel liegt mit 5,2 zu niedrig. Die Qualität der Oberfläche muß wesentlich verbessert werden.

Das Soll-Diagramm zeigt Werte um 8,5.

1. St

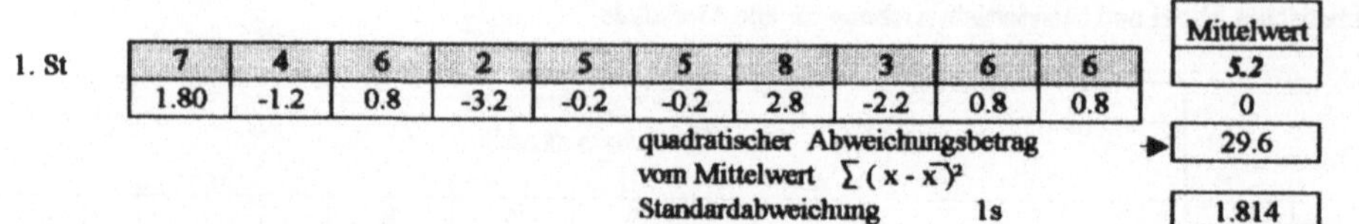

7	4	6	2	5	5	8	3	6	6	Mittelwert
										5.2
1.80	-1.2	0.8	-3.2	-0.2	-0.2	2.8	-2.2	0.8	0.8	0

quadratischer Abweichungsbetrag vom Mittelwert $\sum(x-\bar{x})^2$ → 29.6

Standardabweichung 1s 1.814

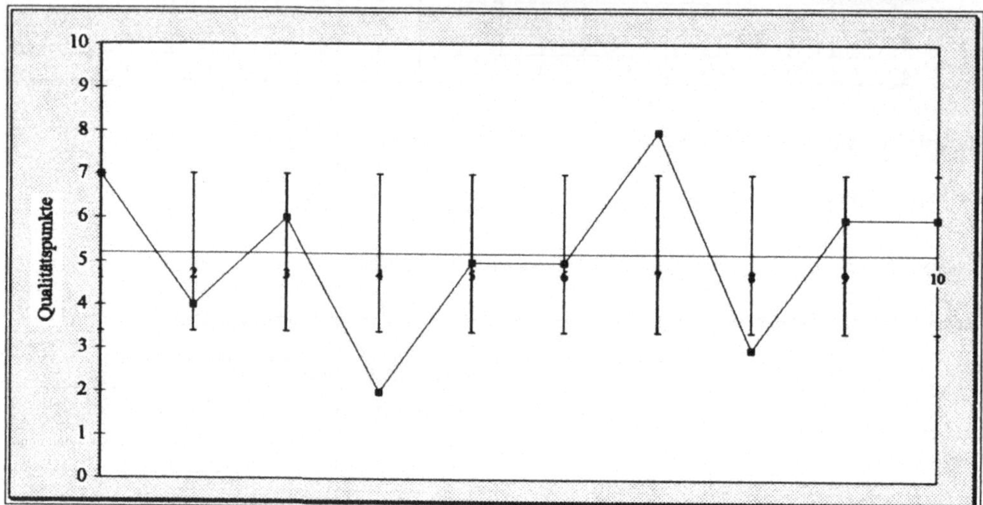

2. St

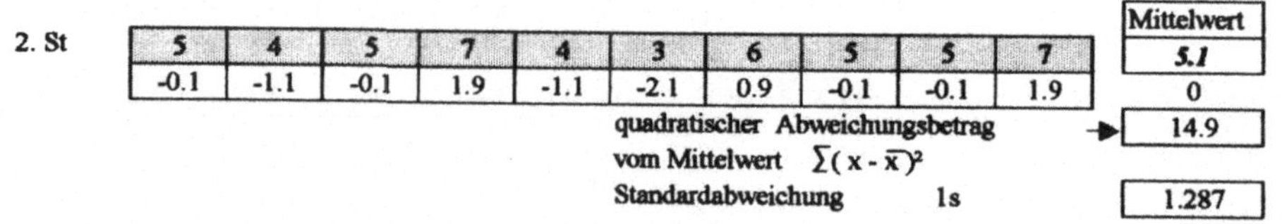

5	4	5	7	4	3	6	5	5	7	Mittelwert
										5.1
-0.1	-1.1	-0.1	1.9	-1.1	-2.1	0.9	-0.1	-0.1	1.9	0

quadratischer Abweichungsbetrag vom Mittelwert $\sum(x-\bar{x})^2$ → 14.9

Standardabweichung 1s 1.287

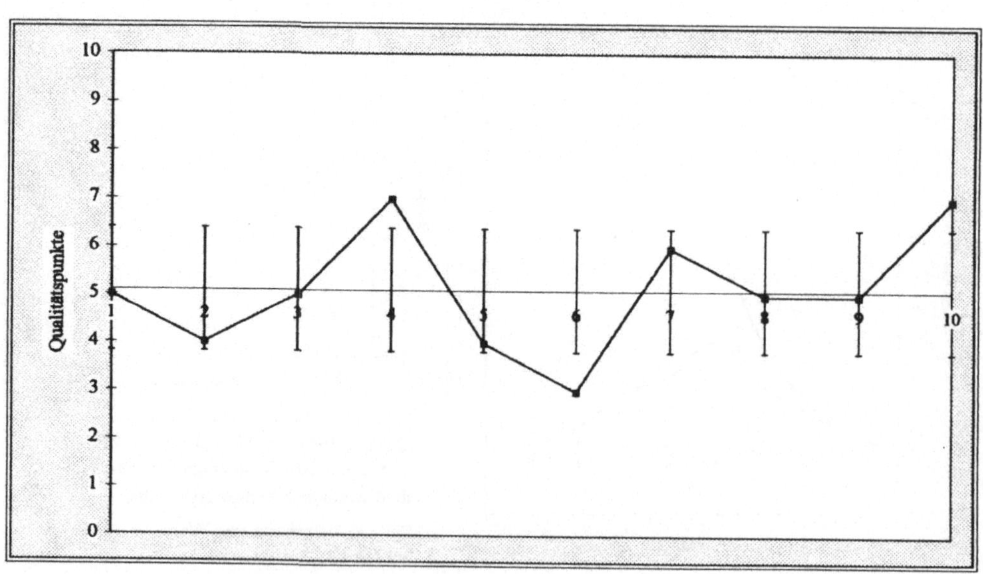

3. St

5	4	6	8	6	7	5	7	4	3
-0.5	-1.5	0.5	2.5	0.5	1.5	-0.5	1.5	-1.5	-2.5

Mittelwert
5.5
0

quadratischer Abweichungsbetrag vom Mittelwert $\sum(x-\bar{x})^2$ → 22.5

Standardabweichung 1s 1.581

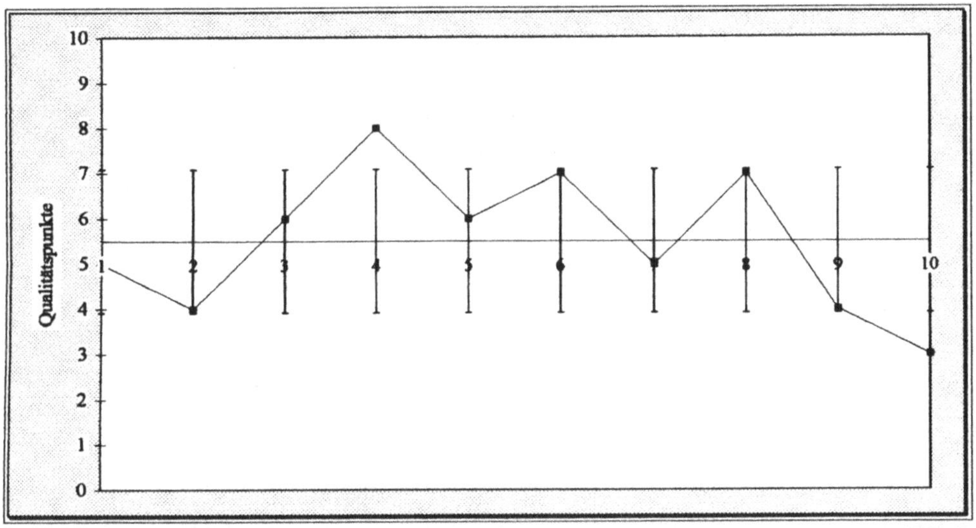

4. St

3	5	6	5	7	4	6	5	5	4
-2	0	1	0	2	-1	1	0	0	-1

Mittelwert
5
0

quadratische Abweichungsbetrag vom Mittelwert $\sum(x-\bar{x})^2$ → 12

Standardabweichung 1s 1.155

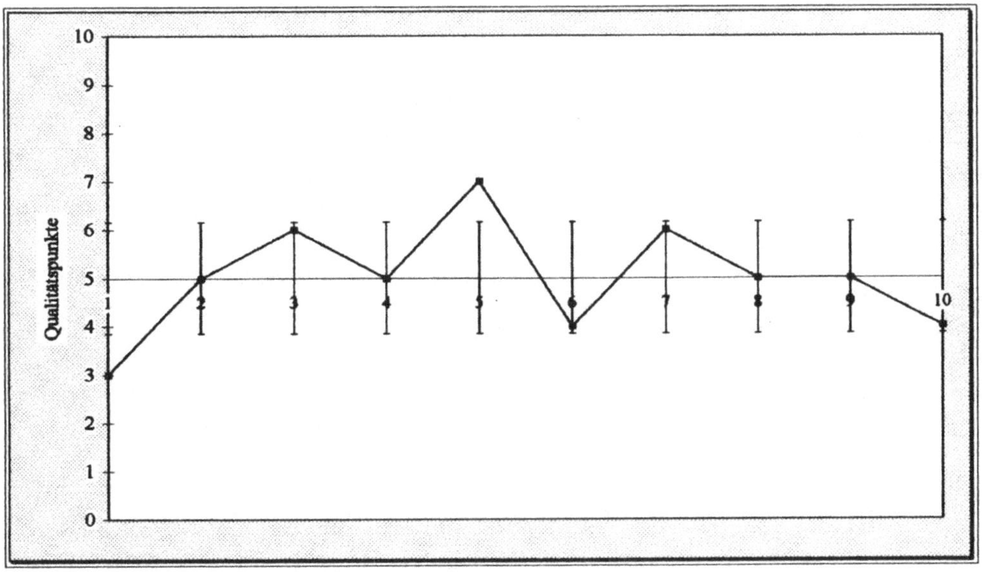

Zusammenfassung aller notwendigen Werte für die Regelkarte

Arithmetisches Mittel aller Stichproben: $\bar{\bar{x}} = \bar{x}_1 + \bar{x}_2 + \bar{x}_3 + \bar{x}_4$

$$\bar{\bar{x}} = \frac{1}{4} \cdot (5.2 + 5.1 + 5.5 + 5) = \boxed{5.2}$$

Standardabweichung vom Mittelwert 5,2: $\bar{s} = \frac{1}{4} \cdot s_1 + s_2 + s_3 + s_4$

QRK - Eingriffsgrenzen:

Überwachung der Prozeßlage $\bar{x}$

$$\left\langle \begin{matrix} OEG \\ UEG \end{matrix} \right\rangle_{\bar{x}} = \bar{\bar{x}} \pm \frac{3}{\sqrt{n \cdot c_4}} \cdot \bar{s} \qquad \frac{3}{\sqrt{10 \cdot 0{,}9727}} \cdot 1{,}4593$$

$$= 5{,}2 \pm \frac{3}{\sqrt{10 \cdot 0{,}9727}} \cdot 1{,}4593 = 5{,}2 \pm 1{,}4037$$

OEG = 6,237 **UEG = 3,7963**

Überwachung der Prozeßstreuung s - Spur

$$\left\langle \begin{matrix} OEG \\ UEG \end{matrix} \right\rangle_{\bar{x}} \begin{matrix} = B_4 \cdot \bar{s} = 1{,}716 \cdot 1{,}4593 = \mathbf{2{,}504} \\ = B_3 \cdot \bar{s} = 0{,}223 \cdot 1{,}4593 = \mathbf{0{,}3254} \end{matrix}$$

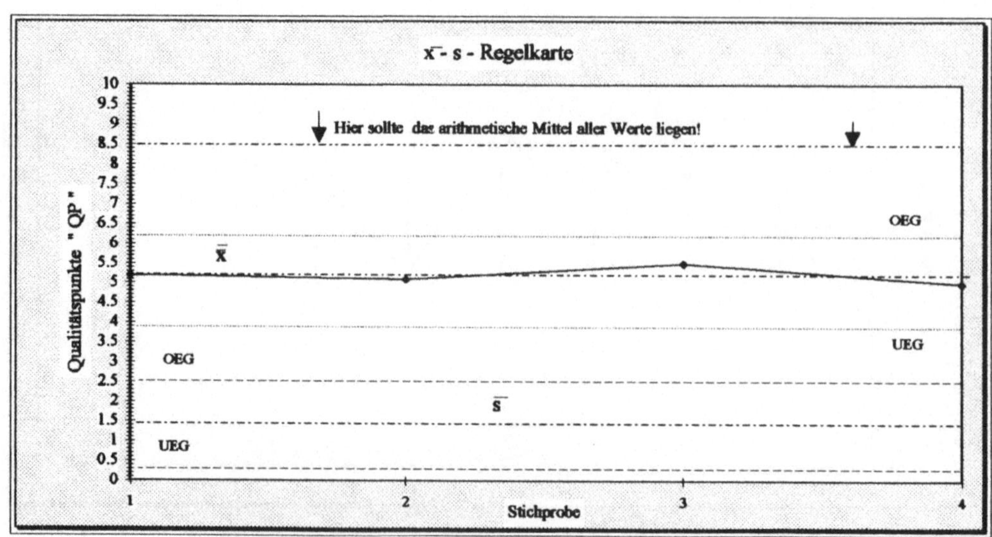

10.4 **Der Sollwert liegt bei 8,2 ± 0,05 K-Ohm.**
Die Standardabweichung (± 1s) vom arithm. Mittelwert wurde als oberer Grenzwert festgelegt.
Bei über 20% Produktionsfehlern, d.h. bei < 800 guter Widerstände wird das Los nicht angenommen.

Lösung über die $\bar{x}$ - s - Regelkarte

gezogene Widerstandswerte		Abweichung vom MW	qaudratische Abw. v. MW
1	8.1905	-0.01136	0.00013
2	8.1901	-0.01176	0.00014
3	8.1905	-0.01136	0.00013
4	8.2281	0.02624	0.00069
5	8.2001	-0.00176	0.00000
6	8.2171	0.01524	0.00023
7	8.1981	-0.00376	0.000014
8	8.2156	0.01374	0.00019
9	8.1935	-0.00836	0.00007
10	8.195	-0.00686	0.00005
Arithmetischer Mittelwert	8.20186		
Summe der Abweichungen vom Mittelwert		0	
Summe der quadratischen Abweichungen vom Mittelwert			0.001640164

Standardabweichung 0.013499646 K-Ohm vom Mittelwert

OGW → 8.215
UGW → 8.188

bei 3 s

OEG	8,358	K-Ohm
UEG	8,163	K-Ohm

Anzahl der gemessenen Werte außerhalb der Standardabweichung: 10%

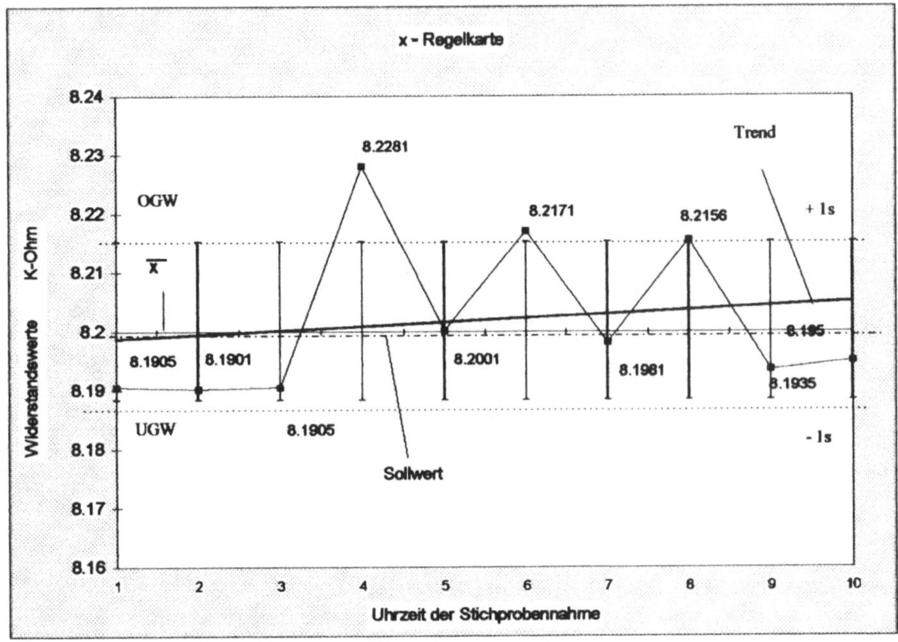

10.5 Während der Fertigung wurden folgende Istmaße festgestellt

	Scheibendurchmesser Mittelwerte	Uhrzeit
1	109.84 mm	12:30
2	110.19 mm	14:00
3	109.86 mm	14:30
4	110.17 mm	15:00
5	109.89 mm	15:30
6	110.14 mm	16:00
7	109.92 mm	16:30
8	110.11 mm	17:00
9	109.95 mm	17:30
10	110.08 mm	18:00
11	109.97 mm	18:30
12	110.28 mm	19:00
13	109.99 mm	19:30
14	110.04 mm	20:00
15	110.02 mm	20:30

Übertragen Sie die Mittelwerte in die Qualitätsregelkarte.
Zeichnen Sie das Toleranzfeld mit den Warngrenzen OEG und UEG.
Der Soll-Mittelwert ist = Nennmaß 110,00 mm.
Die Toleranz liegt bei ± 0,2 mm.
Wieviel Mittelwerte liegen außerhalb der Toleranzgrenze ± 0,1 mm?

In der Produktion:
Alle Daten werden auf dem Bildschirm dargestellt.

Arithmetisches Mittel:	110.03
Standardabweichung vom Mittelwert:	0.1301647

OEG = $\bar{x}$ + 1s = 110.03 + 0.1302 = 110.16
UEG = $\bar{x}$ - 1s = 110.03 - 0.1302 = 109.90

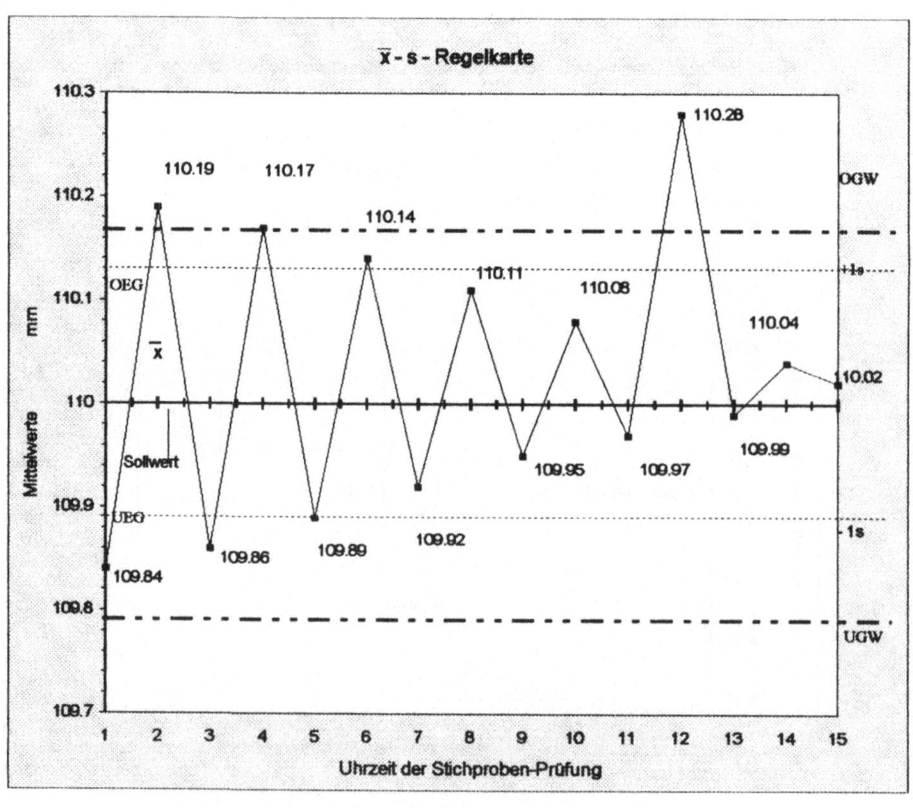

10.6

Stichproben-Mittelwerte

	A	B	C	D	E		
1	119.50	122.10	118.60	120.00	122.20		
2	121.08	120.00	121.80	122.00	120.00		
3	118.80	122.40	122.48	120.46	123.40	120.62	Mittelwert aller Werte (A1-E7)
4	123.80	123.44	117.90	118.4	120.04	1.64	Standardabweichung aller Werte
5	120.00	120.46	121.39	120.80	119.84		vom Mittelwert (A1-E7)
6	120.00	122.00	118.20	118.40	122.60		
7	122.05	118.60	119.45	120.00	119.46		

A	B	C	D	E	
845.23	849.00	839.82	840.06	847.54	Summe
118.80	103.00	110.00	110.50	112.00	MIN
123.80	125.00	125.00	134.00	130.00	MAX
120.75	121.29	119.97	120.01	121.08	Mittelwert
1.3396	1.3706	1.642	0.9241	1.4196	absolute Abweichung vom Mittelwert
02.93	2.77	3.54	1.66	2.56	Varianz
1.71	1.66	1.88	1.29	1.60	Standardabweichung vom Mittelwert
112	122	123	122	124	Zentralwert

$\bar{x} \pm 1s =$ 120.62 + 1.64 = 122.25   + 2s = 123.90

120.62 + 1.64 = 118.98   - 2s = 117.34

Die bestellten Kunststoffrohlinge haben ein Sollmaß von 120 ± 2 mm.

Im Tolerenzfeld 4s liegen alle Meßwerte.

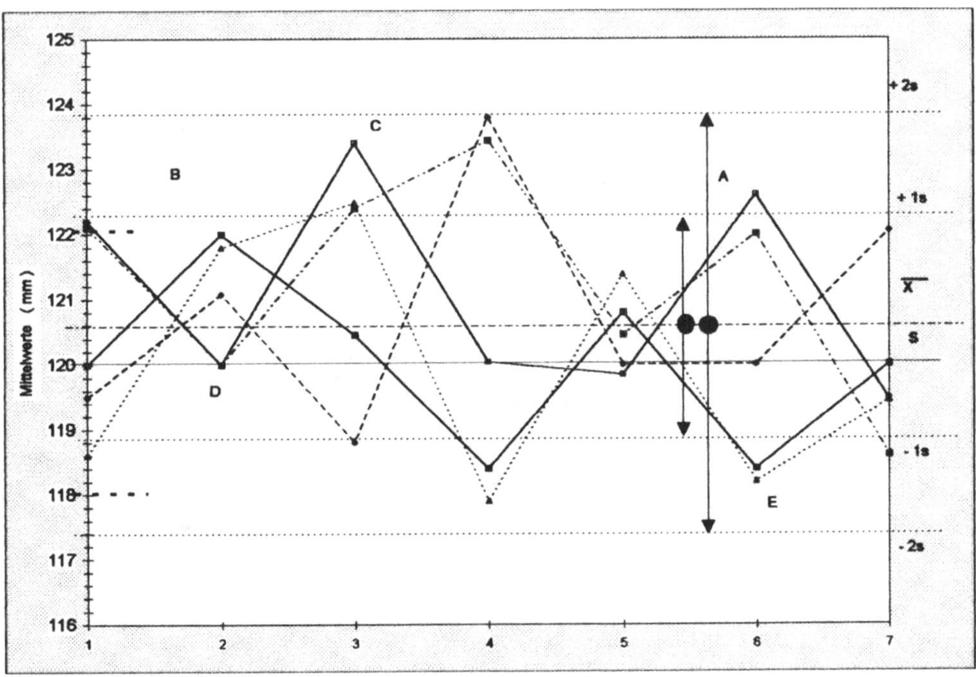

10.7 Ein Vollautomat erstellt für die Industrie eine größere Menge Präzisionsscheiben. In einem Prüflos von N = 4000 liegt der Stichprobenumfang bei n = 110.

Es wird regelmäßig nach Prüfplan eine Stichprobe entnommen.
Die Stichprobenwerte werden in die Urkarte mit EG und WG eingetragen.
Errechnen Sie neben den Tabellenwerten auch das arithmetische Mittel.
Der Sollwert-Durchmesser beträgt 10 ± 0,2 mm.

Es ergaben sich für Meßwerte in Klassenmitte, Häufigkeiten:

	Klassenmitte x_{im} (mm)	n_i	$x_{im} \cdot n_i$		Häufigkeiten h_i %		H_i %
	10.6	1	10.6	-67.22	0.909	10.6	0.909
	10.5	2	21	-56.82	1.818	31.6	2.727
	10.4	5	52	-25.82	4.545	83.6	7.273
	10.3	5	51.5	-26.33	5	135.1	12
$\overline{OEG}$	10.2	7	71.4	-6.42	6.364	206.5	18
	10.1	11	111.1	33.28	10	317.6	28
Sollwert	10	16	160	82.18	14.55	477.6	43
	9.9	16	158.4	80.58	14.55	636	57
$\overline{UEG}$	9.8	16	156.8	78.98	14.55	792.8	72
	9.7	11	106.7	28.88	10	899.5	82
	9.6	8	76.8	-1.02	7.273	976.3	89
	9.5	6	57	-20.82	5.455	1033	95
	9.4	4	37.6	-40.22	3.636	1071	98
	9.3	2	18.6	-59.22	1.818	1090	100
		110	1090		100		

Urwert-Karte mit Warn- und Eingriffsgrenzen

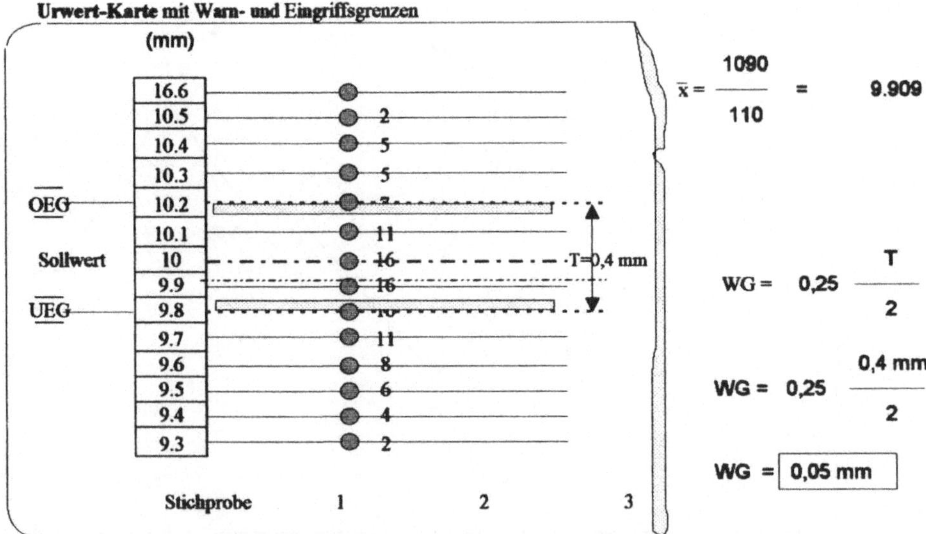

10.8 Gesucht werden die Werte für die OEG und die UEG.

Über die Spur - R - zu den Grenzwerten

	Merkmalswerte x (Widerstände in Ohm)									
i	1. St	q AW	2. St.	q AW	3. St.	q AW	4. St.	q AW	5. St.	q AW
1	221	36	219	36	222	100	230	144	218	0
2	216	1	221	64	220	64	223	25	219	1
3	222	49	215	4	224	144	220	4	222	16
4	196	361	212	1	218	36	223	25	229	121
5	226	121	214	1	216	14	220	4	196	400
6	198	289	220	49	188	576	210	64	223	25
7	220	25	188	625	200	144	195	529	220	4
8	224	81	221	64	208	16	224	36	220	4
		961.9		839.5		1096		830.9		653.9
R	*28*		*33*		*36*		*29*		*27*	
s	*11.7*		*11*		*12.5*		*10.9*		*9.66*	
$\bar{x}$	*215*		*214*		*212*		*218*		218.4	

Mittelwert aller Widerstandswerte:	$\bar{\bar{x}}$ =	215.5	Ohm
Standardabweichung	$\bar{s}$ =	11.15	Ohm
	$\bar{R}$ =	30.6	Ohm

Prozeßlage: über Spur " R "

$$\text{OEG / UEG} = \bar{\bar{x}} \pm A2 \cdot \bar{R} = 215{,}53 \pm 0{,}419 \cdot 30{,}6$$

OEG = 228.3 Ohm
UEG = 202.7 Ohm

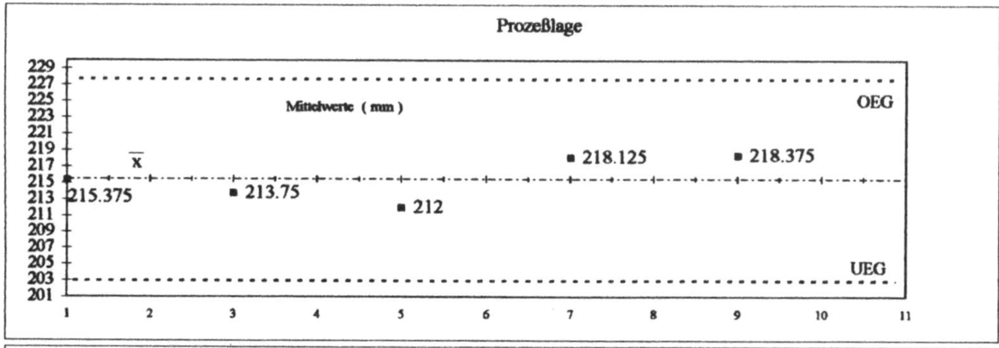

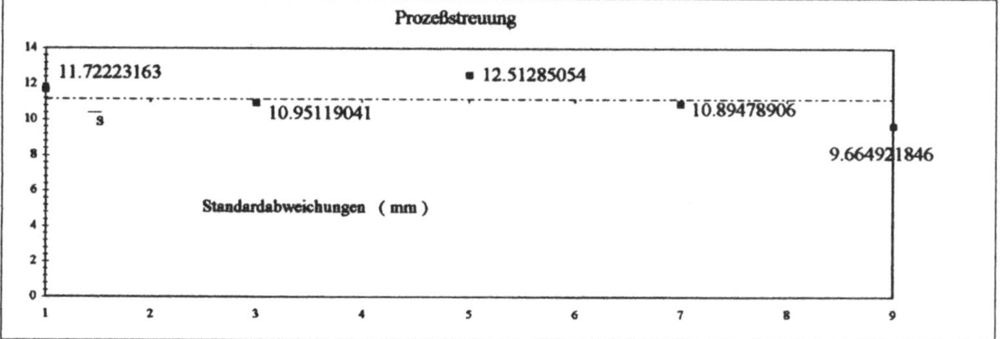

10.9

Berechnen Sie aus den Werten einer Stichprobe die Anzahl n = ? der Meßwerte und den Standardfehler für die Stichprobe.

Gegeben waren: a) die Summe der quadratischen Abweichungen mit 18 mm²

b) die Varianz mit 4,5 mm²

Varianz der Stichprobe:

$$Var_{(x)} = s^2 = \frac{1}{n-1} \cdot \sum_{i=1}^{n} (x_i - \bar{x})^2$$

$$4{,}5\ mm^2 = \frac{1}{n-1} \cdot \sum (18\ mm^2)$$

$$n = \frac{18\ mm^2}{4{,}5\ mm^2} + 1 = 4 + 1 = 5 \quad \boxed{n = 5} \text{ Meßwerte je Stichprobe}$$

$$\text{Standardabweichung: } s = \sqrt{s^2} = \sqrt{\frac{18}{4}} = \boxed{2{,}12\ mm}$$

10.10

1) 4; 2) 2;

3) 1-2; 4) 1-2;

5) 1; 6) c;

7) 4; 8) 4;

9) 2; 10) 4;

11) 2; 12) 3

13) 2

10.11

Für die Meßwerte (alle in mm):

40,06	40,12	39,96	40,08	40,02

ergab sich das arithmetische Mittel 40,0625 mm.

n = 5 ; Sollmaß: 40 ± 0,1 mm

Mit der Toleranz ± 0,1 mm ergeben sich die Grenzwerte:

OGW : 40 mm + 0,1 mm = 40,1 mm

UGW : 40 mm - 0,1 mm = 39,9 mm

Klassenweite: (0,2 mm)

39,9 - 40,1

In dieser Klassenweite liegen nur 4 Meßwerte. Der Meßwert 40,13 mm liegt außerhalb. (Eine Nacharbeit des Durchmessers ist hier noch möglich.)

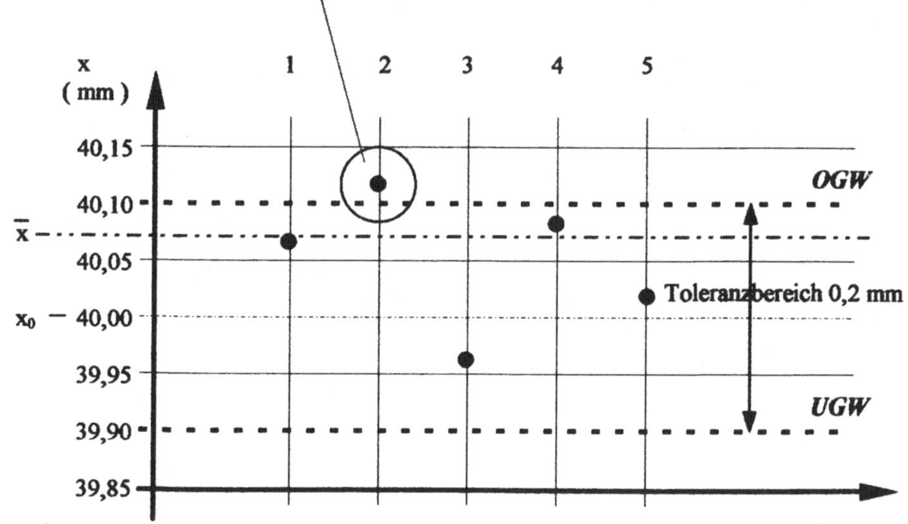

Sachwortverzeichnis

I

J

K

L

M

N

O

P

Q

R